大气环境监测与治理职业技能设计

张宝军　黄华圣　朱幸福　孙悦　著

中国环境出版集团・北京

图书在版编目（CIP）数据

大气环境监测与治理职业技能设计/张宝军等著. —北京：中国环境出版集团，2021.11
ISBN 978-7-5111-4965-7

Ⅰ. ①大… Ⅱ. ①张… Ⅲ. ①大气监测—高等职业教育—教材②空气污染—污染防治—高等职业教育—教材 Ⅳ. ①X831②X51

中国版本图书馆 CIP 数据核字（2021）第 230609 号

出 版 人 武德凯
策划编辑 黄晓燕
责任编辑 王宇洲
责任校对 任 丽
封面设计 岳 帅

出版发行 中国环境出版集团
（100062 北京市东城区广渠门内大街 16 号）
网 址：http://www.cesp.com.cn
电子邮箱：bjgl@cesp.com.cn
联系电话：010-67112765（编辑管理部）
010-67112735（第一分社）
发行热线：010-67125803，010-67113405（传真）
印 刷 北京中科印刷有限公司
经 销 各地新华书店
版 次 2021 年 11 月第 1 版
印 次 2021 年 11 月第 1 次印刷
开 本 787×1092 1/16
印 张 20.5
字 数 412 千字
定 价 75.00 元

前　言

经济社会的快速发展往往以影响环境甚至破坏环境为代价。我国大气环境污染防治形势严峻，污染物排放总量大，传统煤烟污染尚未得到完全控制，以臭氧、细颗粒物（$PM_{2.5}$）和酸雨为特征的区域复合型大气污染问题又日益突出，70%左右的城市达不到《环境空气质量标准》（GB 3095）的要求。在发达国家上百年工业发展过程中逐步出现的大气污染问题，在我国近二三十年的快速发展中集中出现，呈现结构型、压缩型、复合型的特点。大范围出现持续雾霾天气已严重影响人民群众的生活和生产。国家高度重视环境污染防治工作，习近平总书记在党的十九大报告中指出："……像对待生命一样对待生态环境。"环境污染防治的重要途径是减少污染物排放，相应的环保设施将成为落实节能减排任务的关键。努力提高社会舆论的关注度、继续加大教育改革力度、全力推进专业人才队伍建设迫在眉睫。

本书是全国职业院校技能大赛（以下简称"大赛"）大气环境监测与治理技术赛项（以下简称"赛项"）成果的组成部分。大赛是由中华人民共和国教育部发起，联合相关部门、行业组织和地方共同举办的一项全国性职业院校学生技能竞赛活动。大赛是国家职业教育的重大制度设计与创新，是推动职业教育高质量发展的重要抓手，也是贯彻落实全国职业教育大会精神的重点工作。赛项根据我国高等职业教育环境类人才培养目标，结合现代社会发展对环境类职业岗位要求，制定了大气环境监测与治理技术知识和技能目标，采用大气环境监测与治理技术综合实训平台，以考核选手对大气环境监测与治理技术的理论和技能水平，从而突出培养学生的创新能力和实践能力。通过赛项的引领和推动，促进环境类专业职业教育教学改革，培养大气环境监测技术、大气治理工艺设计、施工安装与调试、运行维护等职业岗位需要的合格人才，提升环境类学生的职业能力和就业质量。

在2014年大赛现场，时任教育部部长袁贵仁、副部长鲁昕认真察看了水环境监测与治理技术赛项平台，对现场放置的空气环境质量实时动态监测报告平台给予充分肯定，并且就目前人们关心的环境问题和职业院校环保类人才培养与社会需求等问题同赛项专家组成员、参赛选手进行了交流。大赛结束后，由张宝军带队，朱幸福、翟健、侯柏松等四人组成专家组赴大唐南京发电厂调研，着手进行大气环境监测与治理技术赛项方案和竞赛规程的编制，以及竞赛平台的研发。随后由张宝军、黄华圣、陈志刚、张小广、张仁志等组成专家评审组，形成评审意见。通过赛项方案申报、大赛办公室组织专家遴选评审、现场答辩，确定为2015年大赛拟设赛项。

2015年大赛共设信息通信、装备制造、环保和气象安全、能源与新能源等15个专业大类的98个竞赛项目。全国有500多万名学生参加大赛，1万多名学生参加总决赛，来自50多个国家的外国学生参加了表演赛，上百家企业参与到大赛中。环保和气象安全作为关系国计民生的四个专业大类之一被重点提出。时任中共中央政治局委员、国务院副总理刘延东出席2015年大赛闭幕式时强调："要深入贯彻党中央、国务院决策部署，凝心聚力、奋发有为，努力建设中国特色、世界水平的现代职业教育，为促进经济转型升级和民生改善提供有力的人才支撑。"

大气环境监测与治理技术赛项自开赛以来，派出代表队参赛的省份由2015年的19个发展到2021年的26个，2018年参赛队多达57支。

2021年全国职业院校技能大赛高职组"大气环境监测与治理技术"赛项于6月27日在河北工业职业技术大学闭幕。教育部职业教育与成人教育司副司长谢俐在闭幕式上指出，全国职业院校技能大赛已成为展示职业教育的亮丽舞台，大赛规模不断扩大，赛项设计更加聚焦，专业化水平稳步提升，地位作用越来越重要。河北省教育厅党组副书记、副厅长韩俊兰代表河北赛区对参赛选手们的精彩表现和优异成绩表示热烈的祝贺，并表示"参赛选手们大赛期间表现出的精湛技能和工匠精神，让全社会更直观地了解到技能之美，使技能成才、技能报国成为更多青年向往的目标，对推动形成国家尊重技能、社会崇尚技能、人人享有技能的技能型社会具有重要意义。"

大气环境监测与治理技术赛项与职业能力密切结合，通过竞赛活动的开展，有效促进了职业教育课程改革和师资队伍建设，构建了“中高职”有效衔接的人才培养“立交桥”，展示了环境类高职院校在大气环境监测治理技术方面的教学与实践成果，提升了学生的综合素质，培养了团队意识与合作精神，促进了工学结合人才培养模式的改革与创新，有力推动了环境类专业教学与实践，为培养基本功过硬、操作规范娴熟、爱岗敬业的新型职业技能人才发挥了示范作用。其特色与创新点表现为：

一是紧密结合行业发展需求。随着环境保护领域资金投入的增加，为现代化环保产业提供了广阔的发展空间。目前我国环保职业技能人才严重不足，这就要求培养大批既有专业知识，又有较强实际运行操作能力的职业技能人才。结合行业发展需求，将自动化控制与大气处理设备相结合，实现大气处理设备的自动化控制。

二是引领改革专业教学要求。赛项依据大气环境污染与控制技术、大气处理设备课程所涉及的知识技能进行职业能力设计。根据行业发展需求，引领改革专业教学要求，在人才培养方案中增加与自动化控制等现场职业能力关系密切的课程，将课程中涉及的典型大气处理工艺，通过综合实训平台的安装与调试，将学生的实际操作与专业教学紧密结合，使学生获得大气处理设备的工艺设计、安装、调试、运行与维护等能力。

三是职业能力的创新设计。根据市场职业能力需求和人才培养目标研发的大气环境监测与治理技术综合实训平台，采用模块化组合设计，每个模块可独立训练，也可组合成多种大气处理工艺进行综合训练。平台采用多种控制方式，既可以进行手动操作，也可进行自动化控制。平台既是职业能力综合实训平台，又是赛项竞赛平台。2021 年大气环境监测与治理技术赛项分为 A、B、C 三个模块，通过竞赛平台考核选手大气治理工程方案设计和烟气监测系统、烟气除尘系统、烟气脱硫系统的部件安装、管路连接、安装调试、运行维护、故障排除、pH 在线监测、二氧化硫在线监测、氮氧化物在线监测、一氧化碳在线监测、氧气在线监测、颗粒物监测、烟尘采样，以及触控一体机和配电柜的上电运行操作等内容，测试学生分析问题、解决问题的能力，以及安全意识、心理素质等职业素养。

2020 年年初，赛项专家组根据环境类赛项多年的发展成果，组织全国环境类院校教师和企业技术人员，以水环境监测与治理技术赛项、大气环境监测与治理技术赛项为基础，凝练出适合现代岗位职业技能要求的复合型职业技能人才评价标准，形成了特有的适合市场需求的岗位知识结构、试题库，以及一套完整的竞赛考试、评估机制。而这种培养和评估机制，已经深入我国高等职业教育教学改革的内涵建设，在深化职业教育改革、提高人才培养质量、拓展就业本领上起到了风向标的作用，是对接“1+X”证书制度，实施“赛证融通、以赛促教、以赛促学”的重要支撑。

本书从大气环境监测与治理职业技能等级标准入手，简要描述知识架构，强化技能训练，再现全国大赛考核真题，对照评价细则自我评判。大气环境监测与治理职业技能设计，基于全国环境类百余所院校现有的大气环境监测与治理技术综合实训平台，不需额外购置设备，不会增加院校负担，而且经过多年的国赛、省赛、校赛，形成了较为成熟的“企业专家参与、校企合作、产教融合”模式，培养的人才专业能力强、综合素质高，颇受就业市场欢迎。

本书由张宝军、黄华圣、朱幸福、孙悦、秦品珠、侯柏松、翟健、陈志刚、张小广、姚建平、张仁志、高红武、薛巧英、杨蕴敏、陈红兰、马国胜、张扬清、汪葵、王碧、张晓辉、温润生、高将、岳朝松、李小丽、许世锦、胡子安等组成的专家组合作完成。其中全国环境类职业院校骨干教师和企业专家参与编制“大气环境监测与治理职业技能等级标准”，朱幸福、侯柏松、温润生、高将、岳朝松、李小丽、许世锦参与编写综合实训平台及相关配套产品技术图纸、说明等文字资料。同时借鉴了相关职业院校教学改革成果，参考了大量文献和网络资源，在此一并表示感谢。限于作者的专业局限性，书中难免出现错误，恳请读者批评指正。

作者

2021 年 7 月 1 日于江苏徐州泉山东麓

目　录

1 大气环境监测与治理职业技能等级标准

1.1 大气环境监测

1.1.1 样品采集、保存与预处理

【初级】

（1）能根据测定项目选择采样设备、工具，会洗涤采样器材。

（2）能使用采样设备、工具、器材在指定的采样点处正确采集样品。

（3）能熟练安装采样器并进行气密性检查。

（4）能规范填写大气采样记录表和样品登记表。

（5）能根据采样记录表和样品登记表清点样品。

（6）能根据样品运输要求，将不同的贮样容器塞紧或密封，并按照防振动、防碰撞要求装箱。

（7）能根据样品保存的温度要求对样品进行冷藏、冷冻保存。

（8）能根据需要对样品进行预处理。

（9）能根据可追溯性要求记录标签信息。

（10）能记录样品外观、特性、环境条件及其他可能的影响因素。

【中级】

（1）能根据不同监测要求进行采样点的布设。

（2）能根据不同的项目要求确定采样的时间、频率和采样量。

（3）能正确选择样品保护方案。

（4）能正确选择和配制样品采集吸收液。

（5）能进行固定源采样平台和采样口的设计。

（6）能校核环境空气或污染源废气采样记录表。

（7）能校准流量计。

（8）能根据监测项目确定样品保存方法。

【高级】

（1）能根据监测项目进行现场勘察及汇总调研资料。

（2）能根据监测项目编制和组织落实相应的采样方案。

（3）能进行采样装置的校准、维护、保养。

1.1.2 监测分析

【初级】

（1）能采用重量法正确测定出样品的 TSP、PM_{10}、$PM_{2.5}$。

（2）能采用温度计法、气压表法正确测定环境空气的温度和环境大气压力。

（3）能采用热电偶或电阻温度计法测定烟气温度。

（4）能采用干湿球法测定烟气含湿量。

（5）能采用皮托管法测定烟气压力并计算出流速、流量。

（6）能使用林格曼黑度望远镜监测烟气。

（7）能使用便携式传感器类检测仪。

【中级】

（1）能采用乙酰丙酮分光光度法分析样品中的甲醛。

（2）能采用盐酸萘乙二胺分光光度法分析样品的氮氧化物。

（3）能采用甲醛吸收—副玫瑰苯胺分光光度法分析样品的二氧化硫。

（4）能采用离子选择性电极法分析环境空气中的氟化物。

（5）能采用自动烟尘（气）测试仪测定烟尘浓度。

（6）能排除仪器设备的简单故障。

（7）能对测定所用的仪器设备进行校正。

【高级】

（1）能采用荧光分光光度法、液相色谱法正确分析苯并[*a*]芘。

（2）能采用原子吸收分光光度法测定样品中的铅等重金属元素。

（3）能采用液相色谱法正确分析苯并[*a*]芘、酚类化合物。

（4）能采用气相色谱法正确分析甲醛、TVOCs、苯系物等样品。

（5）能采用示踪气体法正确测定出室内环境空气的新风量。

（6）能按实验室质量控制要求，进行仪器标准化管理。

1.1.3 数据处理

【初级】

（1）能规范填写大气检测原始记录。

（2）能对数据进行有效数字的取舍和修约。

（3）能计算样品的浓度、算术平均值和相对标准偏差。

（4）能对监测分析结果进行单位换算。

（5）能把监测结果换算到标准状态。

【中级】

（1）能对浓度和测得的吸光度进行回归直线计算。

（2）能运用 Q 值检验法和 T 值检验法确定可疑值。

（3）能计算加标回收率。

（4）能运用加标回收率评价准确度。

（5）能审核检测原始报告。

（6）能判断平行样测定数据之间的符合程度。

（7）能掌握方法检出限的测定与计算。

（8）能进行异常数据分析处理。

（9）能编制大气检测报告。

【高级】

（1）能运用数理统计方法判断标准曲线的线性关系。

（2）能对标准曲线进行截距检验。

（3）能设计各类原始记录表。

（4）能根据测定数据编写大气污染源或环境空气质量分析报告。

（5）能审核大气检测报告。

1.2 大气污染治理工程设计与设备安装

1.2.1 工艺图识读与设计

【初级】

（1）能识读大气治理工程设计施工说明与图例、主要材料设备的规格型号与数量。

（2）能识读大气治理工程工艺流程图、原理图。

（3）能识读大气治理工程工艺管道平面布置图。

（4）能识读大气污染净化设备及其管道高程图。

【中级】

（1）能识读大气治理系统平面图、剖面图。

（2）能识读大气污染净化设备原理图、平面图、剖面图、大样图等施工安装图。

（3）能使用 CAD 软件绘制大气污染净化系统工艺流程图、原理图。

（4）能使用 CAD 软件绘制大气污染净化系统平面布置图。

（5）能参与净化设备选型。

【高级】

（1）能进行大气污染净化设备工艺设计计算。

（2）能进行大气污染净化设备选型计算。

（3）能进行大气污染净化系统工艺平面布置设计。

（4）能进行烟囱高度计算。

（5）能使用 CAD 软件绘制大气污染净化设备平面图、剖面图。

（6）能使用 CAD 软件绘制大气污染净化系统平面布置图。

（7）能使用 CAD 软件绘制大气污染净化系统工艺高程图。

（8）能使用 CAD 软件进行大气污染净化工艺初步施工图的绘制。

1.2.2 工艺设备与管线安装

【初级】

（1）能识别金属、非金属、复合管道材料以及管件的名称、规格和型号。

（2）能识别金属、非金属、复合管道材料相应的切割、连接、钻孔工具的名称、规格和型号。

（3）能识别大气污染净化设备、管道、阀门以及仪表的名称、规格和型号。

（4）能识别大气污染净化系统附属装置、配套附件、填料的名称、规格和型号。

（5）能使用金属、非金属、复合管道材料相应的切割、连接、钻孔工具。

【中级】

（1）能识读大气污染净化设备、风机、阀门、仪表安装手册。

（2）能进行大气污染净化设备、风机、管道、排气筒、阀门以及仪表的安装。

（3）能进行大气污染净化设备的单机试验。

（4）能参与大气污染净化系统的调试和验收。

【高级】

（1）能进行管材、管件、阀门、仪表、设备清单计算。

（2）能进行大气污染净化系统工程量清单计算。

（3）能编制大气治理工程安装施工方案。

（4）能编制大气治理工程项目安装施工预算。

1.3 大气污染净化系统自动化控制

1.3.1 电机与电气控制

【初级】

（1）能正确使用常用电工工具及仪器仪表。

（2）能识别常用低压电器的图形符号、文字符号、型号规格。

（3）能识读电气原理图。

（4）能识别配电箱（柜）动力及控制电路线号和标注线号。

（5）能识读电动机结构、工作原理、铭牌。

（6）能识别防爆电气设备的防爆型式、防爆标志。

（7）能根据电气原理图及电动机型号正确选用低压电器。

（8）能选用电线、电缆、低压电缆接头、接线端子、电线管、桥架、线槽等电工材料。

（9）能安装、拆卸、更换常用低压电器。

（10）能使用电线保护管、槽板、桥架等敷设电线电缆。

【中级】

（1）能设计和绘制电气原理图。

（2）能安装、维护用电总配电箱（柜）、分配电箱、开关箱及线路。

（3）能安装、维护电气设备的接地装置、独立避雷针。

（4）能安装、维护、拆除大气污染净化设备的电气元件。

【高级】

（1）能对动力配电线路进行接线、调试。

（2）能进行电动机控制电路的安装、调试。

（3）能编制、确认并组织实施用电方案。

（4）能组织安装用电配电室、变压器、配电线路。

1.3.2 PLC 控制

【初级】

（1）能根据 PLC 控制电路接线图连接 PLC 及其外围线路。

（2）能使用 PLC 编程软件从 PLC 中读写程序。

（3）能识读设备提供的 PLC 控制程序。

（4）能使用 PLC 基本指令调整、修改大气污染净化设备和传感器、仪表等基本控制系统的程序参数，并下载监控。

【中级】

（1）能根据现场设备条件选择传感器类型。

（2）能安装、调试传感器和专用继电器。

（3）能使用 PLC 基本指令编写大气污染净化设备和传感器、仪表等基本控制系统程序，并下载程序和程序状态监控。

（4）能进行触摸屏与 PLC 的连接和通信。

（5）能模拟调试和现场调试 PLC 程序。

【高级】

（1）能根据工艺要求绘制选择序列功能图并进行程序的录入。

（2）能按电气控制要求使用基本指令编写除尘、吸收净化、吸附净化、燃烧净化等大气污染净化系统 PLC 控制程序。

（3）能用 PLC 改造除尘、吸收净化、吸附净化、燃烧净化等大气污染净化继电控制电路。

（4）能对大气污染净化工艺的 PLC 控制系统进行电路设计、安装及系统的软硬件联合调试。

1.3.3 组态控制

【初级】

（1）能识读组态软件界面，建立和运行组态工程。

（2）能进行触摸屏画面的设计、变量定义和动画连接。

（3）能使用组态软件实现在线监测仪器数值的实时监测。

（4）能使用组态软件实现对大气污染净化系统风机的启动与停止控制。

【中级】

（1）能使用组态软件查阅、修改程序。

（2）能使用组态软件进行趋势曲线、数据报表、报警的制作。

（3）能完成组态软件与数据库的连接，以及组态软件数据库控件查询。

（4）能进行工程 Web 发布、网络连接。

【高级】

（1）能进行大气污染净化系统监控中心控制系统设计。

（2）能用组态软件实现开关量设备和模拟量设备联机调试。

（3）能用组态软件进行大气污染净化系统监控中心动画和程序的编制。

（4）能设置触摸屏与 PLC 之间的通信参数，实现触摸屏与 PLC 的连接与通信。

（5）能使用组态软件大气污染净化系统完成人机交互界面设计。

（6）能够完成简单组态工程的设计。

1.4 大气污染净化系统运维

1.4.1 设备运行

【初级】

（1）能识记大气污染治理工艺流程、设备和系统操作规程。

（2）能操作阀门通断和大气污染净化设备的启停。

（3）能识读和记录流量、流速、压力、温度、液位、阀门等各种仪表及控制附件的监测数据。

（4）能使用 pH 在线监测仪获取数据，进行酸碱调节。

（5）能使用 O_2 在线监测仪获取数据并判断净化工艺含氧量。

（6）能使用温湿度计在线监测仪获取工况条件下管道温度、湿度数据。

（7）能使用风速仪在线监测获取工况条件下管道风速数据。

（8）能使用颗粒物、SO_2、NO_x、VOCs 等物质的在线监测仪获取数据，进行颗粒物、SO_2、NO_x、VOCs 等物质的去除率计算。

【中级】

（1）能读懂环境空气质量分析报告，分析大气污染源排污量变化情况。

（2）能通过现场状态及仪表数据判断净化系统运行情况。

（3）能控制和调节大气污染净化系统运行状态。

（4）能根据尾气监控参数调整大气污染净化系统。

【高级】

（1）能使用触摸屏和 PLC 对大气污染净化系统进行联合调试。

（2）能对 PLC 控制的除尘、吸收、吸附、燃烧等大气污染净化系统进行调试与维护。

（3）能根据工艺流程完成对大气污染净化系统整机联动调试并实现数据监测。

（4）能使用组态软件完成上位机监控界面对除尘、吸收、吸附、燃烧等大气污染净化系统设备的运行调试。

（5）能使用组态软件设计对大气污染净化系统传感器回路及总线的检测。

（6）能使用组态软件设计对大气污染净化系统联动系统、主机控制系统的检测。

（7）能对各类数据进行统计分析并利用分析结果指导系统运行。

（8）能通过运行系统，优化组织持续改进的管理活动。

（9）能按工艺指标要求进行提标改造、优化调控操作。

（10）能对大气污染净化系统能耗指标进行分析并优化方案。

（11）能对大气污染净化系统设备运行情况进行分析并提出节能措施。

1.4.2 故障处理

【初级】

（1）能发现操作现场的“跑、冒、滴、漏”等现象。

（2）能通过观察仪表数据发现温度、压力、流速、流量等工艺参数异常。

（3）能发现大气污染净化设备运行异常迹象。

（4）能报告工艺和设备故障位置。

（5）能使用运营平台工艺报警信号分类清单。

【中级】

（1）能判断大气污染净化设备运行异常原因并进行处置。

（2）能通过自动控制系统及设备操作，处理温度、压力、流量、pH、含氧量等工艺参数的异常问题。

（3）能进行在线监测仪表的校验操作。

（4）能进行低压电器电路的故障排除。

（5）能借助编程（仿真）软件、仪器仪表等分析 PLC 系统的故障范围。

（6）能排除 PLC 系统中开关、传感器、执行机构等外围设备电气故障。

【高级】

（1）正确识读除尘、吸收、吸附、燃烧等大气污染净化工艺电气控制原理图，分析和排除电气故障。

（2）能分析其他设备运行异常原因并提出排查方案。

（3）能通过系统运行情况观察、分析、判断故障现象，调整运行参数和制定控制措施。

（4）能进行电动机控制电路常见故障诊断与维修。

（5）能对大气污染净化工艺电气控制电路系统进行调试，对电路故障进行诊断与维修。

1.4.3 设备维护保养

【初级】

（1）能识记设备的备品、备件。

（2）能使用大气污染净化设施常用的维护保养工具。

（3）能保养各类阀门、风机、水泵等。

（4）能清理、更换易损件和易堵件。

（5）能记录设备运行数据。

【中级】

（1）能清点、管理设备的备品和备件。

（2）能检修大气污染净化工艺系统相关传感器。

（3）能进行低压电器电路的检查及调试。

（4）能进行低压动力控制电路维修。

（5）能对常用仪表、机械设备维护、保养。

（6）能按维修计划进行辅助设施的维修，填写维修记录。

（7）能按设备维护保养要求更换设备的备品、备件。

【高级】

（1）能按质量管理要求调取技术资料和技术档案，做好运行数据等的统计、汇总及上报工作。

（2）能编制大气污染净化设备、装置和仪表等的维修计划。

（3）能编制设备备品、备件计划。

（4）能对大气污染净化系统生产综合成本进行分析。

（5）能针对大气污染净化系统的副产品提出资源化回收利用解决方案。

1.5 安全生产与应急处置

1.5.1 安全生产

【初级】

（1）能识记安全防护器具使用要求。

（2）能按安全生产规程佩戴和正确使用劳动防护用品。

（3）能识记安全警示标志、安全距离、安全色和安全标志等国家标准规定事项。

（4）能识记电工安全用具。

（5）能识别危险源。

【中级】

（1）能识记相关设备安全操作规程。

（2）能识记电气安全装置及电气安全操作规程。

（3）能按职业卫生知识实施职业卫生防护。

（4）能识记相关危险化学品管理规定。

（5）能按安全生产操作规程实施安全生产、防火、防毒、防爆工作。

【高级】

（1）能按消防安全管理制度实施消防安全检查。

（2）能按安全生产检查制度实施安全生产检查。

（3）能组织安全生产培训。

（4）能按安全防护知识实施现场急救与防护。

1.5.2　应急处置

【初级】

（1）能识记化验室危险品泄漏应急预案，能及时报告、报警并实施个人防护。

（2）能识记火灾应急预案，案发时能及时报告火情，能根据现场情况正确使用灭火设施。

（3）能识记停电事故应急预案，案发时能及时报告，并关闭相关阀门和开关。

（4）能识记有毒气体中毒事故应急预案，能正确佩戴防护器具，拨打 120 急救电话。

【中级】

（1）能熟知大气环境监测与治理运维应急预案，会采取各项措施进行自救、互救。

（2）能按防汛、防台应急预案进行紧急情况下大气污染净化工艺控制。

（3）能按停电事故应急预案进行大气污染净化工艺调整，通电后能立即将工艺切换至正常状态。

（4）能按有毒气体中毒事故应急预案实施现场急救。

（5）能应急处理化学灼伤、物击伤害。

（6）能按照应急预案要求处理突发废气超标排放事件。

【高级】

（1）能编制大气污染事故应急监测方案，组织实验室进行应急监测。

（2）能处理突发危险化学品泄漏以及危险废物、污泥、废气超标排放事件现场。

（3）能处理突发台风、暴雨等自然灾害和火灾爆炸引发的次生环境污染事件现场。

（4）能根据实施情况优化预案和应急措施，降低经济和人员损失。

2　大气环境监测与治理职业技能评价体系

2.1　职业概况

2.1.1　职业名称

大气环境监测与治理。

2.1.2　职业定义

面向大气环境治理相关企业中环境空气质量监测、大气污染物排放监测、大气污染治理工程安装调试和运行维护等岗位（群），能根据需要实施大气污染物样品采集、监测和分析，从事大气污染治理及空气净化设备设施安装调试、运行及维护，具有良好职业素质的大气环境监测与治理复合型技术人员。

2.1.3　职业等级

大气环境监测与治理职业技能等级分为三个等级：初级、中级、高级。三个级别依次递进，高级别涵盖低级别职业技能要求。

大气环境监测与治理初级职业技能的要求：能够独立完成颗粒物和气态污染物的采样及样品保存与预处理操作，能够进行质量、温度、湿度、压力、流速、流量等指标参数的测定，能够识读大气污染治理工程相关工艺图纸，独立从事大气污染净化设施的运行、维护，能够完成在线监测仪表、净化工艺控制仪表的读取工作，并进行记录和分析。

大气环境监测与治理中级职业技能的要求：能够进行常规大气污染物的监测分析，懂得大气污染治理设备的选型，能够根据工艺图纸完成大气污染净化设备、管道、附件、仪表、阀件的安装调试、运行和维护，能够独立进行在线监测仪表的校验操作，能够根据净化工艺要求进行可编程序（逻辑）控制器的运行程序数据调整。

大气环境监测与治理高级职业技能的要求：能够进行大气污染治理方案设计，能够熟练操控除尘、脱硫、脱硝、VOCs 等净化工艺，能够完成大气污染净化系统安装调试、运行和维护中较为复杂的工作，能够独立处理大气环境监测与治理工作中出现的问题。

2.1.4 职业环境条件

工作地点：室内外。

温度变化：常温。

湿度变化：正常范围。

2.1.5 职业能力特征

技术人员需具有一般智力和表达能力，手指灵活，动作协调性好，无色盲、色弱。

2.1.6 基本文化程度

高中或中职（中技）毕业。

2.2 评价方案

2.2.1 适用对象

从事或准备从事本职业的人员。

2.2.2 申报条件

符合基本文化程度、职业能力特征要求的人员均可申报。

2.2.3 评价方式

在大气环境监测与治理职业技能等级证书考核标准化考场，学生利用“大气环境监测与治理技术综合实训平台”及标准化实验室提供的相关仪器设备，在4小时内，完成大气环境监测、大气污染治理工程图设计与设备安装、大气污染净化系统自动化控制、大气污染净化系统运维、大气污染治理安全生产与应急处置等五个工作领域技能操作考核内容。

2.2.4 考核时间

采用全国统一考试时间，每年安排四次考核。上半年考核时间为4月、6月的第二个周末；下半年考核时间为10月、12月的第二个周末。每次考核时间为4小时。

2.2.5 报名时间

上半年考试报名时间：3月1日开始报名，开考前14天结束报名。下半年考试报名时间：9 月 1 日开始报名，开考前 14 天结束报名。

考点负责组织考生报名，报名需提供：身份证复印件；在读证明（由学校出具）或工作证明（由工作单位出具），认证报名费用。

2.2.6　认证对象及条件

1. 初级

环境监测技术、环境治理技术、生态环境保护等相关专业中等职业教育在校学生。在校学生须在认证考核前完成相关理论培训和实操训练。

从事大气环境监测与治理系统运行与操作相关工作一年以上的企业在职从业人员。

2. 中级

环境工程技术、环境监测与控制技术、生态环境保护、污染修复与生态工程技术、清洁生产与减排技术、室内环境检测与控制技术、安全健康与环保等相关专业高等职业教育在校学生。在校学生须在认证考核前完成相关理论培训和实操训练。

具有初级认证证书并从事大气环境监测与治理岗位相关工作三年以上的企业在职从业人员，或具有高等职业教育学历并从事大气环境监测与治理系统运行与操作岗位相关工作一年以上的从业人员。

3. 高级

环境工程、环境科学与工程、环境生态工程、环保设备工程等相关专业应用型本科及以上在校学生。在校学生须在认证考核前完成相关理论培训和实操训练。

具有中级认证证书并从事大气环境监测与治理系统运行与操作岗位相关工作三年以上的企业在职从业人员，或具有本科及以上学历并从事大气环境监测与治理系统运行与操作相关工作一年以上的企业在职从业人员。

2.2.7　考核方法

技能操作考核采取“抽考”命题方式。要求考生对报考的大气环境监测与治理职业技能某一等级所有五个工作领域考点应全部掌握。

2.2.8　成绩确定

考核分值满分为 100 分。考分满 60 分为通过，低于 60 分为不合格。考核成绩不合格的考生，1 周后参加统一补考。

2.3 评价指标

2.3.1 工作领域评价指标

表 2.3.1 工作领域评价指标及权重

工作领域	比例/%	工作任务	权重/%		
			初级	中级	高级
1. 大气环境监测	20	1.1 样品采集、保存与预处理	10	3	3
		1.2 监测分析	7	10	7
		1.3 数据处理	3	7	10
2. 大气污染治理工程设计与设备安装	20	2.1 工艺图识读与设计	5	10	15
		2.2 工艺设备与管线安装	15	10	5
3. 大气污染净化系统自动化控制	20	3.1 电机与电气控制	10	3	3
		3.2 PLC 控制	7	10	7
		3.3 组态控制	3	7	10
4. 大气污染净化系统运维	30	4.1 设备运行	15	10	5
		4.2 故障处理	5	10	15
		4.3 设备维护保养	10	10	10
5. 安全生产与应急处置	10	5.1 安全生产	7	5	3
		5.2 应急处置	3	5	7

2.3.2 综合评价指标

表 2.3.2 综合评价指标及权重

一级指标	比例/%	二级指标	权重/%	工作领域
烟气处理系统设计	10	1. 烟气处理系统工艺设计	5	大气污染治理工程设计与设备安装
		2. 系统控制程序设计	5	
烟气处理系统部件、管道、传感器安装连接	20	1. 布袋除尘器系统安装连接	4	大气污染治理工程设计与设备安装
		2. 发尘系统安装连接	4	
		3. 水泵出口管道与补气泵管道的安装连接	4	
		4. 传感器和测压管路的安装连接	8	

一级指标	比例/%	二级指标	权重/%	工作领域
烟气处理系统电源线路连接	10	1. 完善 PLC 端口定义表	2.6	大气污染净化系统自动化控制
		2. 电气控制柜的线路连接	2.8	
		3. 熔断芯安装	0.2	
		4. 仪表线路连接	1.5	
		5. 通信连接	0.4	
		6. 电源检测	2.5	
烟气处理系统调试	10	1. 系统程序完善	3.2	大气污染净化系统运维
		2. 手动调试	4.4	
		3. 系统故障排除	2.4	
设备整体运行	20	1. 模拟气源的配制	3	大气污染净化系统运维
		2. 在线 pH 仪的参数设置和标定	6	
		3. 脱硫碱液的配制	2.5	
		4. 仪器仪表参数设置	4.5	
		5. 自动运行启动	4	
烟气处理系统污染因子监测	25	1. 压力数据监测	3.1	大气环境监测
		2. 粉尘浓度监测及数据计算	10.3	
		3. 排放监测与数据计算	11.6	
职业素养	5	1. 合理规范地使用工具	1	全过程
		2. 团结互助，共同完成任务	1	
		3. 操作结束打扫整理工作区域	1	
		4. 尊重考场裁判和工作人员	1	
		5. 遵守竞赛规则	1	

2.3.3 考核大纲

技能考核大纲按照“大气环境监测与治理职业技能等级证书操作技能考核项目表”（初级、中级、高级）考核内容实施，见表 2.3.3～表 2.3.5。

表 2.3.3 大气环境监测与治理职业技能等级证书操作技能考核项目表（初级）

序号	项目名称	模块编号	模块内容	考核方式	选考方法	考核时间/min	配分
1	大气环境监测	1.1 样品采集、保存与预处理	样品采集	操作	抽考	30	10
			样品保存				
			样品预处理				

序号	项目名称	模块编号	模块内容	考核方式	选考方法	考核时间/min	配分
1	大气环境监测	1.2 监测分析	环境空气中颗粒物的测定	操作	抽考	40	7
			环境空气温度、压力的测定				
			烟气温度的测定				
			烟气含湿量的测定				
			烟气压力、流速、流量的测定				
			烟气黑度的测定				
			便携式传感器类检测仪的使用				
		1.3 数据处理	大气监测原始记录	操作	抽考	10	3
			数据修约及运算				
			大气中污染物浓度、算术平均值和相对标准偏差的计算				
			监测分析结果的单位换算				
			监测结果换算为标准状态				
2	大气污染治理工程设计与设备安装	2.1 工艺图识读与设计	图纸识读	操作	抽考	35	5
			图纸修改				
		2.2 工艺设备与管线安装	设备部件选型	操作	抽考	35	15
			工具操作使用				
3	大气污染净化系统自动化控制	3.1 电机与电气控制	动力配电线路的安装与调试	操作	抽考	25	10
			电机控制电路图的识读				
			电机运行参数设置				
		3.2 PLC 控制	PLC 控制线路的连接	操作	抽考	15	7
			PLC 控制程序的下载				
		3.3 组态控制	组态工程的连线与通信	操作	抽考	8	3
			组态工程的建立与运行				
4	大气污染净化系统运维	4.1 设备运行	识记大气污染治理工艺流程、设备和系统操作规程	操作	抽考	20	15
			操作阀门通断和启停大气污染净化设备				
			识读和记录流量、流速、压力等仪表监测数据				
			操作在线传感器				
			烟气含氧量在线监测				
			烟气温度、湿度在线监测				
			烟气流速测定				
			烟气污染物去除率计算				

序号	项目名称	模块编号	模块内容	考核方式	选考方法	考核时间/min	配分
4	大气污染净化系统运维	4.2 故障处理	水泵、阀门、风机及相关设备运行故障的排查及记录 仪表通信线路故障的排查及记录 管路故障的排查及处理	操作	抽考	5	5
		4.3 设备维护保养	备品、备件的识读和标识 在线监测仪表传感的维护保养	操作	抽考	5	10
5	安全生产与应急处置	5.1 安全生产	考核现场环境监测 安全防护器具 安全标志、安全距离和安全色	操作	抽考	6	7
		5.2 应急处置	断水、断电及其他应急处理 120、119、110 报警急救电话	操作	抽考	6	3
合计						240	100
备注							

表 2.3.4 大气环境监测与治理职业技能等级证书操作技能考核项目表（中级）

序号	项目名称	模块编号	模块内容	考核方式	选考方法	考核时间/min	配分
1	大气环境监测	1.1 样品采集、保存与预处理	样品采集 样品保存 样品预处理	操作	抽考	30	3
		1.2 监测分析	空气中甲醛的测定 空气中氮氧化物的测定 空气中二氧化硫的测定 空气中氟化物的测定 烟尘浓度的测定 仪器设备故障的排除	操作	抽考	40	10
		1.3 数据处理	绘制标准（工作）曲线 确定可疑值 加标回收率 大气检测原始报告的审核 平行样测定数据符合程度的判断 进行方法检出限的测定与计算 异常数据的处理 编制大气检测报告	操作	抽考	10	7

序号	项目名称	模块编号	模块内容	考核方式	选考方法	考核时间/min	配分
2	大气污染治理工程设计与设备安装	2.1 工艺图识读与设计	旋风除尘器的识读与绘制 吸收设备识图与绘制 吸附设备识图与绘制 光催化与生物净化设备识图与绘制 集气罩与管道系统识图与绘制	操作	抽考	35	10
		2.2 工艺设备与管线安装	烟气处理系统安装连接 烟气处理系统单机试验 烟气处理系统调试和验收	操作	抽考	35	10
3	大气污染净化系统自动化控制	3.1 电机与电气控制	电气原理图的设计与绘制 配电箱及其线路的安装 接地装置和避雷针的安装 大气污染净化设备的电气元件	操作	抽考	25	3
		3.2 PLC 控制	传感器类型的选择 传感器、专用继电器的安装、调试 控制系统 PLC 基本指令编写应用 触摸屏与 PLC 的连接和通信 PLC 程序模拟调试和现场调试	操作	抽考	15	10
		3.3 组态控制	组态工程的连线与通信 组态工程的建立与运行 组态画面的设计 组态变量的定义 组态工程的调试	操作	抽考	8	7
4	大气污染净化系统运维	4.1 设备运行	设备阀门的操作 设备电源开关的启动 设备通气试验 运行数据记录	操作	抽考	20	10
		4.2 故障处理	水泵、阀门、风机及相关设备运行故障的排查及处理 仪表通信线路故障的排查及处理 管路故障的排查及处理	操作	抽考	5	10
		4.3 设备维护保养	清点、管理设备备品和备件 检修与保养传感器 检查及调试低压电器电路 检查及维护控制系统 维护保养常用仪表及机械设备 维护保养辅助设施 更换设备备品和备件	操作	抽考	5	10

序号	项目名称	模块编号	模块内容	考核方式	选考方法	考核时间/min	配分
5	安全生产与应急处置	5.1 安全生产	考核现场环境监测	操作	抽考	6	5
			设备安全操作				
			职业卫生防护				
		5.2 应急处置	大气环境监测与治理运行维护的应急处置	操作	抽考	6	5
			防汛、防台情景大气污染净化工艺的应急处置				
			停电事故中大气污染净化工艺的应急处置				
			中毒事故现场应急处置				
			化学灼伤、物击伤害的应急处置				
合计						240	100
备注							

表 2.3.5 大气环境监测与治理职业技能等级证书操作技能考核项目表（高级）

序号	项目名称	模块编号	模块内容	考核方式	选考方法	考核时间/min	配分
1	大气环境监测	1.1 样品采集、保存与预处理	大气监测采样现场勘察	操作	抽考	30	3
			大气监测采样方案的制定				
			大气监测采样仪器的校准、维护与保养				
		1.2 监测分析	烟气温度的测定	操作	抽考	40	7
			烟气含湿量的测定				
			烟气压力、流速、流量的测定				
			烟气黑度的测定				
			在线传感器类检测仪的使用				
			空气中甲醛的测定				
			空气中氮氧化物的测定				
			空气中二氧化硫的测定				
			空气中氟化物的测定				
			仪器设备故障的排除				
		1.3 数据处理	标准曲线的线性判断	操作	抽考	10	10
			标准曲线的截距检验				
			设计各类原始数据记录表				
			编制并审核大气监测/检测报告				

序号	项目名称	模块编号	模块内容	考核方式	选考方法	考核时间/min	配分
2	大气污染治理工程设计与设备安装	2.1 工艺图识读与设计	图纸编号归档 整体方案图纸绘制 治理方案的编写	操作	抽考	35	15
		2.2 工艺设备与管线安装	设备部件选型与安装 工艺管道切割与连接 大型设备的施工安装	操作	抽考	35	5
3	大气污染净化系统自动化控制	3.1 电机与电气控制	动力配电线路的安装与调试 电机控制电路的控制 用电方案的组织实施 配电室与变压器的安装实施 电机运行参数设置	操作	抽考	25	3
		3.2 PLC 控制	序列功能图绘制及相应程序录入 控制系统 PLC 基本指令编写应用 PLC—继电控制电路的安装改造 PLC 控制系统进行电路设计、安装及系统的软硬件联合调试	操作	抽考	15	7
		3.3 组态控制	组态工程的连线与通信 组态工程的建立与运行 组态画面的设计 组态变量的定义 组态曲线、报表的设计 组态控制工程的设计 组态工程的调试 安全机制	操作	抽考	8	10
4	大气污染净化系统运维	4.1 设备运行	设备阀门的操作 设备电源开关的启动 设备通气试验 设备运行参数的调节 运行数据记录	操作	抽考	20	5
		4.2 故障处理	大气治理装置现场巡检 大气治理装置数据读取 大气治理装置异常现象发现与设备故障位置报告 大气治理装置运营平台工艺报警信号分类清单使用	操作	抽考	5	15

序号	项目名称	模块编号	模块内容	考核方式	选考方法	考核时间/min	配分
4	大气污染净化系统运维	4.3 设备维护保养	维护、保养资料统计汇总	操作	抽考	5	10
			大气污染净化设备、装置和仪表的维修计划				
			编制备品、备件计划				
			成本分析				
			大气污染净化系统副产品的资源化回收利用				
5	安全生产与应急处置	5.1 安全生产	考核现场环境监测	操作	抽考	6	3
			消防安全检查				
			安全生产检查				
			安全生产培训				
			现场急救与防护				
		5.2 应急处置	断水、断电、系统崩溃及其他情况的应急处理	操作	抽考	6	7
			危险品泄漏的应急处置				
			突发废气超标排放事件的应急处置				
合计						240	100
备注							

2.4 知识要求

2.4.1 课程模块

表 2.4.1 课程模块的课程及对应工作

课程模块	课程名称	对应工作领域
基础知识	应用化学基础	大气环境监测、大气污染控制系统工艺设计与设备安装、设施运营
	分析仪器使用与维护	大气环境监测、大气污染控制系统工艺设计与设备安装、设施运营
	环境工程微生物	大气环境监测、大气污染控制系统工艺设计与设备安装、设施运营
	流体力学泵与风机	大气污染控制系统工艺设计与设备安装、自动化控制、设施运营
	工程制图与 CAD 应用	大气污染控制系统工艺设计与设备安装、自动化控制、设施运营
	电气设备与控制技术	大气污染控制系统工艺设计与设备安装、自动化控制、设施运营
专业知识	环境监测技术	大气环境监测、大气污染控制系统工艺设计与设备安装、设施运营
	大气污染工程技术	大气污染控制系统工艺设计与设备安装、自动化控制、设施运营
	环境工程施工技术	大气污染控制系统工艺设计与设备安装、自动化控制、设施运营
	污水处理厂运行管理	大气环境监测、大气污染控制系统工艺设计与设备安装、设施运营
拓展知识	水处理工程技术	大气环境监测、设施运营
	噪声控制技术	大气环境监测、设施运营
	固体废物处理与处置	大气环境监测、设施运营

2.4.2 知识要求

表 2.4.2 课程模块的知识要点

课程模块	课程名称	学习内容	学习目标
基础知识	应用化学基础	酸碱滴定法、配位滴定法、氧化还原滴定法、沉淀滴定法、重量分析法和数据处理等	掌握化学基础知识、常规分析化验操作技能，能够采用化学方法对样品进行化验分析
	分析仪器使用与维护	电化学、紫外可见、原子吸收、红外光谱、色谱分析等	掌握常用分析仪器的构造、工作原理及使用方法，具有较强的操作和维护技能
	环境工程微生物	细菌、放线菌等各类微生物的形态、大小、细胞结构与功能；微生物的生长繁殖、遗传与变异；微生物生态；微生物与环境的关系等	掌握环境工程涉及的微生物知识，具有饮用水卫生细菌检验方面的能力
	流体力学泵与风机	流体静力学、流体动力学、管路计算、气体射流、泵与风机基本理论与选择计算等	掌握流体力学的基本理论、计算方法和实验方法，了解泵与风机的构造，掌握泵与风机的性能选择、运行调节的知识
	工程制图与CAD	投影、剖面图、断面图、轴测图等制图基本知识，专业施工图识读与绘制，CAD 应用等	掌握制图的基本知识和制图标准，具有应用 CAD 绘制专业施工图的能力，具有识读施工图的初步能力
	电气设备与控制技术	电力系统及常用电气设备的选型、安装与线路敷设，可编程控制器原理与应用，智能化系统的配置、监控与组织管理、程序输入、参数测试、故障诊断，设备施工、调试和运行维护	掌握用电气设备性能参数，电力仪表及设备的选型、安装与线路敷设，熟悉可编程控制器原理与应用，智能化系统的配置、监控与组织管理、程序输入、参数测试、故障诊断、设备施工、调试和运行维护等
专业知识	环境监测技术	水体监测、大气监测、土壤监测、生物监测等	掌握水体、大气、土壤、生物等要素监测的基本方法，具有对污染因子进行测试的能力
	大气污染控制技术	大气污染物的来源、性质，大气污染控制措施的原理、方法及工艺等	掌握大气污染物种类及性质，大气污染控制的基本方法及主要控制设备的工作原理、结构、工艺和设计计算
	环境工程施工技术	沟槽开挖与支撑，地基处理，管线及设备施工安装，工程量清单与计价、施工组织设计等	掌握环境工程构筑物、设备及管线施工技术、熟悉工程量清单与计价、施工组织设计内容，了解施工管理方法
	大气污染控制系统运行管理	大气污染控制系统构筑物、设备工作过程，设备应用，空气质量分析，运行维护、检修、保养方法，故障排除，大气污染控制系统运行管理等	熟悉大气污染控制系统构筑物、设备工作过程，掌握设备的应用，空气质量分析，运行维护、检修、保养方法，能够进行故障排除，大气污染控制系统运行管理等
拓展知识	水处理工程技术	水质及其标准等水处理基本知识，物理处理、化学处理、物理化学处理、生物化学处理等基本处理方法，水处理厂站的运行管理与工艺设计等	掌握各种水处理方法的基本原理、基本工艺流程，能进行简单水处理工艺和水处理构筑物的设计，能进行污水处理系统运行管理
	噪声控制程技术	吸声、隔声、消声材料结构与工程设计等	掌握噪声控制的基本知识，具有噪声测量能力，能进行吸声、隔声、消声设计
	固体废物处理与处置	固体废物的填埋、焚烧、堆肥、固化与综合利用等	掌握填埋、焚烧、堆肥、固化等处理与处置固体废物的方法与综合利用技术

2.5 评价案例

2.5.1 项目简介

以 2018 年全国职业院校技能大赛大气环境监测与治理技术赛项为例，该赛项考核时间为 4 小时，要求参赛者在一个指定的大气环境监测与治理技术综合实训平台上，完成大气环境监测与治理综合技能操作任务。

2.5.2 考核内容

大气环境监测与治理技术赛项规程明确了竞赛内容，包括烟气处理工艺设计、自动控制程序设计、污染源配制、系统运行的处理设备（安装调试、运行和维护）、pH 在线监测、二氧化硫在线监测、氮氧化物在线监测、一氧化碳在线监测、氧气在线监测、粉尘颗粒物监测、烟尘采样，以及触控一体机和配电柜的上电运行操作等内容。

要求根据给定的任务书，完成以下操作内容。

1. 烟气处理工艺设计

根据任务书要求和提供的资料以及相关专业知识的了解和掌握，完成系统工艺设计、处理设备选型计算、绘制系统平面定位图、绘制工艺流程图、监测数据处理与换算等内容。

2. 烟气处理系统部件、管道、传感器的安装连接

根据给定的任务书，完成发尘系统、布袋除尘器系统、湿法脱硫系统的安装连接，完成烟气处理系统硬管管路、气管管路的连接，以及传感器的安装。

3. 烟气处理系统电源线路连接

根据给定的任务书，完成动力系统线路、传感器系统线路的连接。

4. 烟气处理系统调试

根据给定的任务书，完成电源系统、动力系统的调试，以及系统程序的编写、参数的设置和故障排除。

5. 设备整体运行

根据给定的任务书，完成包括模拟气源、脱硫碱液的配制，以及锅炉系统、布袋除尘器系统、脱硫系统、吸附系统等的运行与维护。

6. 烟气处理系统污染因子监测

根据给定的任务书，完成温湿度指标、烟气流量、烟气黑度、污染物（颗粒物、二氧化硫、氮氧化物、一氧化碳、汞及其化合物）排放浓度、二氧化碳排放浓度及剩余含氧量等数据的监测。

7. 职业素养

参赛过程应避免因操作不当而损坏工具，不得在工作台面遗留工具、零件。操作结束后，工具应整体摆放。参赛过程应尊重考场裁判和工作人员，遵守竞赛规则。

2.5.3 考核规则

1. 报名资格

① 以省份为单位，通过全国职业院校技能大赛网络报名系统统一进行组织报名。

② 每支参赛队由 2 名选手组成，配备 2 名指导教师。

③ 参赛选手须为普通高等学校全日制在籍专科学生；本科院校中高职类全日制在籍学生；五年制高职四、五年级在籍学生。高职组参赛选手年龄须不超过 25 周岁，年龄计算的截止时间以比赛当年的 5 月 1 日为准。凡在往届全国职业院校技能大赛中获得过一等奖的选手，不能再参加同一项目同一组别的比赛。

④ 参赛选手和指导教师报名获得确认后不得随意更换。如备赛过程中参赛选手和指导教师因故无法参赛，须由省级教育行政主管部门于相应赛项开赛 10 个工作日之前，出具书面说明，经大赛执行委员会（简称“执委会”）办公室核实后予以更换。竞赛开始后，参赛队不得更换参赛队员，允许队员缺席比赛。

2. 赛前准备

① 熟悉场地：比赛日前一天 16：30—17：00 开放赛场，参赛选手应在竞赛日程规定的时间内熟悉竞赛场地。

② 领队会议：比赛日前一天下午召开领队会议，由各参赛队伍的领队和指导教师参加，会议讲解竞赛注意事项并进行赛前答疑。

③ 抽签仪式：领队会议上确定分批抽签，比赛前 20 min 内选手赛位抽签，通过抽签确定各参赛队的赛次赛位。

④ 参赛队入场：参赛选手应提前 30 min 到达赛场，接受工作人员对选手身份、资格和有关证件的核验，赛次赛位不得擅自变更、调整；选手在竞赛过程中不得擅自离开赛场，如有特殊情况，须经裁判人员同意。选手不得将手机、无线上网卡、移动存储设备、资料等与竞赛无关的物品带入赛场。

3. 正式比赛

① 所有人员在赛场内不得有影响其他选手完成工作任务的行为，参赛选手不允许串岗串位，应使用文明用语，不得言语及人身攻击裁判和赛场工作人员。

② 选手须严格遵守安全操作规程，并接受裁判员的监督和警示，以确保参赛者人身及设备安全。选手因个人失误操作造成人身安全事故和设备故障时，裁判长有权中止该队比赛；如非选手个人因素出现设备故障而无法比赛，由裁判长视具体情况作出裁决，

如果裁判长确认为设备故障，可由技术支持人员排除故障后继续比赛的，将给参赛选手补足所耽误的比赛时间，也可调换选手到备份赛位或调整至最后一场次参加比赛。

③ 选手进入赛场后，不得擅自离开赛场，因病或其他原因离开赛场或终止比赛的，应向裁判示意，须经赛场裁判长同意，并在赛场记录表上签字确认后，方可离开赛场并在赛场工作人员指引下到达指定地点。

④ 选手须按照程序提交比赛结果（任务书），在比赛赛位的计算机规定文件夹内存储比赛文档，配合裁判作好赛场情况记录，并签字确认。裁判提出签名要求时，不得无故拒绝。

⑤ 裁判长发布比赛结束指令后，所有未完成任务的参赛选手应立即停止操作，按要求清理赛位，不得以任何理由拖延竞赛时间。

4. 成绩评定

① 过程评判。所有评分项要由过程裁判签字，同时选手签字确认，选手不准签署自己的姓名。

② 结果评判。结果裁判负责所有工位的评判，裁判评分进行加权计算后作为选手最后得分，并由专人进行录像。

③ 评判结束后，记分员负责在监督人员的监督下完成统分工作，统分表由记分员、裁判长、监督组和仲裁组成员共同签字确认，在监督组监督下由裁判长审核签字后封装。

5. 竞赛纪律

① 所有有关专家和裁判将签订保密协议，严守保密纪律，不得私自透露赛题非公开部分的内容。

② 任何人不得以任何方式暗示、指导、帮助、影响参赛选手。对造成后果的，视情节轻重，酌情扣除参赛选手成绩。

③ 竞赛过程中，除参加当场次竞赛的选手、执行裁判员、现场工作人员和经批准的人员外，其他人员一律不得进入竞赛现场，参赛人员竞赛完毕应及时离开竞赛现场。对不听劝阻、无理取闹者追究责任，并通报批评。

④ 裁判员、监督员、仲裁组成员、其他工作人员违反工作守则，经大赛组织委员会（简称“组委会”）核实后，视情节轻重，予以警告处分或取消其任职资格。

⑤ 对违反竞赛各种纪律的参赛选手及所在代表队和单位，视情节轻重及后果影响，予以取消竞赛评奖资格或通报批评。

2.5.4 环境要求

① 比赛赛位：每个赛位占地不小于 21 m^2（7 m×3 m），且标明赛位号，布置竞赛平台 1 套、工作准备台 1 张、凳子 2 张。每个比赛赛位配有工作台，供选手书写、摆放工

具、量具、刀具。每个比赛赛位配有相应数量的清洁器具。

② 赛场内每个赛位提供三相 380 V 电源一路，功率不小于 4 kW；提供独立于单相 220 V 电源一路，功率不小于 0.5 kW。竞赛场地布线要采用扣线板。

③ 比赛赛位要有隔离标识或护栏，确保选手不受外界影响参加比赛。赛场提供稳定的照明、水、电、气源和供电应急设备等。

④ 竞赛场地要宽敞明亮，有空调或风扇降温措施，地面要干燥。赛场提供进水和排水口，赛场要通风。

⑤ 赛场要有安保、消防、设备维修和电力抢险人员待命，以防突发事件。赛场配备维修服务、医疗、生活补给站等公共服务设施，为选手和赛场人员提供服务。

⑥ 竞赛场地要有网络摄像机，能够摄录比赛全过程。

⑦ 各代表队往返驻地和赛场参加比赛和会议等活动，由组委会安排车辆接送。

⑧ 竞赛场地完全实现对外开放和观摩，在赛场内设置参观区域，允许观众和指导教师现场观摩大赛。

2.5.5 技术规范

1. 专业教育教学要求

竞赛项目符合高职“大气环境监测与治理”、“环境监测与控制技术”、“环境工程技术”、“室内环境检测与控制技术”、“环境信息技术”、“资源综合利用与管理技术”、“清洁生产与减排技术”、“大气科学技术”、“安全健康与环保”、“农村环境保护”、“环境评价与咨询服务”、“化工安全技术”、“电厂化学与环保技术”以及“环境卫生工程技术”等相关专业实训教学内容的需求。符合高职相关专业教学内容要求，涉及“大气污染控制技术”、“大气环境监测技术”、“烟气除尘技术”、“烟气脱硫技术”、“活性炭吸附技术”等方面的知识和技能点。

2. 国家、行业标准

①《锅炉大气污染物排放标准》（GB 13271—2014）。

②《锅炉烟尘测试方法》（GB/T 5468—1991）。

③《固定污染源排气中颗粒物测定与气态污染物采样方法》（GB/T 16157—1996/XG 1—2017）。

④《固定污染源排气中氮氧化物的测定　紫外分光光度法》（HJ/T 42—1999）。

⑤《固定污染源排气中氮氧化物的测定　盐酸萘乙二胺分光光度法》（HJ/T 43—1999）。

⑥《固定污染源排气中二氧化硫的测定　碘量法》（HJ/T 56—2000）。

⑦《固定污染源废气　二氧化硫的测定　定电位电解法》（HJ 57—2017）。

⑧《固定污染源监测质量保证与质量控制技术规范（试行）》（HJ/T 373—2007）。

⑨《固定源废气监测技术规范》（HJ/T 397—2007）。

⑩《固定污染源排放烟气黑度的测定 林格曼烟气黑度图法》（HJ/T 398—2007）。

⑪《固定污染源废气 气态汞的测定 活性炭吸附/热裂解原子吸收分光光度法》（HJ 917—2017）。

⑫《固定污染源废气 氮氧化物的测定 定电位电解法》（HJ 693—2014）。

⑬《污染源自动监控管理办法》（国家环境保护总局令 第28号）。

⑭《环境监测管理办法》（国家环境保护总局令 第39号）。

⑮《烟尘采样器技术条件》（HJ/T 48—1999）。

⑯《烟气采样器技术条件》（HJ/T 47—1999）。

⑰《环境空气颗粒物（PM_{10}和 $PM_{2.5}$）连续自动监测系统技术要求及检测方法》（HJ 653—2013/XG 1—2018）。

⑱《环境空气质量标准》（GB 3095—2012/XG 1—2018）。

3. 职业技能等级标准

“大气环境监测与治理职业技能等级标准”（附录一）。

2.5.6 应急预案

① 在大赛之前，由安全保卫处对安保队员组织培训，提前进行安全教育，明确具体职责和具体分工。

② 赛场安全区域管理。大赛前严格检查各区域消防设施，做好安全保卫工作，控制闲杂人员进入，防止火灾、盗窃现象发生，确保大赛期间赛场区域的安全与稳定。

③ 如发生安全事故，应立即报告现场总指挥，各类人员按照分工各尽其责，立即进行现场抢救和组织人员疏散，最大限度地减少人员伤亡和财产损失。

④ 电力供应如存在不稳定的因素，配备应急发电车，保证大赛顺利进行。如果中途出现断电等现象，应启用电力应急车，并对停电赛位进行补时，确保公平公正。

⑤ 设备和计算机等配置备用机，如计算机出现卡顿等现象应立即进行更换，对选手进行适当补时。

⑥ 设备运行调试时，应对每个系统分别调试，并进行规范操作，避免设备出现短路故障。考生在进行计算机编程操作时，现场裁判要提醒其及时存盘，避免数据丢失。

⑦ 比赛过程中，技术保障组全程待命，如果出现设备或器件故障，及时给予维修或更换备用设备，裁判人员记录耽误的时间并报告裁判长，经裁判长同意给予补时。

⑧ 应急处理。比赛期间发生意外事故，发现者应第一时间报告执委会，同时采取措施避免事态扩大。执委会应立即启动预案予以解决并报告组委会。赛项出现重大安全问题可以停赛，是否停赛由执委会决定。事后，执委会应向组委会报告详细情况。

3　大气环境监测与治理职业技能培训体系

3.1　技能训练基本要求

3.1.1　实训目的

根据大气环境监测与治理技术职业技能等级标准，通过训练，使学习者掌握大气环境监测技术、污染因子采样技术、大气污染治理工程技术、环境信息技术、电气自动化控制技术等相关的理论和操作，达到大气环境监测与治理技术职业技能要求。

3.1.2　能力要求

① 大气环境监测能力。

② 模拟污染源配制与测定能力。

③ 大气污染治理工艺设计能力。

④ 大气污染净化设备安装调试能力。

⑤ 大气污染净化设备的运行与维护能力。

⑥ 大气污染净化设备的自动控制设计与运行能力。

⑦ 大气污染净化设备运行故障排除与维修能力。

3.1.3　实训内容

① 样品采集、保存、预处理，实验室大气样品监测，污染因子在线监测。

② 运用相关标准进行旋风除尘器、袋式除尘器、脱硫系统和吸附系统等工艺设计计算，运用 CAD 进行系统图、电气控制原理图的绘制。

③ 根据相关图纸和工艺要求，进行旋风除尘器、袋式除尘器、脱硫系统和吸附系统等工艺系统的管道安装。

④ 根据相关图纸和工艺要求，进行风机、水泵、反应器、搅拌机、布袋等大气污染净化设备相关部件的安装与调试。

⑤ 根据相关图纸和工艺要求，进行电气控制线路安装。

⑥ PLC 硬件与程序编写、运行调试。

⑦ 触控组态软件以及程序编写、运行调试。

3.1.4 实训平台

1. 实训平台的技术性能

① 系统输入电压：三相交流 380 V±10%，50 Hz。

② 系统要求工作环境：环境温度为 0～40℃、相对湿度＜85%（25℃）、海拔＜4 000 m。

③ 系统容量：＜3.0 kV·A。

④ 控制柜尺寸：700 mm×600 mm×1 800 mm。

⑤ 对象尺寸：4 400 mm×800 mm×2 200 mm。

⑥ 监控平台尺寸：1 100 mm×700 mm×1 700 mm。

⑦ 安全保护：具有漏电保护、过载保护、短路保护装置，安全符合国家标准。

⑧ 控制方式：手动/自动控制。

2. 实训平台的组成

大气环境监测与治理技术综合实训平台（图 3.1.1）涵盖大气环境监测、烟气检测与分析、烟气处理工艺的设计、烟气处理设备装调、烟气处理设备的运行与维护综合实践及烟气污染因子在线监测分析技术等核心知识。

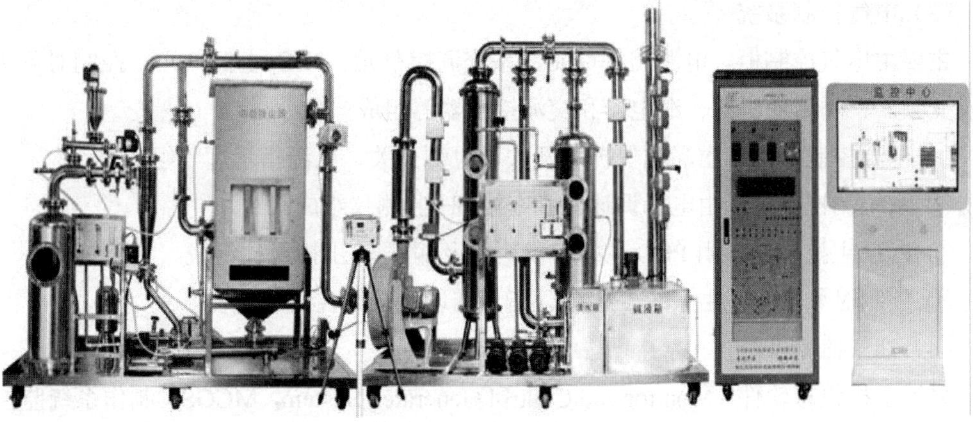

图 3.1.1 大气环境监测与治理技术综合实训平台

实训平台主要由烟气发生系统、烟气处理系统、电气控制系统以及烟气监测系统四部分组成。

（1）烟气发生系统

主要由锅炉及与其出气管道相连的气源添加装置、发尘装置和静态混合器等组成。锅炉位于整套处理流程的起点，内部装有红色灯源，点亮时模拟锅炉开炉点火，并可透过观察口察看其状态。

① 气源添加装置：将气体钢瓶中的高纯度 SO_2 气体恒压恒流地输入到系统中，模拟烟气中的气态污染物。通过计量装置与射流系统，在锅炉烟道的弯头位置将钢瓶中的气体定量地加入系统。主要由气体钢瓶、减压阀、质量流量控制器、空气泵、气体流量计、缓冲罐和射流器（文丘里管）组成。

② 发尘装置：位于水平烟道上方，通过双级可调式螺旋输送装置将粉尘缓慢均匀地投加到烟道中，用于模拟烟气中的颗粒污染物。主要由疏松器、粉尘罐和发尘器组成。

（2）烟气处理系统

主要由旋风除尘器、布袋除尘器、电动调节阀、风机、消音器、吸收系统、吸附塔、烟囱和粉尘回收装置等组成。

① 布袋除尘器：含尘气体通过滤袋（简称布袋）滤去其中粉尘粒子的分离捕集装置，是一种干式高效过滤式除尘器。主要由壳体、滤袋、振动器和支架等组成。

② 吸收系统：利用液体对锅炉废气进行吸收与洗涤，使之得到净化。配有填料承托盘，可随时改造成填料塔。主要由吸收塔、碱液箱、清水箱、漩涡泵、液体流量计、搅拌机、螺旋喷头、除雾器和电磁阀等组成。吸收系统后接有超越管路，通过阀门切换可以跳过吸收系统，直接进入烟囱排放。

③ 吸附塔：主要由塔体、鹅卵石层和活性炭层等组成。

（3）电气控制系统

主要由电气控制柜、电源控制单元、系统调控单元、PLC 主控单元、控制对象单元以及变频器、隔离变压器、继电器和交流接触器等组成。

① 电源控制单元：由漏电保护器开关、电源开关、电源指示灯等组成。

② 系统调控单元：由电机调速器和在线 pH 监测仪组成。

③ PLC 主控单元：由 PLC 主机和模块以及输入/输出接线柱组成。

④ 控制对象单元：由系统工艺图、指示灯以及接线柱组成。

（4）烟气监测系统

采用工控组态软件（Monitor and Control Generated System，MCGS）制作系统监控界面，利用工业以太网实现监控中心与远程设备的数据交换和远程监控，使控制模式更贴近实际工业现场。主要由气体（二氧化硫、氮氧化物、一氧化碳、二氧化碳和氧气等）传感器、粉尘传感器、温湿度传感器、铂热电阻、风速传感器、压力传感器、微差压传感器、在线 pH 监测仪、物位仪、皮托管、采样枪、粉尘采样仪和触控一体机等组成。其中触控一体机主要由液晶显示器、电脑主机、固定支架、鼠标键盘操作平台、音箱、控制软件及数据采集软件等组成。

大气环境监测与治理技术综合实训平台配置见表 3.1.1，监控系统基本配置见表 3.1.2，管材与配件见表 3.1.3，配套工具见表 3.1.4，赛场提供软件名称版本见表 3.1.5。

表 3.1.1 大气环境监测与治理技术综合实训平台配置表

序号	器材名称	器材规格或型号	实体图	数量	单位
1	不锈钢 钢架一	长：2 200 mm 宽：800 mm 高：980 mm	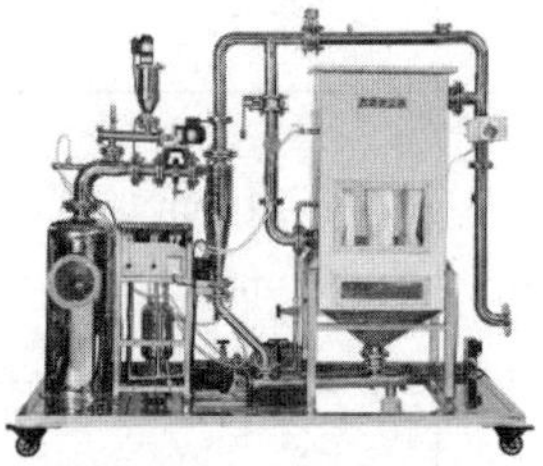	1	套
2	不锈钢 钢架二	长：2 200 mm 宽：800 mm 高：1 180 mm	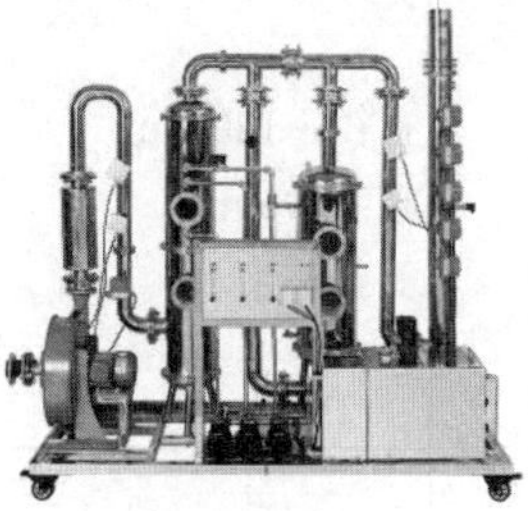	1	套
3	不锈钢 碱液箱	长：540 mm 宽：400 mm 高：430 mm	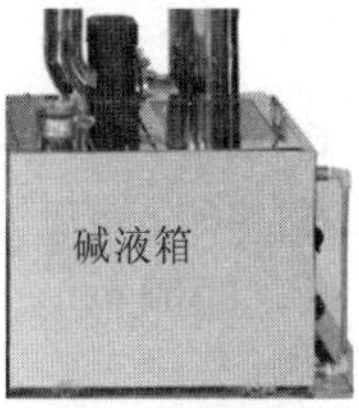	1	套
4	不锈钢 清水箱	长：250 mm 宽：200 mm 高：430 mm		1	套
5	锅炉	直径：306 mm 高：855 mm		1	套

序号	器材名称	器材规格或型号	实体图	数量	单位
6	静态混合器	直径：158 mm 长：100 mm		1	套
7	射流器 （文丘里管）	直径：21 mm 长：97 mm	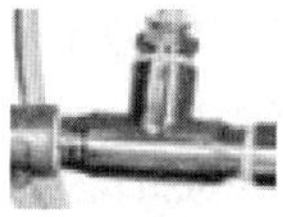	1	套
8	旋风除尘器	直径：120 mm 高：590 mm		1	套
9	布袋除尘器	长：640 mm 宽：460 mm 高：1 300 mm	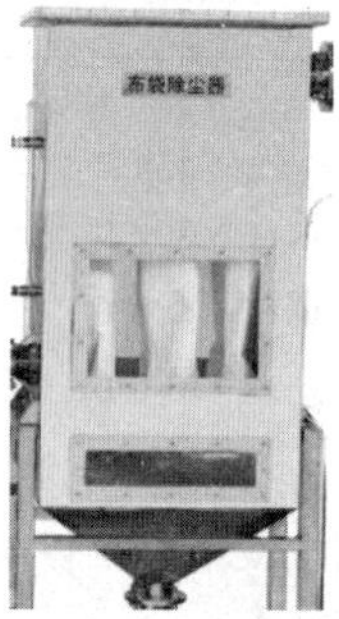	1	套
10	吸收塔 （洗涤塔、喷淋塔）	直径：250 mm 高：1 660 mm	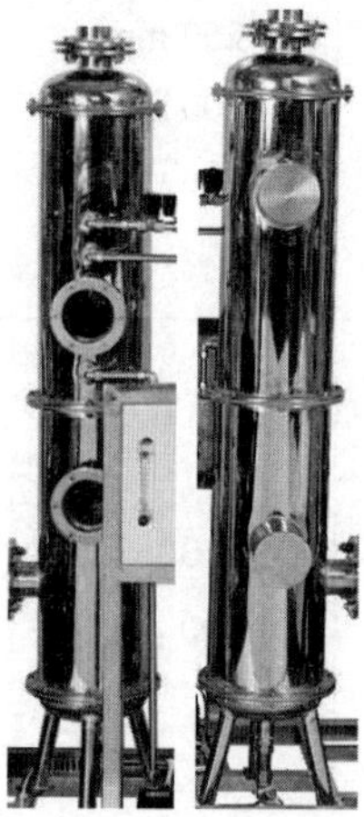	1	套

序号	器材名称	器材规格或型号	实体图	数量	单位
11	活性炭 吸附塔	直径：300 mm 高：1 620 mm	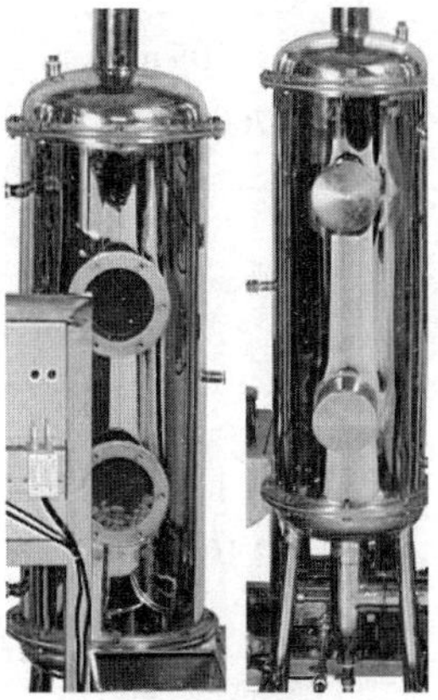	1	套
12	缓冲罐	直径：190 mm 高：400 mm		1	套
13	消音器	直径：169 mm 高：500 mm	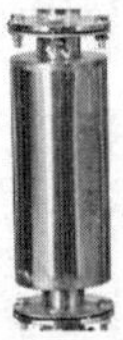	1	套
14	SO_2气体钢瓶	容量：4 L		1	套
15	粉尘罐	直径：150 mm 高：230 mm		1	套
16	发尘装置	直径：90 mm 高：290 mm		1	套

序号	器材名称	器材规格或型号	实体图	数量	单位
17	粉尘回收装置	直径：105 mm 长：700 mm		1	套
18	烟囱	直径：114 mm 高：2 100 mm		1	套
19	风机	流量：320～560 m^3/h 功率：1.5 kW 电源：AC 380 V		1	台
20	漩涡泵	电源：AC 380 V 流量：0～1.1 m^3/h 扬程：20～30 m 吸程：6～8 m		3	台
21	空气泵	电源：AC 220 V 功率：520 W 最大风量：450 L/min 最大风压：9 kPa		1	台
22	电动调节阀	型号：DN50 （具有4～20 mA输入信号）		1	台

序号	器材名称	器材规格或型号	实体图	数量	单位
23	质量流量控制器	流量：0～100 SCCM① 输入/输出信号：4～20 mA		1	台
24	调速电机	电源：AC 220 V		4	台
25	振打电机	电源：AC 380 V 功率：70 W 激振力：400 N 振次：3 000 r/min		1	台
26	面板流量计	量程：0.4～4 m^3/h 量程：1～11 L/min	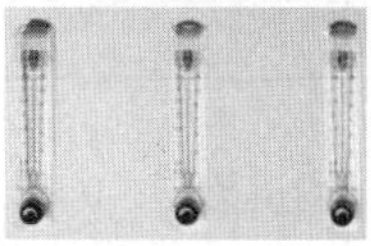	5	个
27	温湿度传感器	温度：0～50℃ 湿度：0～100% RH 输出信号：4～20 mA	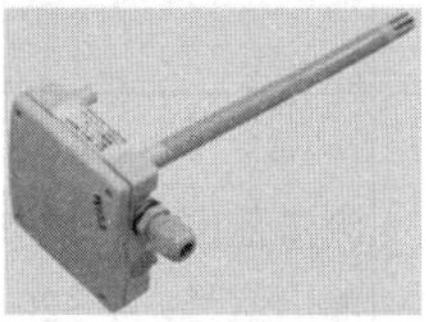	2	套
28	铂热电阻	铠装 PT100 安装螺纹：2 分		1	套
29	压力传感器	安装螺纹：4 分 测量范围：−10～10 kPa 输出信号：4～20 mA		1	套
30	差压传感器	测量范围：0～3 kPa 输出信号：4～20 mA	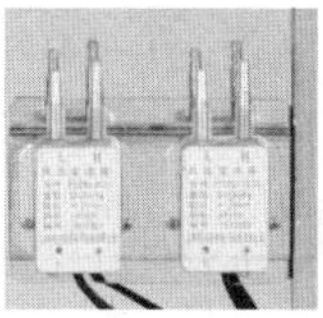	3	套

① SCCM（standard-state cubic centimeter per second）是一种表示泄漏的单位（atm·cm^3/s）。

序号	器材名称	器材规格或型号	实体图	数量	单位
31	粉尘传感器	电源：DC 5 V 检测粒径：0.5～10 μm 测量量程：0～499 μg/m^3	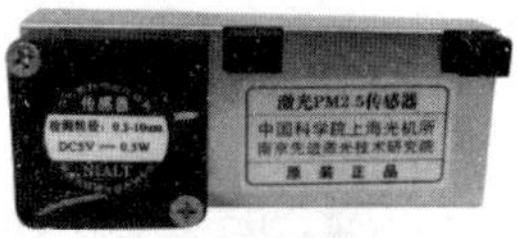	1	套
32	二氧化硫传感器	测量范围：0～100 ppm① 输出信号：4～20 mA		2	套
33	氮氧化物传感器	测量范围：0～100 ppm 输出信号：4～20 mA		1	套
34	一氧化碳传感器	测量范围：0～100 ppm 输出信号：4～20 mA		1	套
35	二氧化碳传感器	测量范围：0～2 000 ppm 输出信号：4～20 mA		1	套
36	氧气传感器	测量范围：0～30% VOL② 输出信号：4～20 mA		1	套
37	物位仪	量程：0.06～1 m 输出信号：4～20 mA		1	套
38	在线 pH 监测仪	量程：0～14 输出信号：4～20 mA	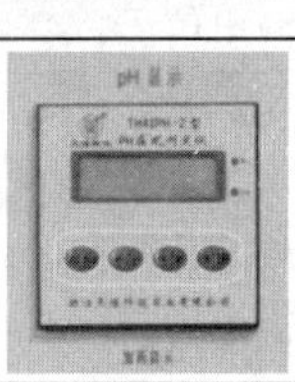	1	套

① ppm 浓度是用溶质质量占全部溶液质量的百万分比来表示的浓度，也称百万分比浓度，经常用于物质浓度非常小的场合。对于气体，ppm 一般指摩尔分数或体积分数，而对于溶液，ppm 一般指质量浓度。
② VOL 是容量（volume）的简写，本书表示体积百分比。

序号	器材名称	器材规格或型号	实体图	数量	单位
39	皮托管	直径：4 mm 长度：200 mm		1	套
40	风速仪	测量范围：0～20 m/s 输出信号：4～20 mA		2	套
41	粉尘采样器	电源：AC 220 V 流量：5～35 L/min 定时设定：0～99 min59 s		1	套
42	检测配件装置	长：300 mm 宽：250 mm 高：140 mm		1	套

表 3.1.2 监控系统基本配置表

序号	器材名称	规格或型号	实体图	数量	单位
1	电器控制柜	长：700 mm 宽：600 mm 高：1 800 mm	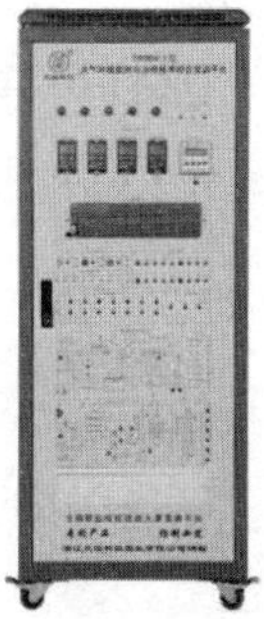	1	套

序号	器材名称	规格或型号	实体图	数量	单位
2	PLC 控制器	CPUSR40 主机	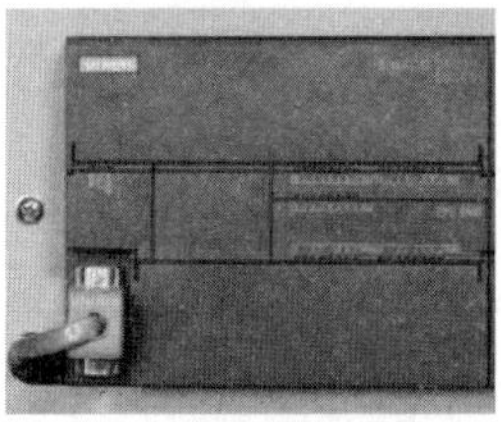	1	个
3	模拟量 输出模块	EMAE04	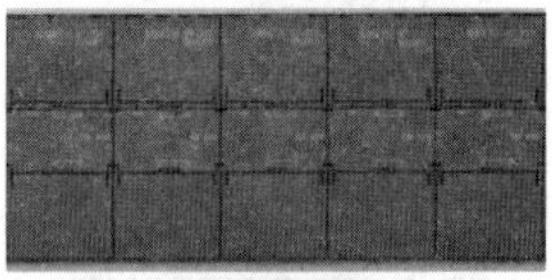	5	个
4	模拟量 输入/输出模块	EMAM06		1	个
5	变频器	FR-D740-1.5 K-CHT		1	个
6	隔离变压器	三相 容量：1.5 kVA 尺寸：240 mm×115 mm×230 mm		1	个
7	漏电保护器	DZ47-63LEP-4P-20A	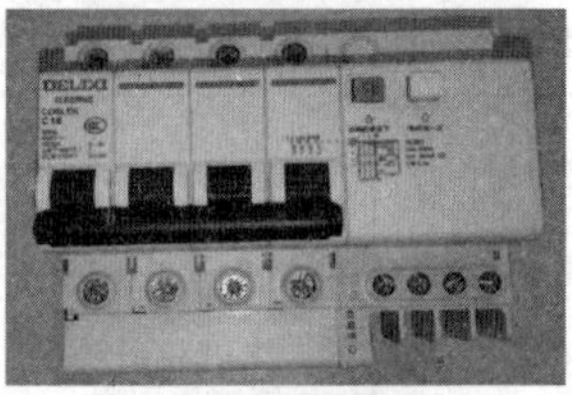	1	个
8	交流接触器	LC1-D1810M5N		1	个

序号	器材名称	规格或型号	实体图	数量	单位
9	电机调速器	SF 系列，数显式	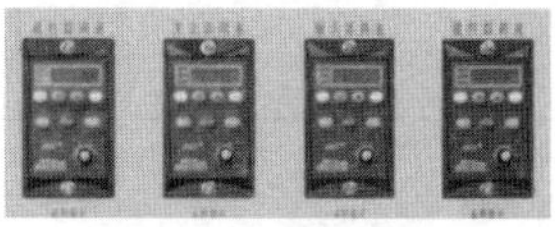	4	个
10	蜂鸣器	LA42SMFA-DC24V，红		1	个
11	中间继电器	ARM 系列，透明		21	个
12	工作状态指示灯	黄、绿、红	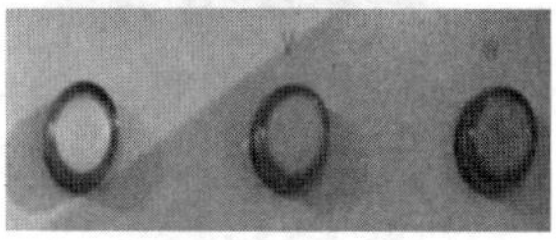	19	个
13	温度变送器	SBWZP-01（0～200℃）		1	个
14	监控中心	电源：AC 220 V 触控一体机：42 寸液晶	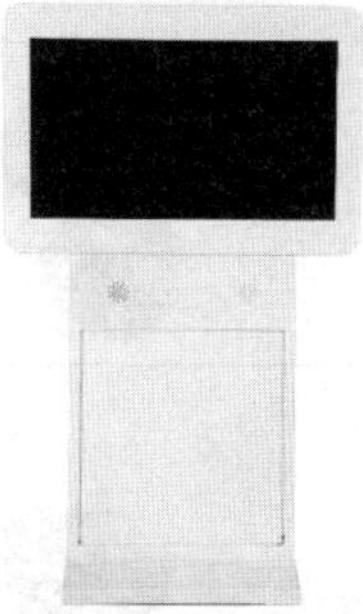	1	套
15	监控软件	包括系统工艺流程演示、设备结构展示、数据显示采集处理以及设备运行控制	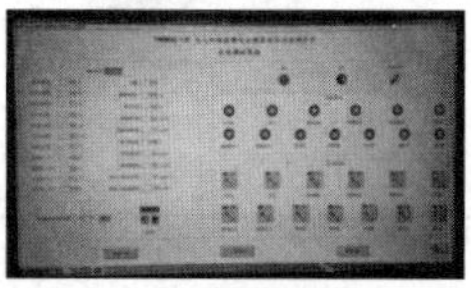	1	套

表 3.1.3　管材与配件一览表

序号	管材与配件名称	实体图	序号	管材与配件名称	实体图
1	短柄球阀		7	外丝直通接头	
2	长柄球阀		8	内丝直通接头	
3	电磁阀		9	内丝三通接头	
4	不锈钢复合管	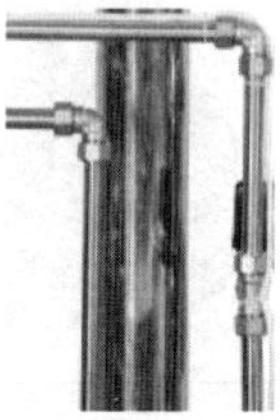	10	弯头	
5	不锈钢内丝弯头		11	不锈钢外丝直接	
6	不锈钢内丝直接		12	PU 管	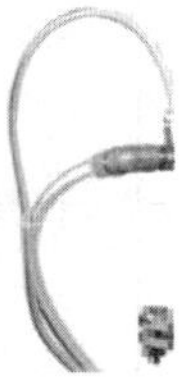

表 3.1.4 配套工具一览表

序号	配套工具	实体图	序号	配套工具	实体图
1	复合管割刀	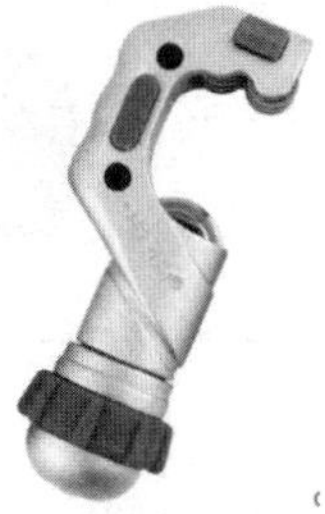	6	电工工具组合套装	
2	PVC 管子剪刀	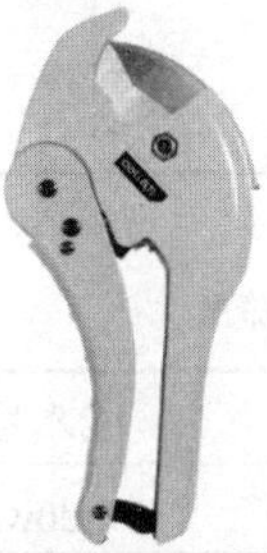	7	插线板	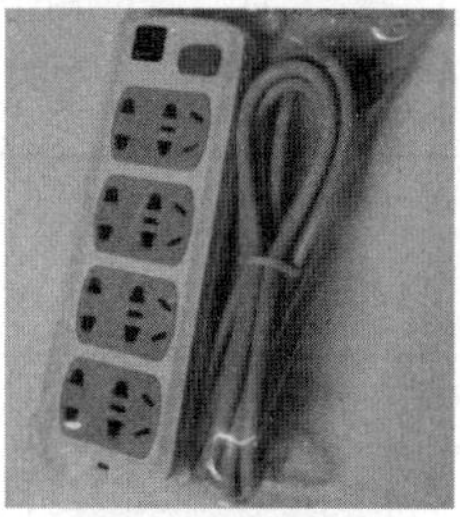
3	内六角扳手组合套装	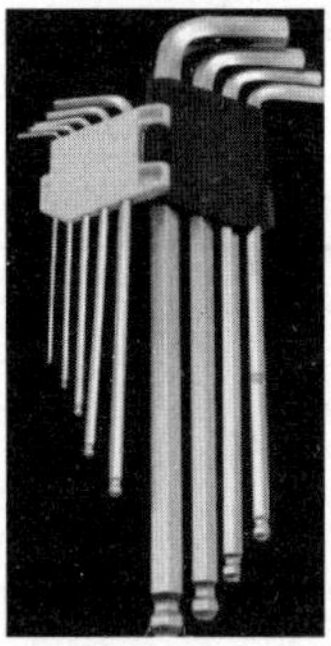	8	万用表	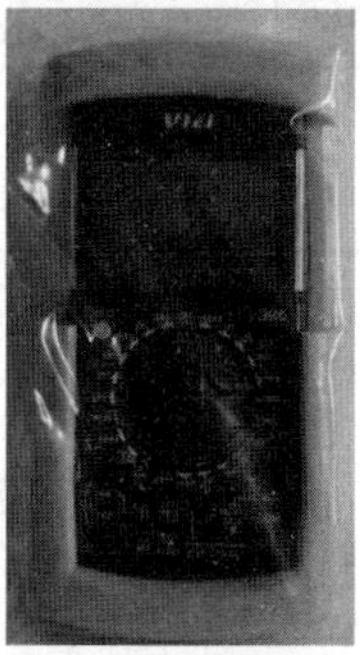
4	卷尺		9	烙铁架	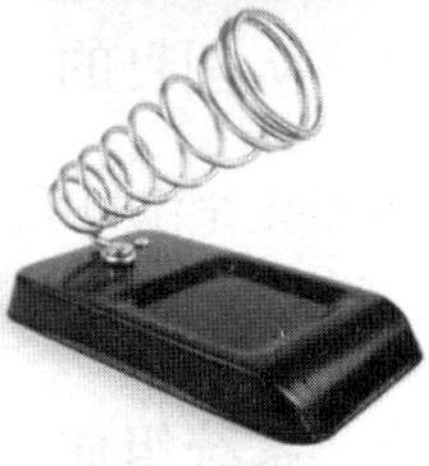
5	扳手		10	导线架	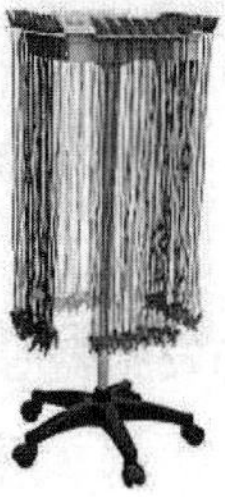

序号	配套工具	实体图	序号	配套工具	实体图
11	生料带		13	电工胶带	
12	记号笔	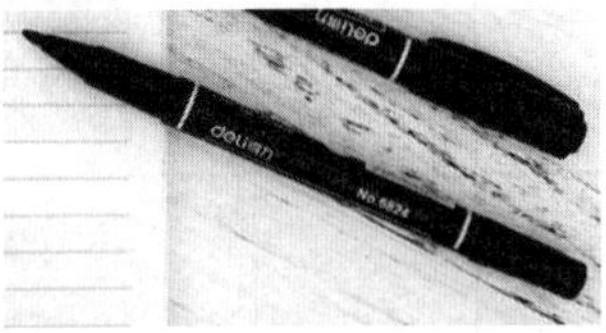	—	—	—

表 3.1.5 软件名称版本一览表

序号	系统及软件名称	版本号
1	计算机操作系统	Windows 7
2	编程软件	STEP 7-MicroWIN SMART
3	MCGS 触摸屏软件	MCGS 嵌入版 7.7
4	办公软件	Office 2003（Word/Excel）

3.2 烟气发生系统

3.2.1 实训目的

通过定量添加系统加入污染因子，形成不同浓度配比的烟气，为选择合理的烟气处理工艺提供前提条件。通过灯光演示来模拟锅炉的开炉点火与物料焚烧。

3.2.2 系统组成

烟气发生系统主要由锅炉、气源添加装置、发尘装置和静态混合器等构件组成。锅炉主要由不锈钢锅炉本体和灯光组成；气源添加装置主要由气体钢瓶、缓冲器、转子流量计、补气泵、减压阀、质量流量控制器和文丘里管等组成；发尘装置主要由粉仓、疏松器和发尘器等组成，如图 3.2.1 所示。

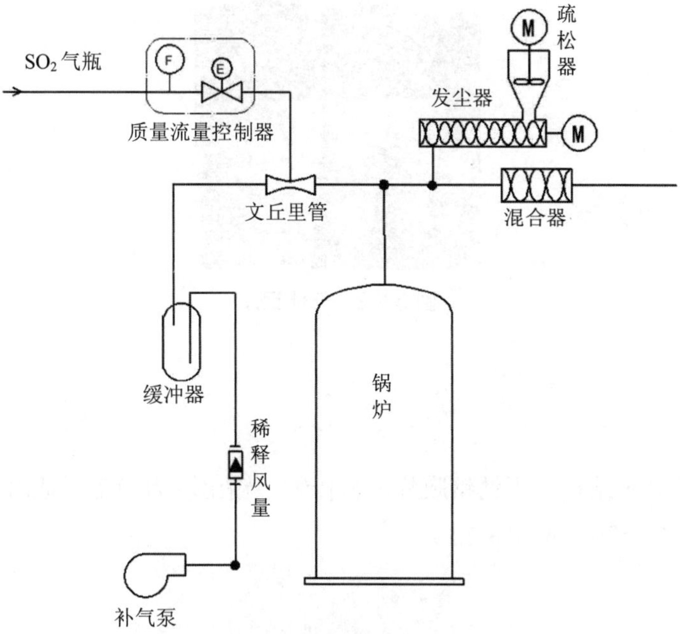

图 3.2.1　烟气发生系统

3.2.3　锅炉

1. 作用

锅炉是一种能量转换设备，向锅炉输入的能量有化学能、电能，输出具有一定热能的蒸汽、高温水或有机热载体，是系统污染源的供给场所。

2. 参数

直径 306 mm，高度 855 mm。

3. 安装方式

从上向下穿螺丝，底板背面依次加上平垫、弹垫、螺母拧紧，其中灯泡采用螺纹旋紧。

3.2.4　气源添加装置

气源添加装置将气钢瓶中的高纯气体恒压恒流地输入系统中，模拟烟气中的有害气体成分。

1. 气体钢瓶

4 L 铝瓶装 SO_2 气体，带不锈钢瓶阀（见图 3.2.2）。

图 3.2.2 气体钢瓶

2. 减压阀

（1）结构

单级式膜片减压结构，不锈钢膜片压力传输，输出压力稳定，适用于纯净气体、标准气体和腐蚀性气体等（见图 3.2.3）。

图 3.2.3 减压阀

（2）连接

减压阀的高压腔与钢瓶连接，低压腔连接使用系统。高压表的示值为钢瓶内贮存气体的压力。低压表的出口压力可由调节螺杆控制。

（3）工作原理及使用方法

使用时先打开钢瓶总开关，然后顺时针转动低压表压力调节螺杆，使其压缩主弹簧并传动薄膜、弹簧垫块和顶杆而将活门打开。这样进口的高压气体由高压室经节流减压后进入低压室，并经出口通往工作系统。转动调节螺杆，改变活门开启的高度，从而调节高压气体的通过量并达到所需的压力值。减压阀都装有安全阀，它是保护减压阀并使之安全使用的装置，也是减压阀出现故障的信号装置。如果由于活门垫、活门损坏或其他原因，导致出口压力自行上升并超过一定许可值时，安全阀会自动打开排气。

3. 质量流量控制器

用于对气体的质量流量进行精密测量和控制。由流量传感器、流量调节阀、放大控制电路和分流器控制通道等部件组成（图 3.2.4）。

图 3.2.4 质量流量控制器

（1）工作原理

它是利用流动流体传递热量改变测量毛细管壁温度分布的热传导分布效应而制成。采用毛细管传热温差量热法原理测量气体的质量流量，可以不受温度和压力的影响。将传感器测得的流量信号进行放大，然后与设定的电压进行比较，用所得的差值信号去驱动控制调节阀门，闭环控制流过通道的流量使之与设定的流量相等。

（2）线路连接

质量流量控制器的电缆接线插头主要采用 DB-15-pin 针型接口和 DB-15-hole 孔型接口两种。其接线方法见图 3.2.5。

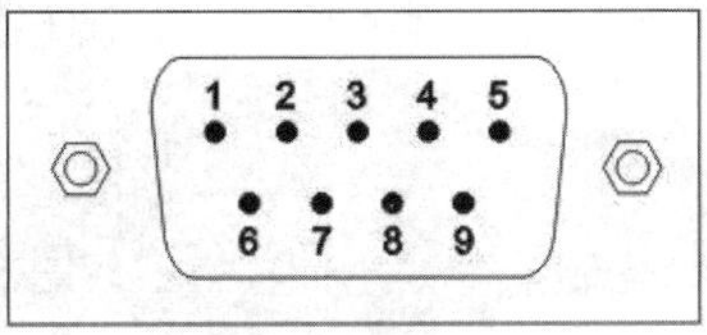

1	阀控	蓝色	6	测试	紫色
2	输出 4～20 mA	红色	7	电源−15 V DC	白色
3	电源+15 V DC	橙色	8	NC	绿色
4	电源地/信号地	绿色	9	设定 4～20 mA	黄色
5	壳地	黑色	—		

图 3.2.5 质量流量控制器接线方法

（3）零点调节

用户在使用的过程当中有可能发生零点偏移，可进行零点偏移的调节。一般从流量控制器左侧面上的调零孔进行调节。使用一字仪表螺丝刀，对准调零电位器的调整口，慢慢旋转，使得显示值为“0”。

使用时要注意以下四点：

① 调零时流量控制器中不得通气。

② 调零必须在开机预热 15 min 以后进行，流量计零点稳定后方可进行。

③ 除了调零电位器外，不得轻易调整其他电位器。

④ 若遇到较大的零点偏移，必须用内调零才能解决。

（4）使用方法和操作步骤

① 开机准备：将带 DB 头的电缆线与流量控制器连接好。

② 开机操作：接通电源后，先预热 15 min，待零点稳定后再通气工作。最佳操作方法：通电后，将阀开关置“关闭”位并将设定电位器调到零，再开气。待零点稳定后，将阀开关转置“阀控”位，然后再将设定流量调到需要的值，实际流量跟踪设定值而改变。

③ 标定和不同气体的换算：本控制器出厂已用二氧化硫（SO_2）标定，用户使用其他气体时，可以通过转换系数进行换算，将质量控制器显示出的流量读数，与某使用气体的转换系数相乘，即得该被测气体在标准状态下的质量流量。

4. 文丘里管

（1）功能

一种利用文丘里效应而研制的真空发生装置，运用于混合反应和传质混合过程。利用本装置的特性，可进行 SO_2 气体的吸入与混合（图 3.2.6）。

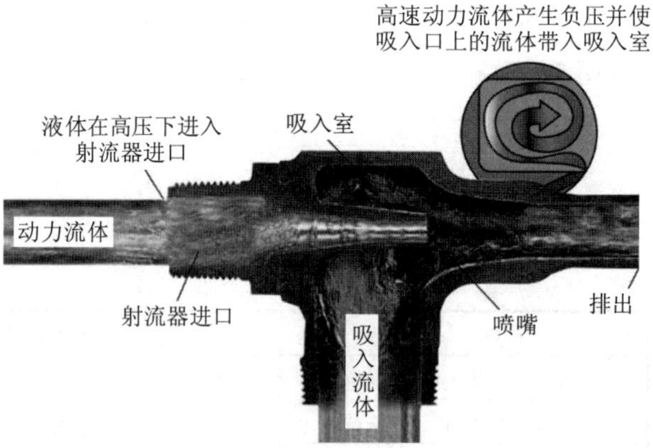

图 3.2.6 文丘里管

（2）原理

当气体或液体在文丘里管里面流动，在管道的最窄处，动态压力（速度头）达到最大值，静态压力（静息压力）达到最小值。气体（液体）的速度因为涌流横截面积变化而上升。整个涌流都要在同一时间内经历管道缩小过程，因而压力也在同一时间减小，进而产生压力差，这个压力差给流体提供一个外在吸力。对于理想流体（气体或者液体，其不可压缩和不具有摩擦），其压力差可通过伯努利方程获得。

（3）安装方式

该系统安装方式有螺纹连接、卡套式连接以及螺丝安装连接等。

3.2.5 发尘装置

发尘装置将加入粉仓的细度为 400 目的滑石粉缓慢均匀地输入系统中，用于模拟烟气中的颗粒污染物。

1. 粉仓

粉仓是用于粉尘存放的罐子，有效容积 1.2 L。

2. 疏松器

疏松器是用于疏松粉尘，使之匀速的落入输送器，以防止形成堵塞和堆脚的装置。疏松器由调速电机、联轴器和疏松杆组成。

其中，调速电机的运行状态由其面板式调速器控制，操作如下：

（1）菜单修改（图 3.2.7）

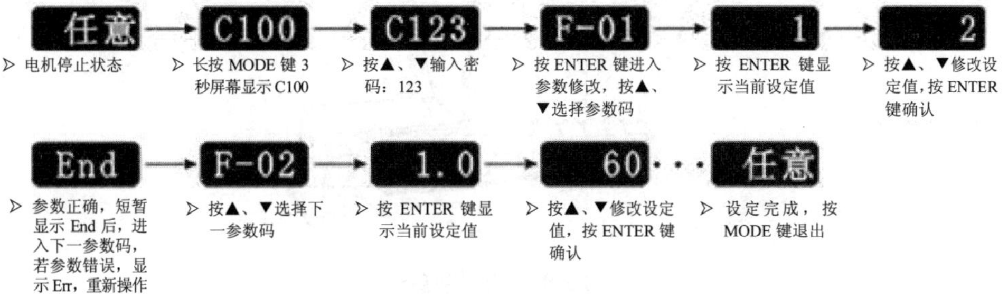

图 3.2.7 菜单修改

注意：为保证安全，F-05、F-29 参数修改必须在电机停止状态下进行，否则无法设置，屏幕显示“Err”。

（2）菜单清单

表 3.2.1 菜单清单

参数码	参数功能	设定	功能说明	出厂设置
F-01	显示内容	1. 电机转速设定值 2. 倍率转速设定值	倍率转速设定值=电机转速设定值÷倍率	1
F-02	倍率设定	1.0～999.9	根据显示直观性需要设定，显示目标值	1.0
F-03	运转控制方式	1. 操作面板按钮控制，无记忆 2. 外接开关控制，面板 STOP 无效 3. 外接开关控制，面板 STOP 有效 4. 操作面板按钮控制，有记忆	选择“1”由面板按钮控制电机，关闭调速器电源后再次打开电源，调速器不记忆关电前的运转状态 选择“4”调速器记忆关电前的运转状态，重新上电后电机为上次关电前的状态 选择外接开关控制时，由 FWD、REV 外接开关 K1、K2 控制电机	1

参数码	参数功能	设定	功能说明	出厂设置
F-04	旋转方式	1. 允许正反转 2. 允许正转，禁止反转 3. 允许反转，禁止正转	限制电机旋转方向，防止设备故障或事故	1
F-05	旋转方向	1. 不取反 2. 取反	无须改变电机接线，轻而易举改变电机转向	1
F-06	速度调整方式	1. 面板▲▼按钮 2. 面板旋钮	按▲▼按钮在最低至最高转速范围内，调整电机转速面板旋钮自动匹配转速	1
…	…	…	…	…

3. 发尘器

发尘器利用蜗轮蜗杆的传输效应，将物料均匀地送入风道。由调速电机、联轴器、轴承和螺旋输送杆组成（图 3.2.8）。

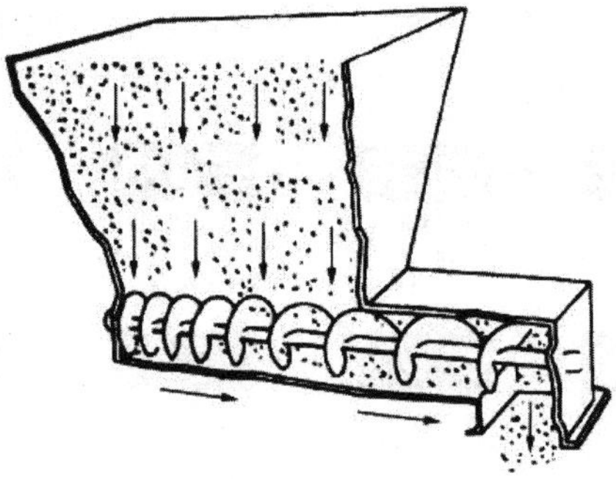

图 3.2.8 螺旋输送器

3.2.6 静态混合器

静态混合器是一种没有运动部件的高效混合设备，其基本工作机理是利用固定在管内的混合单元体改变流体在管内的流动状态，以达到不同流体之间良好分散和充分混合的目的（图 3.2.9）。

图 3.2.9 SY 型静态混合器

3.3　烟气除尘系统

本系统采用机械式和过滤式的组合除尘工艺对锅炉烟气所含的颗粒污染物进行净化处理，包含了旋风除尘和布袋除尘两种处理方法，保证处理流程的完整性和典型性。同时，利用在线传感技术，对系统运行时的诸因素进行实时监控，做到操作方便，现象直观，确保设备的综合性和实践性。通过本单元的学习实操，增强师生的互动，提升理论教学效果，增强动手动脑能力，提高职业技能水平。

3.3.1　系统组成

烟气除尘系统由旋风除尘器、袋式除尘器和粉尘回收装置以及引风机和烟囱等主体处理设备组成。如图 3.3.1 所示。

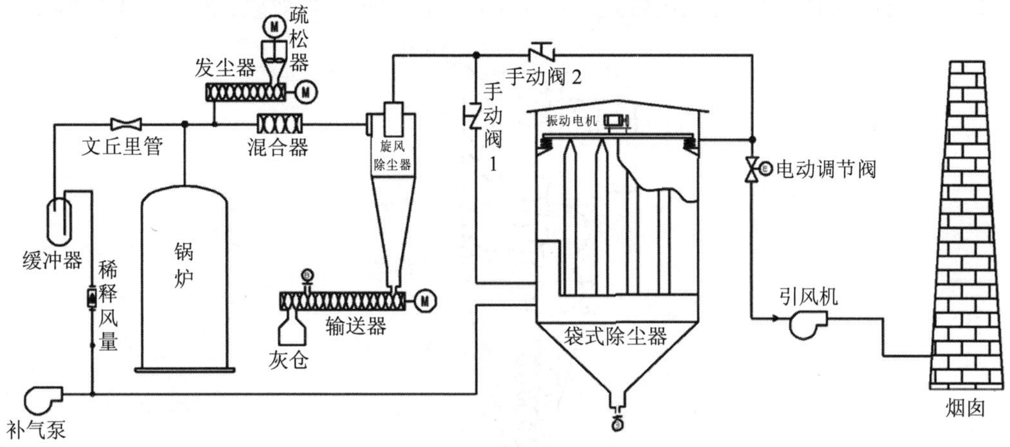

图 3.3.1　烟气除尘系统

3.3.2　旋风分离器

1. 旋风除尘器的作用

利用旋转的含尘气体所产生的离心力，将粉尘从气流中分离出来的一种干式气—固分离装置，是循环流化床锅炉的关键部件之一。它的分离效率大小决定着灰尘循环倍率的高低，不仅影响燃尽，而且还影响传热和脱硫效果。同时，因其对捕集、分离 5 μm 以上的粉尘效率较高，被广泛地应用于化工、石油、冶金建筑、矿山、机械、轻纺等工业部门。其特点是结构简单，器身无运动部件，不需特殊的附属设备，占地面积小，制造、安装投资较少。操作、维护简便，压力损失中等，动力消耗不大，运转、维护费用较低。

操作弹性较大，性能稳定，不受含尘气体的浓度、温度限制。

2. 旋风除尘器的工作原理

当含尘气流由切向进气口进入旋风除尘器时，气流将由直线运动变为圆周运动。旋转气流的绝大部分沿器壁自圆筒体呈螺旋形向下，朝锥体流动，称为外旋气流。含尘气体在旋转过程中产生离心力，将相对密度大于气体的尘粒甩向器壁。尘粒一旦与器壁接触，便失去径向惯性力而靠向下动能和向下的重力沿壁面落下，进入排灰管。旋转下降的外旋气体到达锥体时，因圆锥体的收缩而向除尘器中心靠拢。根据“旋转距”不变原理，其切向速度不断提高，尘粒所受离心力也不断加强。当气流到达锥体下端某一位置时，即以同样的旋转方向从旋风除尘器的中部，由下反转向上，继续做螺旋形流动，即内旋气流。最后净化气体经排气管排出管外，一部分未被捕集的尘粒也由此排出。

自进气管流入的另一部分气体则向旋风除尘器顶盖流动，然后沿排气管外侧向下流动；当到达排气管下端时即反转向上，随上升的中心气流一同从排气管排出。分散在这一部分的气流中的尘粒也随同被带走。此为上涡旋，影响除尘效果。如图 3.3.2 所示。

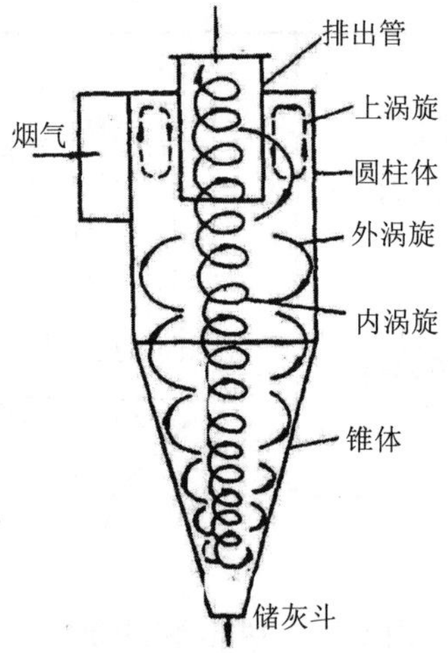

图 3.3.2 旋风除尘器工作原理

3. 旋风除尘器的分类

旋风除尘器经历了上百年的发展历程，为适应各种应用场合，从而改进了很多类型，可以根据不同特点和要求来进行分类的。

按旋风除尘器的构造，可分为普通旋风除尘器、异形旋风除尘器、双旋风除尘器和组合式旋风除尘器。

按旋风除尘器的效率分类，可分为通用旋风除尘器和高效旋风除尘器。

按清灰方式可分为干式除尘器和湿式除尘器两类。

按进气方式和排灰方式，旋风除尘器可分为：a. 切向进气，轴向排灰；b. 切向进气，周边排灰；c. 轴向进气，轴向排灰；d. 轴向进气，周边排灰。

4. 主要影响因素（表 3.3.1）

表 3.3.1 旋风除尘器的性能和影响因素之间的关系

编号	变化因素		性能趋向		投资趋向
			流体阻力	除尘效率	
1	烟气性状	烟气含尘浓度增加	下降	略提高	（磨损）增加
		烟气温度增高	减少	提高	增加
2	结构尺寸	圆筒体直径增大	降低	降低	增加
		圆筒体加长	稍降低	提高	增加
		圆锥体加长	降低	提高	增加
		入口面积增大（流量不变）	降低	降低	
		排气管直径增加	降低	降低	
		排气管插入长度增加	增大	提高（降低）	增加
3	运行状况	入口气流速度增大	增大	提高	
		灰斗气密性降低	稍增大	大大降低	减少
		内壁粗糙度增加（或有障碍物）	增大	降低	

5. 设计计算

（1）旋风除尘器设计条件

首先收集原始条件，包括：含尘气体流量及波动范围、气体化学成分、温度、压力、腐蚀性；气体中粉尘浓度、粒度分布、粉尘的黏附性、纤维性和爆炸性；净化要求的除尘效率和压力损失等；粉尘排放和要求回收价值；空间场地、水源电源和管道布置。根据上述已知条件做设备设计或选型计算。

（2）旋风除尘器基本尺寸

旋风除尘器基本尺寸的计算包括出外筒直径或入口尺寸的计算，参照表 3.3.2 即可确定整个除尘器的尺寸（D_c为除尘器直径）。

表 3.3.2 旋风除尘器各部尺寸的比例表

编号	项目	常用旋风除尘器	编号	项目	常用旋风除尘器
1	直筒长	L_1=（1.5～2）D_c	5	进口宽	B=（0.2～0.25）D_c
2	锥体长	L_2=（2～2.5）D_c	6	排灰管直径	D_{d2}=（0.15～0.4）D_c
3	出口直径	D_{d1}=（0.3～0.5）D_c	7	内筒长	L=（0.3～0.75）D_c
4	进口高	H=（0.3～0.5）D_c	8	内筒直径	D_n=（0.3～0.5）D_c

1）旋风除尘器直径：

旋风除尘器直径，即圆筒部分的工作直径，按式（3.3.1）计算：

$$D_c=\left(\frac{Q_V}{2826\upsilon_p}\right)^{0.5} \tag{3.3.1}$$

式中：D_c—— 旋风除尘器直径，m；

Q_V—— 旋风除尘器处理气量，m^3/h；

υ_p —— 除尘器筒体净空截面平均速度，m/s；一般取 υ_p=2.5～4.0 m/s。

旋风除尘器筒体直径越小，越能分离细小离子；但过小易引起粉尘对旋风除尘器的堵塞。因此，筒体直径不小于 150 mm，但也不大于 1 100 mm，以免效率太低。当处理风量大，可将旋风除尘器并联使用或采用多管旋风除尘器。

2）筒体高度：

旋风除尘器的筒体高度越高，能分离的粉尘粒径越小，效率越高，但这一趋势没有筒体直径那么明显。筒体高度 L_1=0.5～2 D_c。

3）入口尺寸：

旋风除尘器入口断面多采用矩形。入口面积对旋风除尘器有很大影响，入口面积可由流量 Q_V 和设计入口流速 u_i 确定。入口面积按式（3.3.2）计算：

$$A=\frac{Q_V}{3\,600\times u_i} \tag{3.3.2}$$

式中：A—— 旋风除尘器入口面积，m^2；

Q_V—— 旋风除尘器处理气量，m^3/h；

u_i—— 除尘器入口风速，m/s；一般取 u_i =14～24 m/s。

入口风速 u_i 一般为 14～24 m/s，最佳范围大致在 16～22 m/s，因入口面积 $A=ab$，故由尺寸比 a/b 可分别确定 a 和 b。以筒体直径 D_c 为参照，入口尺寸大致为 a=0.5 D_c，b=0.2 D_c。

4）锥体：

在一定范围内增大锥体高度 L_2，有利于气流充分旋转并可提高效率。当排气管入口到锥体底部的高度大于自然长 L 时，常称为长锥形旋风器。一般取 L_2=2 D_c。锥体高度和筒体高度应综合考虑，多取 L_1+L_2=（3～3.5）D_c。可以用总高度 H 是否大于自然长 L 作为检验，当 $H=L_1+L_2\geqslant L$，设计是合理的，原因是长锥形旋风器会提高除尘效率。

5）排气管：

排气管为圆筒形，且与旋风除尘器筒体同心。一般取排气管直径为 d_1=（0.4～0.5）D_c。排气管变细，阻力增加。排气管插入深度 s 是一个重要的几何参数，对于切向入口式旋风除尘器，排气管插入越浅，阻力损失越小，但效率越低。为防止进入旋风除尘器的粉尘短路而直接从排气管逃逸，$s \geqslant a$。为防止阻力过大，$s \leqslant D_c$。

6）排尘口：

排尘口直径 d_2 不宜过小，d_2 过小，黏性粉尘易发生堵塞。一般取 d_2=（1/5～1/3）D_c。如果排尘口直接接卸灰阀，则考虑卸灰阀具体尺寸。

按风量负荷确定除尘器结构尺寸，按风量负荷及要求达到的除尘效率，一般旋风除尘器的主要尺寸可按图 3.3.3～图 3.3.5 确定。对于特种要求的旋风除尘器的尺寸及外形尺寸，按相关规定执行。

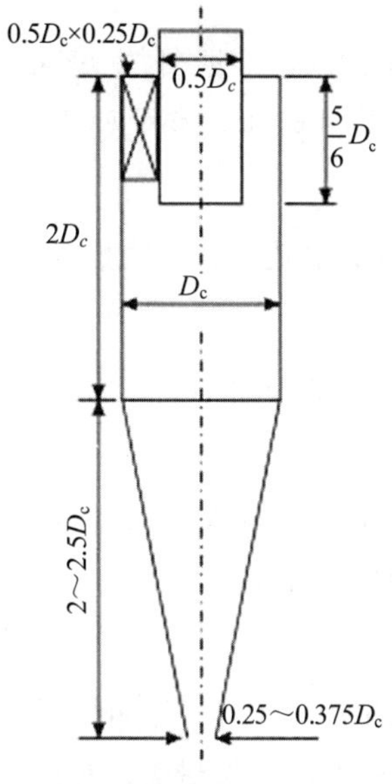

图 3.3.3　典型高效旋风除尘器的尺寸比例

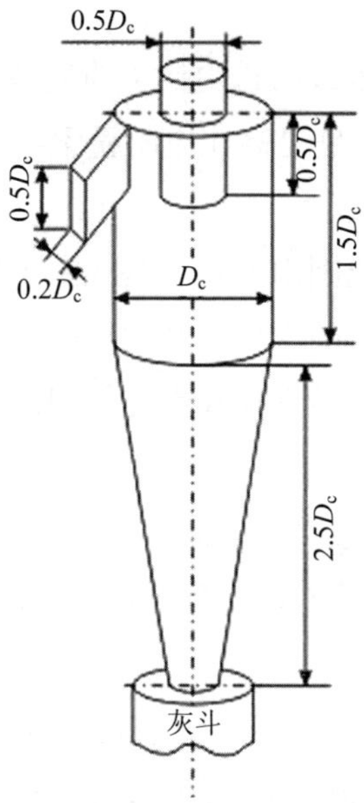

图 3.3.4　高效、中风量旋风除尘器尺寸比例

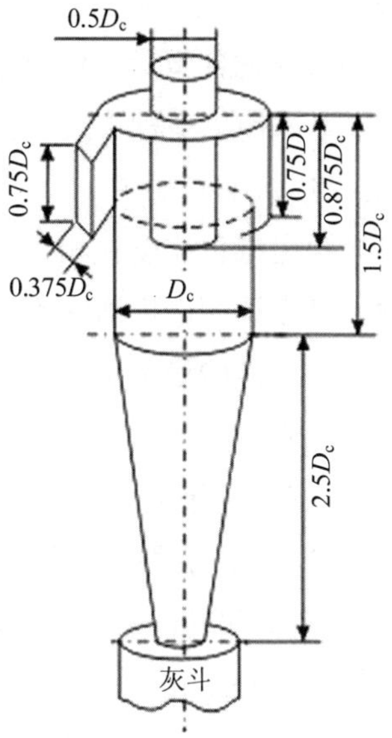

图 3.3.5　中效、高风量旋风除尘器尺寸比例

3.3.3　袋式除尘器

1. 袋式除尘器的功能

含尘气体通过滤袋（简称布袋）滤去其中粉尘粒子的分离捕集装置，是一种干式高效过滤式除尘器。自 19 世纪中叶布袋除尘器开始应用于工业以来，不断地得到发展，特别是 20 世纪 50 年代，由于合成纤维滤料的出现和脉冲清灰及滤袋自动检漏等新技术的应用，为袋式除尘器的进一步发展及应用开辟了广阔的前景。

2. 袋式除尘器的工作原理

袋式除尘器是利用棉毛、人造纤维等织物进行过滤的一种除尘装置。滤料本身的网孔较大，为 20～50 μm，绒布为 5～10 μm，却能除去粒径 1 μm 以下的颗粒，除尘效率很高。其机理涉及筛滤、惯性碰撞、拦截、扩散和静电等效应。

1）筛滤作用：当粉尘粒径大于滤布空隙或沉积在滤布上的粉尘间空隙时，粉尘被截留下来。由于新滤布空隙大于粉尘粒径，所以阻留作用小，但当滤布表面沉积大量粉尘后，阻留作用就显著增加。

2）惯性碰撞：当含尘气流接近过滤纤维时，气流将绕过纤维，而尘粒由于惯性作用继续直线前进，撞击到纤维上即会被捕集，这种惯性碰撞作用随粉尘粒径及流速的增大而增大。

3. 袋式除尘器的特点

1）对净化含微米或亚微米数量级的粉尘粒子的气体效率较高，一般可达 99%。

2）可以捕集多种干式粉尘，特别是高比电阻粉尘，采用袋式除尘器净化要比用电除尘器的净化效率高很多。

3）含尘气体浓度在相当大的范围内变化对袋式除尘器的除尘效率和阻力影响不大。

4）可设计制造出适应不同气量的含尘气体的要求。

5）运行性能稳定可靠，没有污泥处理和腐蚀等问题，操作维护简单。

4. 袋式除尘器的类型

清灰是袋式除尘器运行十分重要的一环，多数袋式除尘器是按清灰方式命名和分类的。常用的清灰方式有：机械振动清灰、逆气流清灰和脉冲喷吹清灰。

（1）机械振动清灰

采用机械振动的方法清除袋式除尘器过滤布袋上沉积的尘粒。其工作性能稳定，清灰效果较好，但滤袋常受机械力作用，损坏较快，滤袋检修与更换工作量大，如图 3.3.6 所示。

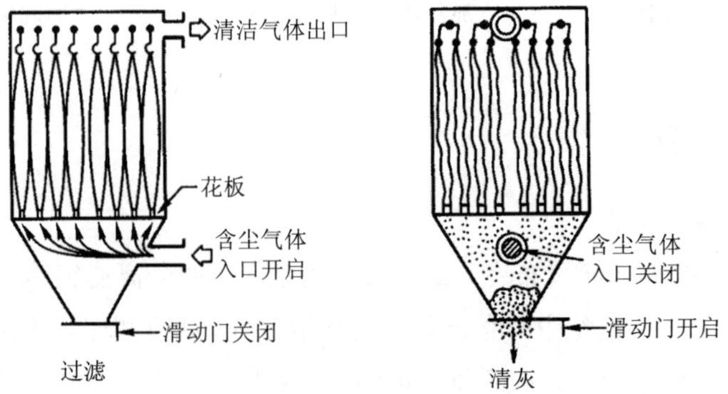

图 3.3.6 机械振动清灰袋式除尘器工作过程

（2）逆气流清灰

利用与过滤气流反向的气流进行清灰。由于反向气流的直接冲击和滤袋在反向气流作用下产生胀缩振动（滤袋变形），导致粉尘层崩落。这种清灰方式的除尘器结构简单，清灰效果好，滤袋磨损少，特别适用于粉尘黏性小，玻璃纤维滤袋的情况。如图 3.3.7 所示。

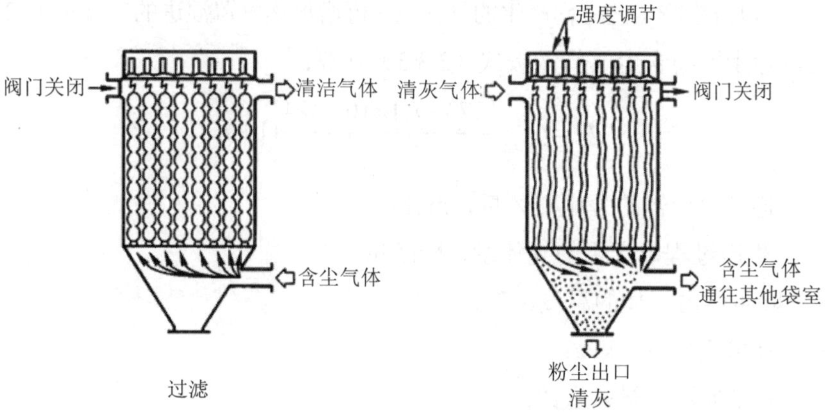

图 3.3.7　逆气流清灰袋式除尘器工作过程

（3）脉冲喷吹清灰

利用 4～7 atm 的压缩空气在极短的时间内（不超过 0.2 s）高速喷入滤袋，同时诱导数倍于喷射气流的空气形成空气波，使滤袋由袋口至底部产生急剧的膨胀和冲击振动，造成粉尘层脱落。脉冲喷吹清灰实现了全自动清灰，净化效率达 99%；过滤负荷较高，滤袋磨损轻，运行安全可靠。如图 3.3.8 所示。

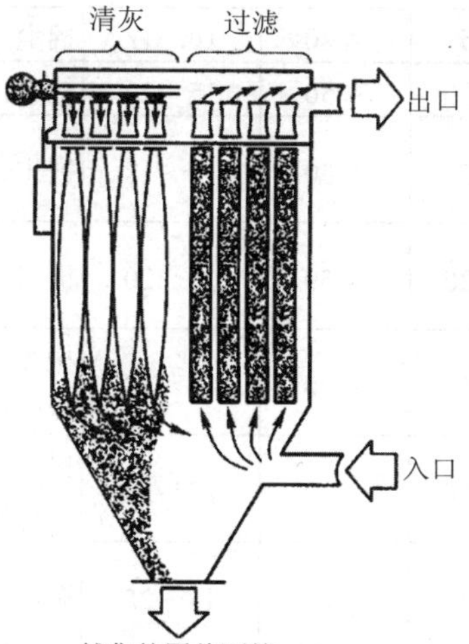

图 3.3.8　脉冲喷吹清灰袋式除尘器工作过程

5. 设计计算

（1）处理气体量

首先求出工况条件下的气体量，即实际通过袋式除尘器的气体量，并且还要考虑除尘器本身的漏风量。这些数据，应根据已有工厂的实际运行经验或监测资料来确定，如果缺乏必要的数据，可按生产工艺过程产生的气体量，再增加集气罩混进的空气量（20%～40%）来计算。通过除尘器的含尘气体量按式（3.3.3）计算：

$$Q = Q_s \times \frac{(273 + t_c) \times 101.324}{273 p_a}(1 + K) \tag{3.3.3}$$

式中：Q—— 通过除尘器的含尘气体量，m^3/h；

Q_s—— 生产过程中产生的气体量，Nm^3/h；

t_c—— 除尘器内气体的温度，℃；

p_a—— 环境大气压，kPa；

K—— 除尘器器前漏风系数。

（2）过滤风速

过滤风速的大小，取决于含尘气体的性状、织物的类别以及粉尘的性质。可参考表 3.3.3 和表 3.3.4。

表 3.3.3 不同性状的粉尘的管内流速

编号	粉尘的种类	粉尘浓度/（g/m³）	颗粒粒径/μm	管路内风速/（m/s）	作业样例
1	气体、蒸汽	—	—	5～12	有机溶剂作业、清洗作业、焊接烟雾
2	极轻的粉尘、干燥粉尘	<5	<20	10～12	棉尘、木材粉尘、珍珠岩、金属熔炼烟雾
3	极轻的粉尘、干燥粉尘	5～20	<50	15～20	棉尘、木材粉尘、珍珠岩、金属熔炼烟雾
4	中等程度密度的干燥粉尘	<5	<50	12～18	锯末、谷物、塑料粉末、橡胶粉末
5	中等程度密度的干燥粉尘	5～20	<50	15～20	锯末、谷物、塑料粉末、橡胶粉末
6	一般工业用干燥粉尘	<5	<20	15～18	抛光、研磨作业、喷砂、石灰、氧化铁、氧化铝
7	一般工业用干燥粉尘	5～20	<100	15～20	抛光、研磨作业、喷砂、石灰、氧化铁、氧化铝
8	一般工业用干燥粉尘、湿润	<5	<20	18～25	湿的石灰、氧化铁、氧化铝
9	重的粉尘	<5	<100	20～25	铸造作业、铸物研磨、木片
10	重的粉尘	5～20	<100	>25	铸造作业、铸物研磨、木片
11	粉体空气搬送	>1 000	<10 000	25～40	谷物、塑料切片、砂

表 3.3.4 不同清灰方式下的过滤风速 单位：m/min

编号	粉尘种类	清灰方式			
		自行脱落或手动振动	机械振动	反吹风	脉冲喷吹
1	炭黑、氧化硅（白炭黑）、铝、锌的升华物及其他在气体中由于冷凝和化学反应而形成的气溶胶、化妆粉、去污粉、奶粉、活性炭	0.25～0.4	0.3～0.5	0.33～0.60	0.8～1.2
2	铁及铁合金的升华物、铸造尘、氧化铝、由水泥磨排出的水泥、炭化炉升华物、石灰、刚玉、塑料、铁的氧化物、焦粉、煤粉、淀粉	0.28～0.45	0.4～0.65	0.45～1.0	1.0～2.0
3	滑石粉、煤、喷砂清理尘、飞灰、陶瓷生产的粉末、炭黑（二次加工）、颜料、高岭土、石灰石、矿尘、铝土矿、水泥（来自冷却器）、搪瓷	0.3～0.5	0.5～1.0	0.6～1.2	1.5～3.0

（3）计算过滤面积

1）总过滤面积：

根据通过除尘器的总气量和选定的过滤速度，按式（3.3.4）计算总过滤面积：

$$S = S_1 + S_2 = \frac{Q}{60v} + S_2 \tag{3.3.4}$$

式中：S —— 总过滤面积，m^2；

S_1 —— 滤袋工作部分的过滤面积，m^2；

S_2 —— 滤袋清灰部分的过滤面积，m^2；

Q —— 通过除尘器的总气体量，m^3/h；

v —— 过滤速度，m/min。

求出总过滤面积后，确定袋式除尘器的总体规模和尺寸。

2）单条滤袋面积：

单条圆形滤袋面积通常用式（3.3.5）计算：

$$S_d = D\pi L \tag{3.3.5}$$

式中：S_d —— 单条圆形滤袋的公称面积，m^2；

D—— 滤袋直径，m；

L—— 滤袋长度，m。

在滤袋加工过程中，因滤袋要固定在花板或短管上，有的还要吊起来固定在袋帽上，所以滤袋需要双层缝制甚至多层缝制；双层缝制的这部分因阻力加大已无过滤作用，同时有的滤袋中间还要固定环，这部分也没有过滤作用，故上式可改为：

$$S_j = D\pi L - S_2 \tag{3.3.6}$$

式中：S_j—— 滤袋净过滤面积，m^2；

S_2—— 滤袋未能起过滤作用的面积，m^2；

（4）滤袋的设置

1）滤袋数量：

求出总过滤面积和单条滤袋的面积后，就可以算出滤袋的条数。如果每个滤室的滤袋条数是确定的，还可以由此计算出这个除尘器的室数。尽管在除尘器的设计或选用中按需要确定室数，但从场地布置和维修方便考虑，常把超过 6 个室的除尘器的室数定为双排，把少于 5 个室的除尘器的各室定为单排。

2）滤袋的间距和排列：

当滤袋的直径 d 为 150 mm 时，间距选取 c=180～190 mm；直径 d 为 210 mm 时，间距选取 c=250～280 mm；直径 d 为 230 mm 时，间距选取 c=280～300 mm。总之，滤袋中心距一般为［d+（40～60）］mm。

滤袋的排列可分为三角形排列和正方形排列，三角形排列占地面积小，但检修不方便，不利于空气流通，不常采用。正方形排列无上述弊端，较常采用。为了便于安装便于检修，当滤袋较多时，可将滤袋分成若干组，最多时可由 6 列组成一组。每组之间留有 400 mm 宽的检修人行道，边排滤袋和壳体也留有 200 mm 宽的人行道。

（5）过滤方向

① 内滤式：含尘气体由滤袋内向滤袋外流动，粉尘被分离沉积在滤袋的内侧表面。一般为机械振动、反吹、气环反吹等清灰方式的袋式除尘器采用。

② 外滤式：含尘气体由滤袋外向滤袋内流动，粉尘被分离沉积在滤袋的外侧表面，滤袋内必须设置骨架（滤袋框），以防滤袋被吹瘪。一般为脉冲喷吹、回转反吹等清灰方式的袋式除尘器采用。

（6）进气口位置

1）下进风：

含尘气体由除尘器下部进入，气流自下而上，大颗粒直接落入灰斗减少滤袋磨损，延长了清灰时间，但由于气流方向与粉尘下落方向相反，容易带出部分微细粉尘，降低了清灰效果。下进风式除尘器结构简单，成本低，应用较广。

2）上进风：

含尘气体由除尘器上部进入。粉尘沉降与气流方向一致，有利于粉尘沉降，除尘效率有所提高，设备阻力也可降低 15%～30%。

（7）阻力计算

袋式除尘器的阻力由设备本体结构的阻力、滤袋阻力和滤袋表面粉尘层的阻力三部分组成。

1）设备本体结构的阻力：指气体从除尘器入口至除尘器出口产生的阻力。

2）滤袋阻力：指未滤粉尘时滤料的阻力，50～150 Pa。

3）滤袋表面粉尘层的阻力：粉尘层的阻力为干净滤布阻力的 5～10 倍。如果把滤袋及其表面附着的粉尘层的阻力叫作过滤阻力，那么过滤阻力可按式（3.3.7）计算：

$$\Delta P_{\mathrm{R}} = (A + B)\upsilon M \tag{3.3.7}$$

式中：ΔP_{R} —— 过滤阻力，Pa；

A —— 附着粉尘的过滤系数；

B —— 滤袋阻力系数；

υ —— 过滤速度，m/min；

M —— 滤料性能系数。

不同材质的滤料的性能指数见表 3.3.5。

表 3.3.5 不同材质的滤料的性能指数

编号	滤料名称	粉尘负荷	B	M	滤料厚度/mm	单位面积质量/（g/m^2）	A
1	棉毛织物	305～1 139	0.24～0.90	1.01	3.75	463	5.03×10^{-2}
2	半羊毛织物	117～367	0.23～0.73	1.11	1.6	300	5.34×10^{-2}
3	粗平纹布	201～361	0.18～0.33	1.17	0.6	171	3.24×10^{-2}
4	毛织厚绒布	145～603	0.17～0.72	1.10	1.56	256	4.97×10^{-2}
5	棉织厚绒布	183～330	0.45～0.82	1.14	1.07	362	7.56×10^{-2}

3.3.4 粉尘回收装置

粉尘回收装置是利用蜗轮蜗杆的传输效应，将旋风除尘器和布袋除尘器捕集的颗粒污染物输送至粉尘罐贮存，以便回收利用。由调速电机、联轴器、轴承螺旋输送杆和粉尘罐组成。见图 3.3.9。

图 3.3.9 粉尘回收装置

3.4 烟气脱硫系统

本系统采用化学吸收和物理吸附的组合工艺对锅炉烟气所含的气态污染物进行净化处理，包含了湿式脱硫和活性炭吸附两种处理方法，保证处理工艺的完整性和典型性。同时，利用在线传感技术，对系统运行时的诸因素进行实时监控，做到正常运行、低限报警、超限停机，确保设备的安全性和实践性。

3.4.1 系统组成

烟气除尘系统由锅炉、气源发生系统、引风机、碱药箱、湿法脱硫系统、活性炭吸附塔和烟囱等主体处理设备组成。如图 3.4.1 所示。

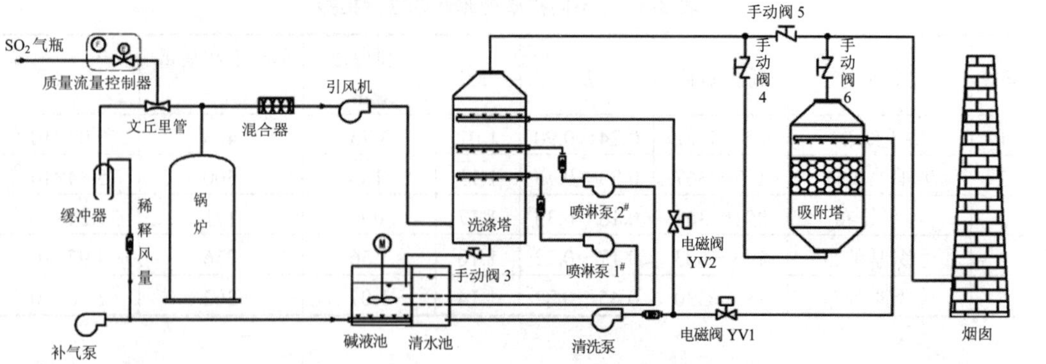

图 3.4.1 烟气脱硫系统

3.4.2 湿法脱硫系统

1. 工作原理

湿法脱硫（wet flue gas desulfurization，WFGD）是利用液体碱性吸收剂洗涤锅炉烟气以除去二氧化硫的技术，是世界上大规模商业化应用的脱硫方法之一，并已成为控制酸雨和 SO_2 污染最为有效和主要的技术手段，约占世界上现有烟气脱硫装置的 85%。

化学吸收是气体混合物中的一种或多种组分溶解于选定的吸收剂中，或者与吸收剂中的组分发生选择性化学反应，从而将其从气相中分离出去的过程。化学吸收不但广泛应用于工业部门，而且是控制与治理大气污染的一种重要方法。

（1）化学吸收的基本原理

在化学吸收过程中，被吸收气体与液体相组分发生化学反应，有效地降低了溶液表面被吸收气体的分压，增加了吸收过程的推动力，提高了吸收效率。

（2）化学吸收过程

化学吸收是由物理吸收和化学反应两个过程组成。在物理吸收过程中，被吸收的气体在液相中进行溶解，当气液达到相平衡时，被吸收气体的平衡浓度是物理吸收过程的极限。被吸收气体中的活性组分进行化学反应，当化学反应达到平衡时，被吸收气体的消耗量是化学吸收的极限。

化学吸收过程中，被吸收气体的气液平衡关系，既应服从相平衡关系，又应服从化学平衡关系。

（3）化学吸收过程的速率及过程阻力

化学吸收过程的速率，是由物理吸收的气体传质速度和化学反应速度决定的。化学吸收过程的阻力也是由物理吸收气液传质的阻力和化学反应阻力决定的。

烟气脱硫通常是在连续及瞬间内进行，发生的化学反应有极快反应、快反应和中等速度的反应。对于极快不可逆反应，吸收过程阻力为传质控制。液相中发生的化学反应，是快反应和中等速度的反应时，化学吸收过程阻力应同时考虑传质阻力和化学反应阻力。

2. 设备选型

（1）选择气态污染物的吸收设备需要遵循的原则

1）处理废气的能量大；

2）操作费用低；

3）气液相之间有较大的接触面积，气液湍动程度高，净化效率高；

4）气液比值可在较大幅度内调节，压力损失小；

5）结构简单、操作稳定、易于修理；

6）投资较少。

（2）选型和设计时需要考虑的因素

1）污染物的物化性能；

2）污染物的浓度和气体含尘浓度；

3）气液传质性能；

4）设备阻力或能量消耗。

（3）吸收设备的应用比较

目前工业上常用的一些吸收设备见表 3.4.1。

表 3.4.1 常用吸收设备对照表

序号	名称	特征	优点	缺点
1	填料塔	气体的空塔速度 0.3～1 m/s；液气比 1～10 L/m^3；压力损失 490 Pa/m 塔高；喷淋密度 15～20 t/（m^3·h）	吸收液适当时效果比较可靠；对气体变动的适应性强；压力损失不算大；可用耐腐蚀材料制作；结构简单制作容易	气流流速过大时发生液泛，以致不能操作；吸收液中含固体或吸收过程产生沉淀时，操作产生困难；填料数量多，重量大，检修不方便
2	喷淋塔	气体的空塔速度 0.2～1.0 m/s；液气比 0.1～1 L/m^3；压力损失 19.6～196 Pa	结构简单造价低；操作容易；压力损失小；适合于处理含尘较高和吸收过程有沉淀生成的废气	喷雾动力消耗大；喷头容易堵塞；气液接触时间短、易发生湍流；气液混合不匀，液沫易被气流带走
3	板式塔	空塔速度 0.3～1.0 m/s；液气比 1～10 L/m^3；压力损失 980～1 960 Pa/板	结构简单，空塔速度高；操作容易；气体处理量大；增加塔板数可提高净化效率或者处理浓度较高的气体	安装要求严格，否则吸收效率低；操作弹性小，气量急剧变化时不能操作
4	湍球塔	气速 1～5 m/s；液气比 1～10 L/m^3；压力损失 59～78 Pa	塔不容易堵塞；压力损失小	气流速度小至球开始“湍动”的速度以下时，即不能发挥应有的效能；气速过大，超过终湍速度变为输送状态
5	文丘里洗涤器	喉管气速 30～100 m/s；液气比 0.3～1.2 L/m^3；压力损失 1 960～8 820 Pa	设备结构简单，设备体积小，处理气量大；气液接触好；净化效率高；具有同时除尘、吸收气体和降温的作用	气体压力损失大，操作费用高；液沫夹带严重；对于难溶气体和反应慢的气体吸收效率差
6	喷射吸收塔	1. 液体借高压由喷嘴喷出，分散成液滴与抽吸过来的气体接触 2. 气液接触效果良好 3. 可省去气体送风机，适用于有腐蚀性气体的处理 4. 需要用大量液体吸收剂，液气比为 10～100 L/m^3，不适于大量气体的处理		

（4）吸收剂的选择原则

1）基本要求是减少吸收剂用量，所以吸收剂应对混合气体中被吸收组分具有良好的选择性和较大的吸收能力；

2）吸收剂的蒸汽压要低，以减少吸收剂损失，避免造成新的污染；

3）沸点高、熔点低、黏度低，不易起泡；

4）化学性能稳定，腐蚀性小、无毒性、难燃烧；

5）价廉易得；

6）易于解吸再生或综合利用。

（5）主要工艺

目前，国内外开发使用较多的烟气湿法脱硫工艺有石灰石/石灰—石膏法、钠碱法、双碱法、氧化镁法、氨法等。

1）湿式石灰石/石灰—石膏法（LW）：

石灰石/石灰—石膏法是采用石灰或石灰石的浆液在吸收塔内吸收烟气中 SO_2 并副产石膏的一种方法。其技术成熟，运行可靠，脱硫率高达 90%～95%。因此，在国内外烟气脱硫装置中占主导地位，一般在大型发电厂中使用。但这种方法系统复杂、设备庞大、耗水量大、一次性投资大，脱硫后排烟温度低影响大气扩散，因此，系统中必须装设加热烟气的气—气加热器（GGH）。其反应原理为：

烟气经除尘后进入脱硫反应吸收塔，石灰石制成石灰浆液后用泵打入吸收塔，脱硫过程就在吸收塔和浆池的溶液中完成，其反应式如下：

$$SO_2+H_2O \longrightarrow H^++HSO_3^-$$

$$H^++HSO_3^-+1/2O_2 \longrightarrow 2H^++SO_4^{2-}$$

$$CaCO_3+2H^++SO_4^{2-}+H_2O \longrightarrow CaSO_4\cdot 2H_2O+CO_2$$

浆池中形成的 $CaSO_4\cdot 2H_2O$ 由专用泵抽至石膏制备系统，在石膏制备系统中经浓缩脱水至含水 10%以下的石膏制品。

2）钠碱法：

钠碱法是采用 Na_2CO_3 或 NaOH 等碱性物质来吸收烟气中 SO_2，并副产高浓度 SO_2 气体或 Na_2SO_3 的一种脱硫方法。

钠碱和其他碱性吸收剂相比具有以下特点：吸收剂在洗涤吸收过程中不挥发；吸收系统不存在结垢、堵塞等问题；吸收能力大，吸收剂用量少。

该法采用 Na_2CO_3 或 NaOH 作为起始吸收剂，而实际的吸收剂是 Na_2SO_3 溶液。其吸收 SO_2 的反应如下：

$$2\,Na_2CO_3+SO_2+H_2O \longrightarrow 2NaHCO_3+Na_2SO_3$$

$$2NaHCO_3+ SO_2 \longrightarrow Na_2CO_3+ H_2O + SO_2$$

$$2NaOH+SO_2 \longrightarrow Na_2SO_3+H_2O$$

$$Na_2SO_3+SO_2+H_2O \longrightarrow 2NaHSO_3$$

吸收开始时，主要按照前面三个反应生成 Na_2SO_3，而后 Na_2SO_3 能继续从气体中吸收 SO_2 生成酸式盐 $NaHSO_3$。实际的吸收反应以第四个方程式为主。

由于烟气中有 O_2 的存在，吸收过程的主要副反应为氧化反应：

$$Na_2SO_3+1/2O_2 \longrightarrow Na_2SO_4$$

从以上反应可知，循环液的主要成分为 Na_2SO_3、$NaHSO_3$ 和少量的 Na_2SO_4。

3）双碱法：

双碱法是由美国通用汽车公司开发的一种方法，在美国它也是一种主要的烟气脱硫技术。它是利用钠碱吸收 SO_2、石灰处理和再生洗液，取碱法和石灰法二者的优点而避其不足，是在这两种脱硫技术改进的基础上发展起来的。双碱法的操作过程分三段：吸收、再生和固体分离。吸收常用的碱是 NaOH 和 Na_2CO_3，反应如下：

$$Na_2CO_3+SO_2 \longrightarrow Na_2SO_3+CO_2$$

$$2NaOH+SO_2 \longrightarrow Na_2SO_3+H_2O$$

再生过程中的第二种碱多用石灰，反应如下：

$$Ca(OH)_2+Na_2SO_3+H_2O \longrightarrow 2NaOH+CaSO_3 \cdot H_2O$$

副反应：

$$Ca(OH)_2+Na_2SO_3+12O_2+2H_2O \longrightarrow 2NaOH+CaSO_4 \cdot 2H_2O$$

其中 NaOH 可循环使用。

双碱法的优点在于生成固体的反应不在吸收塔中进行，这样避免了塔的堵塞和磨损，提高了运行的可靠性，降低了操作费用，同时提高了脱硫效率。它的缺点是多了一道工序增加了投资。

4）氧化镁法：

氧化镁法脱硫工艺也是技术成熟、经济合理、运行可靠的工艺，已在我国工业及供热锅炉上获得了许多的应用。

烟气经过预处理后进入吸收塔，在塔内 SO_2 与吸收液 $Mg(OH)_2$ 和 $MgSO_3$ 反应：

$$Mg(OH)_2+SO_2 \longrightarrow MgSO_3+H_2O$$

$$MgSO_3+SO_2+H_2O \longrightarrow Mg(HSO_3)_2$$

其中 $Mg(HSO_3)_2$ 还可以与 $Mg(OH)_2$ 反应：

$$Mg(HSO_3)_2+Mg(OH)_2 \longrightarrow 2MgSO_3+2H_2O$$

在生产中常有少量 $MgSO_3$ 被氧化成 $MgSO_4$，$MgSO_3$ 与 $MgSO_4$ 沉降下来时都呈水合结晶态，它们的晶体大而且容易分离，分离后再送入干燥器制取干燥的 $MgSO_3$ 和 $MgSO_4$，以便输送到再生工段。在再生工段，$MgSO_3$在煅烧中经815.5℃高温分解，$MgSO_4$则以碳为还原剂进行反应：

$$MgSO_3 \longrightarrow MgO+SO_2$$

$$MgSO_4+12C \longrightarrow MgO+SO_2+12CO_2$$

从煅烧炉出来的SO_2气体经除尘后送往制硫或制酸，再生的MgO与新增加的MgO一道，经加水熟化成氢氧化镁，循环送去吸收塔。MgO法比较复杂，费用也比较高，但它却是有生命力的。这主要是由于该法脱硫率较高（一般在90%以上），且无论是$MgSO_3$还是$MgSO_4$都有很大的溶解度，因此不存在如石灰/石灰石系统常见的结垢问题，终产物采用再生手段既节约了吸收剂又省去了废物处理的麻烦。

5）氨法：

用氨作为吸收剂吸收SO_2与其他碱类一样，氨与H_2SO_3化合反应速率很快，同时是气液和气气吸收。吸收塔的工作条件比液固反应要优越。吸收液及脱硫产物都是溶液，不会造成沉淀结垢堵塞。氨与SO_2反应生成NH_4HSO_3、$(NH_4)_2SO_3$可以作为肥料使用，但氨易挥发，一定要控制好吸收液碱度。碱度高，吸收率高，但挥发氨量大，这样会造成环境污染并增加氨的消耗量。

氨法脱硫化学反应式如下：

$$NH_3+H_2O+SO_2 \longrightarrow NH_4HSO_3$$

$$2NH_3+H_2O+SO_2 \longrightarrow (NH_4)_2SO_3$$

$$(NH_4)_2SO_3+SO_2+H_2O \longrightarrow 2NH_4HSO_3$$

$$NH_4HSO_3+ NH_3 \longrightarrow (NH_4)_2SO_3$$

副反应：

$$(NH_4)_2SO_3+1/2O_2 \longrightarrow (NH_4)_2SO_4$$

在氨吸收法中，因回收脱硫副产品的种类不同而形成不同的脱硫方法，其中氨—酸法、氨—亚硫酸铵法和氨—硫酸铵法较为成熟。工业及供热锅炉比较适用的是氨—亚硫酸铵工艺。该法工艺流程简单，可节约硫酸，减少氨的消耗，同时氨气、氨水及固体碳酸氢铵均可作为脱硫剂使用，既可生产液体亚硫酸铵，也可制取固体亚硫酸铵。

3. 实验设备

本装置的脱硫系统主要采用钠碱法脱硫工艺进行SO_2净化，燃煤锅炉的除尘系统之后，还包括洗涤塔（相关变动后，可改作填料塔）、碱液池和清水池。

（1）洗涤塔

洗涤塔（吸收塔、喷淋塔）是一种古老的湿法除尘设备，由于其结构简单，阻力小，在工业生产中，特别是作为环保设备得到广泛应用。它利用气体与液体间的接触，将气体中的污染物传送到液体中，然后再将清洁气体与被污染的液体分离，达到清净空气的目的。洗涤塔采用气液逆向吸收方式处理，即液体自塔顶向下以雾状（或小液滴）喷洒，而废气则由塔底逆流向上，以达到气液接触的目的。净化的气体再经除雾段气液分离后，排入大气中。如图 3.4.2 所示。

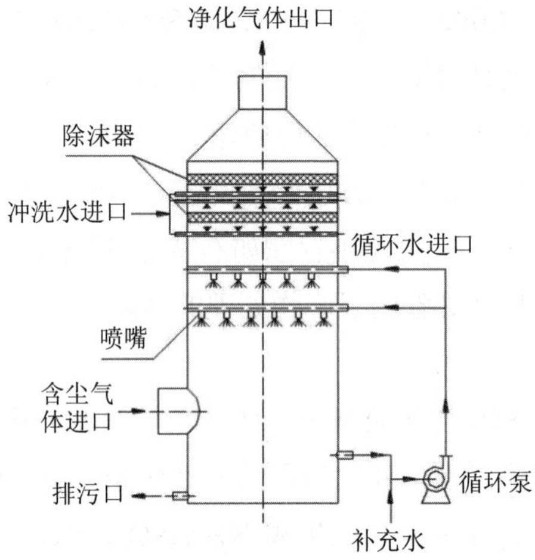

图 3.4.2 洗涤塔结构

洗涤塔结构简单，主体是一个空心圆柱，不易引起堵塞，阻力损失小。吸收区由多层喷嘴组组成（3～6 层），塔内部件少，抗堵性能良好，比较适用于浆液循环吸收的脱硫工艺。

洗涤塔的空塔流速为 2.5～3 m/s，此时烟气夹带的雾粒径 230～330 μm。风速提高会有更多雾粒被带出，超过 2.5 m/s 后，烟气带水明显增加。

吸收区每个喷淋层都装有多个雾化喷头，交叉布置，喷雾覆盖率达 200%～300%。吸收区高度 5～15 m，如按塔内流速 2.5 m/s 计算，接触反应时间为 2～6 s。吸收区上部应设置除雾器。

用石灰/石灰石法脱硫液气比 L/G 一般在 15～25 L/Nm^3 时，可获得 90%以上的脱硫效果。

脱硫塔循环槽容积，一般要求吸收液停留时间为 6～8 min。内装有强制氧化喷嘴组和侧搅拌器。

喷嘴是洗涤塔最关键的部位。选用时应注意物化压力和流量、喷距、雾化角的关系。

凡是需要强制氧化的工艺，如石灰石或石灰—石膏法，在循环槽内设置曝气头组成氧化区，用曝气鼓风机鼓入空气，使 $CaSO_3$ 氧化成 $CaSO_4$。

（2）碱液池

碱液池与洗涤塔底部连接，可做化药池和循环池使用。

将循环池与洗涤塔分置，塔体高度相应降低且免用侧进式搅拌器，成本大大降低。

浆液置于塔外低位池体内，可切实避免塔内存浆液液位过高时可能反灌进入烟道的隐患，避免侧进式搅拌器机械密封损坏泄漏造成塔体漏浆的隐患。循环浆液浓度调整、液位监控简单、直观，池体清淤容易。

浆液外置，存在更大的浆液蒸发表面积，水耗相对较大。在运行 pH 较低时，部分已吸收的 SO_2 气体会重新挥发出来，造成局部污染浓度过高。

（3）清水池

与反冲泵相连，用作洗涤塔除雾器的反冲水和吸附塔活性炭床的降温水。

3.4.3 活性炭吸附罐

活性炭是一种良好的吸附剂，常用来吸附净化空气中的有害物质。在垃圾焚烧处理过程中，活性炭吸附装置是专为吸附烟气中的重金属和二噁英、呋喃等污染物而设计的。本装置采用内置蜂窝活性炭的固定床吸附罐，对含有微量 SO_2 气体的烟气进行吸附净化。

1. 工作原理

吸附是指液体或气体附着集中于固体表面的作用，一般的活性炭都能发生这种作用。吸附与吸收不同，吸收是指让液体或气体进入固体内部的原子结构中，但活性炭并不具备这样的能力，它的吸附作用只是一个表面现象，只发生于它的表面。

吸附作用的形成，主要来自伦敦色散力，这也是另一种范德华力的表现形式。此种力普遍存在于不具有永久性偶极矩的分子之间，它是一种自然的吸引力。只要分子足够靠近，都会自然产生这种作用力。凡是能利用此种力把物质吸住的作用，我们称为物理吸附。

伦敦色散力必须在炭表面与被吸附分子之间达到作用的距离之后才会发生，该力的大小涉及被吸附分子中所有相关原子与活性炭表面碳原子密切接触的程度。如果接触的程度越高，则该力越大，同时活性炭对该分子的吸附能力也越强。

活性炭吸附装置吸附效率高，能力强；设备构造紧凑，占地面积小，维护管理简单方便，运转成本低；能够同时处理多种混合有机废气；设备属于全密闭型，室内外皆可使用。

2. 设计计算

（1）吸附传质方程

单位体积吸附剂所吸附的吸附质的量可用方程（3.4.1）表示：

$$\alpha = K\Delta Ct \tag{3.4.1}$$

式中：α —— 吸附量，kg 吸附质/kg 吸附剂；

ΔC —— 浓度差，kg/m^3；

t—— 吸附时间，s；

K—— 质量传递系数，即当浓度差为 1 kg/m^3 时，在 1 s 内传递给 1 m^3 吸附剂的吸附质的量，s^{-1}。

（2）保护作用时间与希洛夫（Schieloeff）方程

在固定床间歇操作的吸附过程中，吸附开始一段时间后，床层逐渐被吸附质所饱和。从吸附开始到流出的气体中刚刚出现吸附质的这一段时间，称为吸附剂的保护作用时间，有时也称为透过时间，用符号 τ 来表示。

保护作用时间与吸附层厚度的关系可用式（3.4.2）表示：

$$\tau = KL - \tau_0 \tag{3.4.2}$$

式中：τ—— 保护作用时间，s；

L—— 吸附层厚度，m；

τ_0—— 保护作用时间损失，s；

K—— 吸附层保护作用系数，s/m。K 值由式（3.4.3）求得：

$$K = \frac{\alpha\rho}{uC_0} \tag{3.4.3}$$

式中：α—— 平均静活性值，%；

ρ—— 吸附剂的堆积密度，kg/m^3；

u—— 气体流速，m/s；

C_0—— 吸附质的初始浓度，kg/m^3。

式（3.4.2）即为著名的希洛夫方程。若将其改写为：

$$\tau = K(L - L_0) \tag{3.4.4}$$

式中：L_0—— 床层的长度损失，也称为死角。

式（3.4.4）即为具有实用价值的希洛夫方程。L_0 与为 τ_0 的关系为：

$$\tau_0 = KL_0 \tag{3.4.5}$$

（3）固定床吸附剂用量的计算

吸附剂的用量可用式（3.4.6）计算：

$$m = AL\rho = \frac{1}{4}\pi D^2 L\rho \tag{3.4.6}$$

式中：m—— 吸附剂用量，kg；

A—— 吸附器的横截面积，m^2；

D—— 吸附器的直径，m；

L——吸附器床层高度，m；

ρ——吸附剂的堆积密度，kg/m^3。

3.4.4 烟囱

烟囱是指将烟雾和热气流从火炉、工业炉等燃烧炉中排入大气的装置，具有拔火拔烟、改善燃烧条件的作用。根据制作材料的不同，可分为砖烟囱、钢筋混凝土烟囱和钢板烟囱三种。

1. 烟囱内衬

（1）内衬材料

当烟气温度大于500℃时，用耐火黏土砖或耐热混凝土预制块砌筑；当烟气温度低于500℃时，可用不低于MU7.5的红砖砌筑。耐火黏土砖内衬用耐火黏土和黏土熟料粉（配合比 1∶2）配制成的砂浆来砌筑。红砖内衬的砌筑砂浆是：当烟气温度低于 400℃时用M2.5 混合砂浆；当烟气温度在 400℃以上时用普通生黏土和砂子（配合比 1∶5 或 1∶1.5）配制的砂浆。

（2）内衬厚度

距烟囱底部 20 m 以内一段一般不小于 1 砖，其他各段不得小于半砖。

砖烟囱内衬的高度和烟囱入口处的温度有关。当烟气温度高于 400℃时，内衬和筒身同高；当烟气温度为 251～400℃时，内衬高度不小于烟囱高度的一半；当烟气温度为 151～250℃时，内衬高度不得小于烟囱高度的 1/3。钢筋混凝土烟囱的内衬应与烟囱筒身同高。建筑物内部的烟囱，内衬以与筒身同高为好，或应超出建筑物的屋顶，但不得低于对独立烟囱的要求。

为防止烟囱遭受雷击，应装设避雷设施。烟囱外部还应设置爬梯，供检查和修理烟囱、避雷设施和信号灯用。

2. 烟囱的高度

烟囱高度确定的原则：在自然通风和机械通风时，烟囱的高度都应根据排出烟气中所含有害物质（SO_2、NO、飞灰等）的扩散条件确定，使附近的环境处于允许的污染程度下，因此，烟囱高度的确定，应符合《大气污染物综合排放标准》（GB 16297—1996）、《工业企业设计卫生标准》（GBZ 1—2010）、《锅炉大气污染物排放标准》（GB 13271—2014）和《环境空气质量标准》（GB 3095—2012/XG 1—2018）等的规定。

3.5 动力系统

本平台动力系统主要由水泵、风机、电磁阀、搅拌机等组成。

3.5.1 水泵

水泵是一种输送流体的机械装置，把电动机的机械能或其他能源的能量传递给流体，使流体的能量（位能、压力能、动能）增加，在水处理系统中用水泵进行污水的提升，污泥的抽送及化学药剂的添加，是水处理系统中必不可少的通用设备。

水处理泵站的形式多种多样，按照不同的条件和采用的水泵种类可分为干式泵房和湿式泵房，圆形泵房和矩形泵房，自灌式泵房和非自灌式泵房，地下式泵房和半地下式泵房，集水池合建式泵房和分建式泵房等。按照泵房在水处理系统所起的作用不同可分为中途泵站和最终提升泵站。

在水处理设施中，水泵类设备约占机械设备总投资额15%以上，也是主要耗能设备。由于输送的水量不同、输送的距离与扬程不同、介质不同，水泵类设备有各种不同的形式。主要可分为三大类，叶片泵、容积泵和其他类型泵（如螺旋泵等）。叶片式水泵是利用工作叶轮的旋转运动来输送液体。按照工作原理可分为离心泵、轴流泵、混流泵和旋流泵。容积泵是利用工作时容积的周期变化来输送液体。螺旋泵是利用螺旋推进原理来输送液体。

泵站在水处理系统中常被称为提升泵站，其作用主要是将上游来水提升至后续处理单元所需要的高度，使其实现重力自流。按照不同的分类方法，泵站又可分为多种不同类型，采取各种形式的水泵。

本实训平台水泵可分为喷淋泵和清水泵。

3.5.2 风机

气体压缩和输送机械是化学工业与其他国民经济部门广泛应用的通用机械，主要用于气体输送、产生高压气体和产生真空。风机是我国气体压缩机械和气体输送机械的习惯简称。通常所说的风机为通风机、鼓风机、压缩机以及罗茨鼓风机。

3.5.3 电磁阀

电磁阀是用来控制流体的自动化基础元件，属于执行器，并不限于液压、气动。电磁阀用于控制液压流动方向，工厂的机械装置一般都由液压缸控制，所以就会用到电磁阀。

本实训平台电磁阀规格为DN 15、DN 20。

电磁阀一般是单向工作的，不能装反，阀上箭头是管路流体的运动方向，必须保持一致。

电磁阀安装一般要求阀体水平，线圈垂直向上；有部分产品可以任意安装，但在条件允许时最好垂直安装，以增长使用寿命。

电磁阀在结冰场所重新工作时应加热处理或设置保温措施。

电磁线圈引出线（接插件）连接好后，应确认是否牢固，连接电器元件触点不应松动，松动将引起电磁阀不工作。

3.5.4 搅拌机

本平台搅拌机由电机、搅拌叶和联轴器以及调速器等组成。

3.6 控制系统

3.6.1 系统概述

控制系统主要采用西门子 PLC 作为主控设备，通过 PLC 对继电器和接触器等辅助电气元件的控制来完成设备的逻辑控制，以及各类传感器的数据采集。同时，控制系统还采用变频控制的手段来完成对大功率设备的控制，以实现节能环保的目标。

控制系统主要采用西门子 PLC 作为主控设备，通过 PLC 对继电器和接触器等辅助电气元件的控制来完成设备的逻辑控制，以及各类传感器的数据采集。同时，控制系统还采用变频控制的手段来完成对大功率设备的控制，以实现节能环保的目标。

3.6.2 系统组成

控制系统主要包含电源控制单元、系统监控单元、主控单元和控制对象单元。

1. 电源控制单元（图 3.6.1）

作为整个设备的电源控制中心，只有在电源控制单元所有开关处于打开状态下，其他单元才可以正常工作。

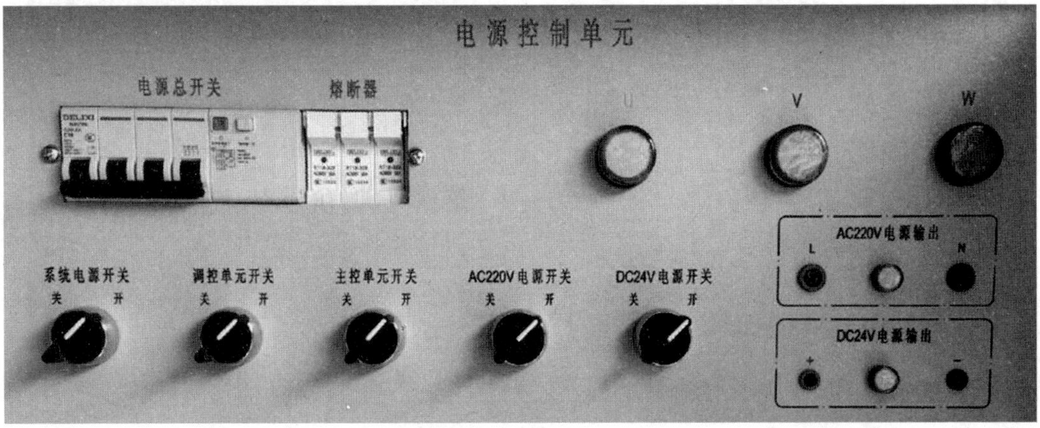

图 3.6.1 电源控制单元

2. 系统监控单元（图 3.6.2）

由电机调速器和 pH 计组成，电机调速器主要完成对电机的启停控制和电机转速的显示。pH 计对碱液池溶液的 pH 进行检测显示，并对检测值做变送和报警输出。

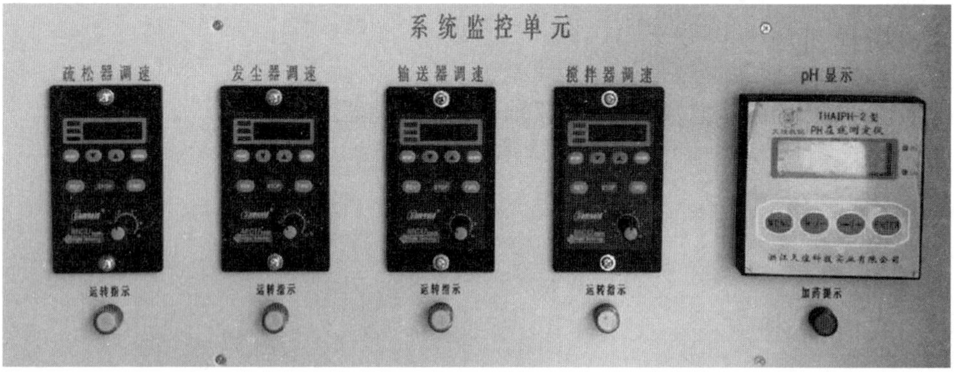

图 3.6.2　系统监控单元

3. 主控单元（图 3.6.3）

由按钮、西门子 PLC 主机、模拟量输入模块和模拟量输入输出模块组成。按钮作为系统的启动和停止输入信号，西门子 PLC 主机完成设备的逻辑控制，模拟量输入输出模块完成传感器的数据采集和对调节阀阀门开度的控制。

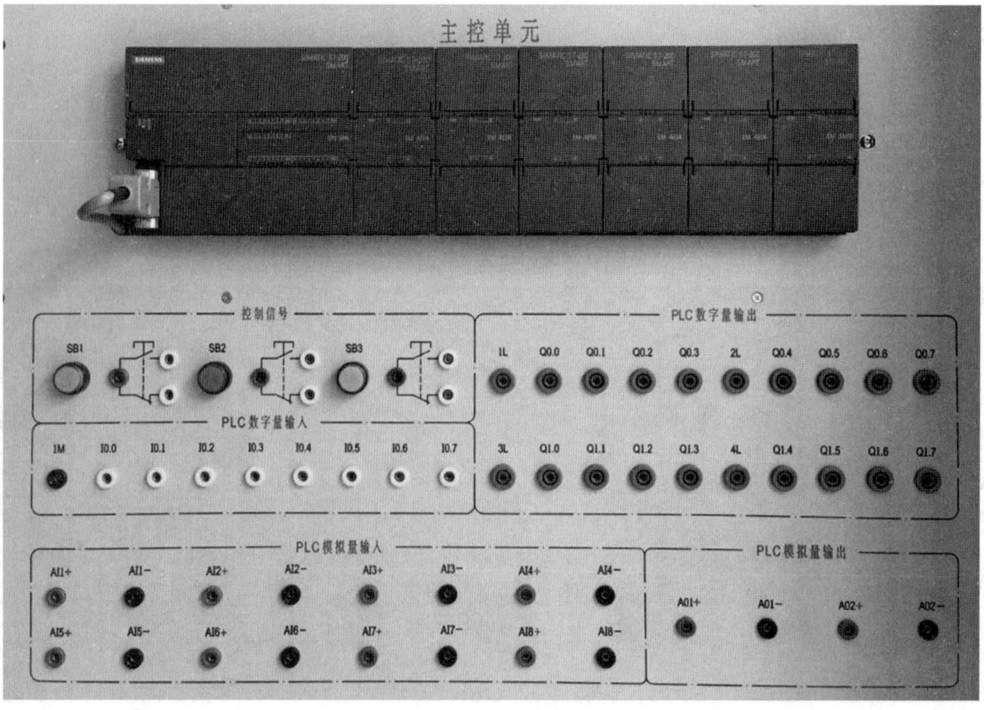

图 3.6.3　主控单元

4. 控制对象单元（图 3.6.4）

采用图形与指示相结合的方式，用图形描述系统流程，以指示灯显示各个设备的工作状态。同时控制对象单元还作为设备和传感器的输入/输出接口，通过实验导线与主控单元的连接实现设备的控制和数据采集。

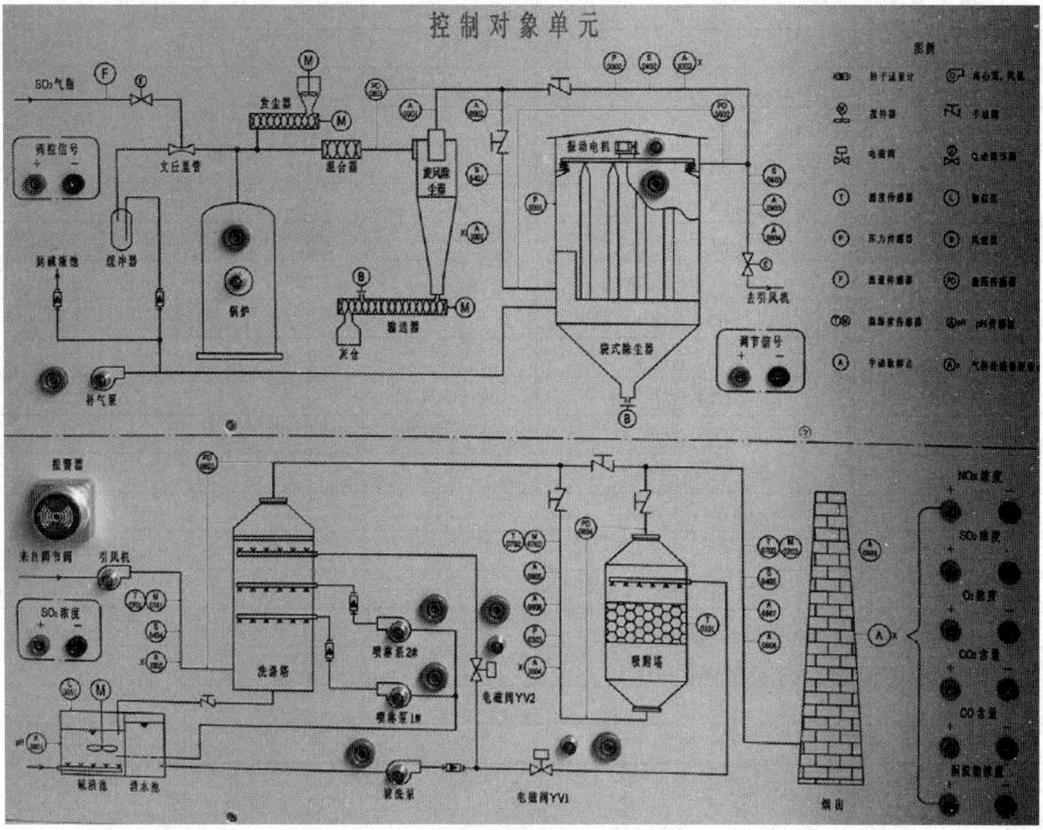

图 3.6.4 控制对象单元

3.6.3 控制系统 I/O 表（表 3.6.1）

表 3.6.1 控制系统 I/O 表

数字量输入定义		数字量输出定义	
I0.0	空	Q0.0	补气泵
I0.1	空	Q0.1	炉灯
I0.2	空	Q0.2	振动电机
I0.3	空	Q0.3	喷淋泵 2
I0.4	空	Q0.4	喷淋泵 1

数字量输入定义		数字量输出定义	
I0.5	空	Q0.5	清洗泵
I0.6	空	Q0.6	电磁阀 YV2
I0.7	空	Q0.7	电磁阀 YV1
1 M	空	1 L	交流电源输出 L
		2 L	交流电源输出 L
		3 L	空
		4 L	空
模拟量输入定义		模拟量输出定义	
AI1+	排放 NO_x 浓度+	AO1+	阀控信号 +
AI1–	排放 NO_x 浓度–	AO1–	阀控信号 –
AI2+	排放 SO_2 浓度+	AO2+	调节信号 +
AI2–	排放 SO_2 浓度–	AO2–	调节信号 –
AI3+	排放 O_2 浓度+		
AI3–	排放 O_2 浓度–		
AI4+	排放 CO_2 浓度+		
AI4–	排放 CO_2 浓度–		
AI5+	排放 CO 浓度+		
AI5–	排放 CO 浓度–		
AI6+	起始 SO_2 浓度+		
AI6–	起始 SO_2 浓度–		
AI7+	排放颗粒物浓度+		
AI7–	排放颗粒物浓度–		
AI8+	悬空		
AI8–	悬空		

3.7 监控系统

3.7.1 系统概述

系统采用工控组态软件 MCGS 制作系统监控界面，采用工业以太网实现监控中心与远程设备的数据交换和远程监控，使控制模式更贴近实际工业现场。

3.7.2 系统介绍

监控系统主要由系统调试界面、系统总图、数据存盘等界面组成。

1. 系统调试界面（图 3.7.1）

完成单个设备的手动调试、各传感器在线显示，以及监控中心与 PLC 主机的通信状态。

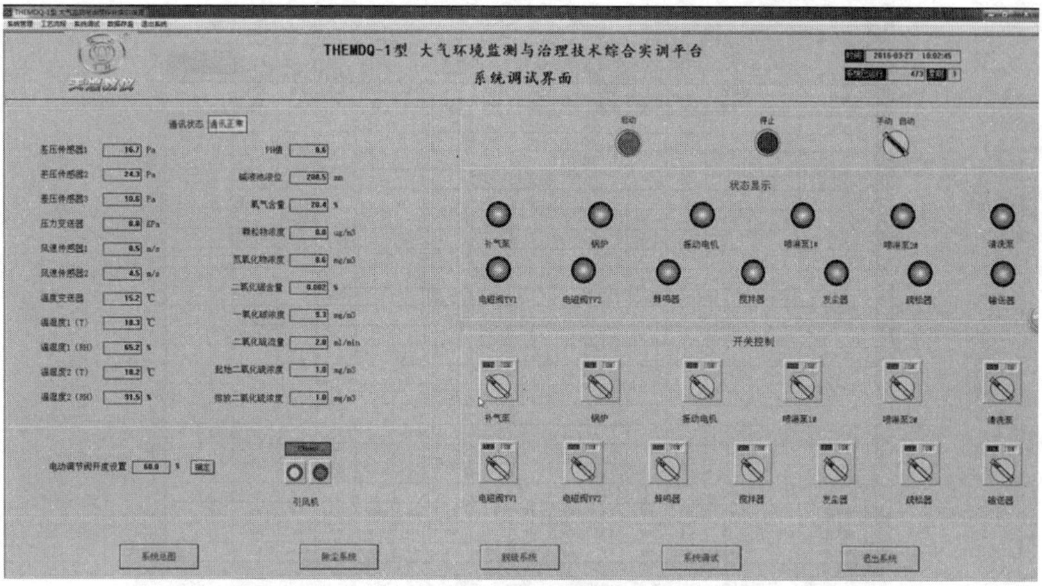

图 3.7.1 系统调试界面

2. 系统总图（图 3.7.2）

在线显示整个系统运行流程以及各单个设备工作状态。在线显示烟气排放各项指标。

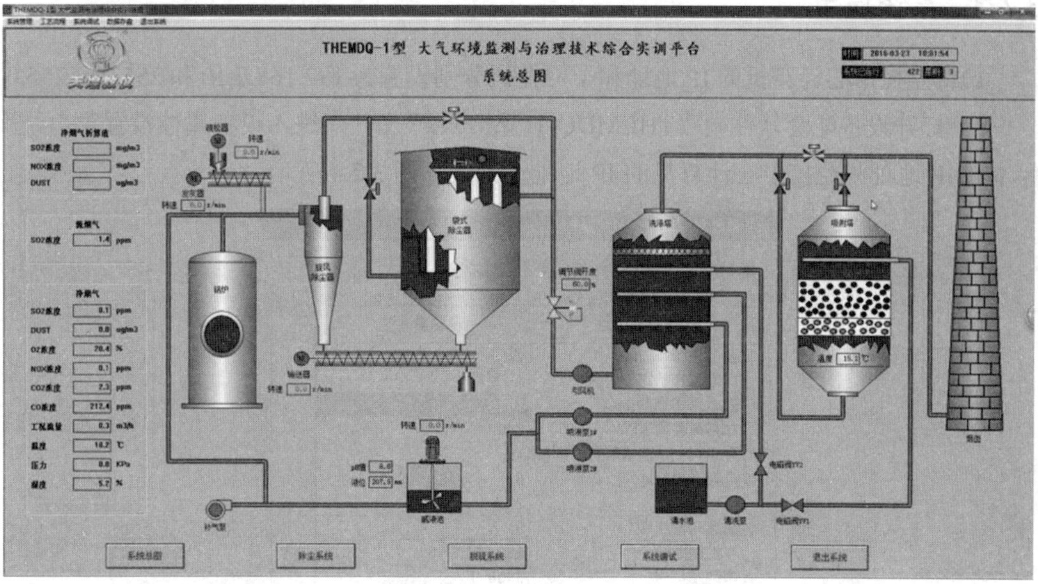

图 3.7.2 系统总图界面

3. 数据存盘（图 3.7.3）

对烟气排放各项指标进行定时存盘显示，并做打印输出以及 Excel 报表输出，实现对烟气排放的综合记录和规律总结。

图 3.7.3 数据存盘界面

3.7.3 系统应用

1)将监控中心计算机的 IP 地址和子网掩码分别设置为 192.168.2.10 和 255.255.255.0。

2）打开设备配套软件中“THEMDQ-1 型.MCG”文件，进入设备属性设置窗口，确保本地 IP 地址与监控中心计算机的 IP 地址一致。如图 3.7.4 所示。

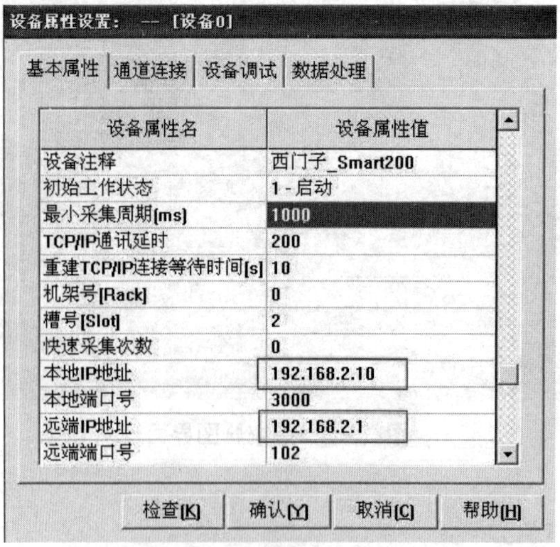

图 3.7.4 设备属性设置

3）将设备配套软件中的“烟气排放连续监测平均值报表.xls”表格复制到监控中心计算机的D盘根目录下。

4）“Excel 报表输出”策略修改。

① 点击“运行策略”，双击“Excel 报表输出”策略，进入策略组态界面（见图 3.7.5）。

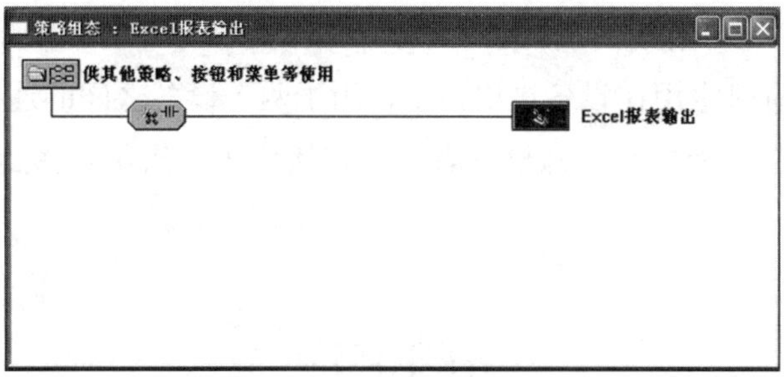

图 3.7.5　Excel 报表输出

② 双击进入“Excel 报表输出构件属性设置”界面，修改“烟气排放连续监测平均值报表.xls”的存放目录（见图 3.7.6）。

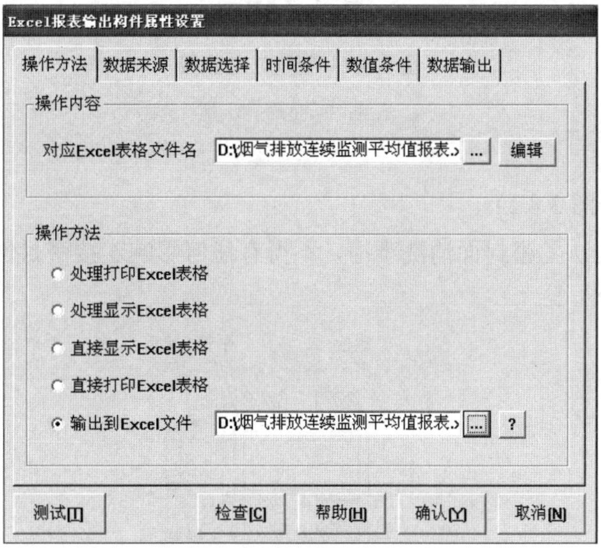

图 3.7.6　Excel 报表输出构件属性设置

5）修改完成后，进入系统运行环境，根据任务要求进行操作。

3.8　管道连接

器件装连、管道密封是大气处理工程施工中的重要环节。本系统的管道可分为主风道、给水管和配风管，涉及的连接方式有法兰连接、螺纹连接、卡套连接、快插连接和快拧连接。

3.8.1 法兰连接

法兰（Flange），又叫法兰凸缘盘或突缘。法兰是管与管之间相互连接的零件，用于管端之间的连接；有时也用在设备进出口上，用于两个设备之间的连接，如减速机法兰。法兰连接是指由法兰、密封垫及螺栓三者相互连接作为一组组合密封结构的可拆连接。如图 3.8.1 所示。

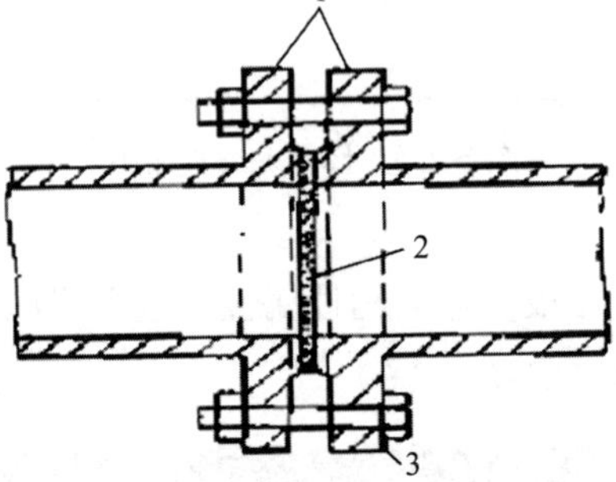

图 3.8.1 管道法兰连接

1. 法兰；2. 垫片；3. 螺栓

1. 连接方法（图 3.8.2）

1）将密封垫与法兰密封面清洗干净，不得有任何影响连接密封性能的划痕、斑点等缺陷存在。

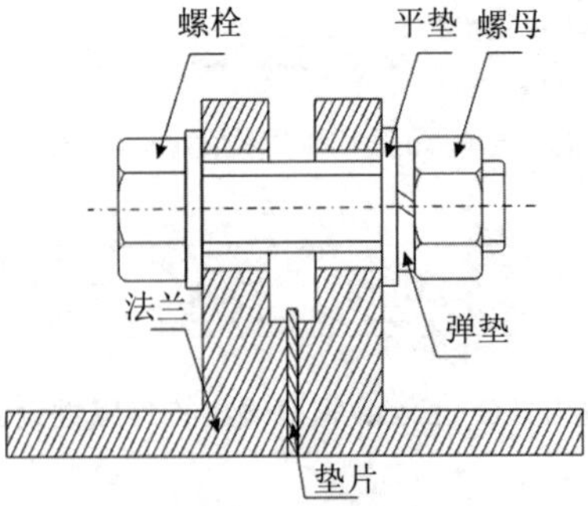

图 3.8.2 法兰连接

2）将密封垫放于两片法兰的密封面之间，应注意：密封垫外径应比法兰密封面外小，内径应比管道内径稍大，两内径的差一般取垫片厚度的 2 倍，以保证压紧后，垫片内缘不致伸入容器或管道内，以免妨碍容器或管道中流体的流动。

3）略微调整位置，确保法兰、管道和密封垫的中心线一致，法兰上面的螺孔一一对应。

4）逐一穿好螺丝，安装的顺序为：一面螺栓、平垫，另一面平垫、弹垫、螺母。

5）紧固螺栓必须使用与螺母相匹配的扳手。可用两把扳手分别卡住螺栓与螺母来操作，避免相互滑动。

6）法兰的紧固要避免用力不匀，应按照对称、交叉的方向顺序旋紧。

7）法兰安装后，要确认所有螺栓螺母紧固均匀，两法兰之间的间隙大小一致。同时，螺栓头从螺母中露出量不得少于两个螺距。

2. 注意事项

1）根据使用温度、压力和工作介质，选择合适的密封垫。

2）选择合适大小的螺栓并依次安装。平垫的光面应朝外，处于可见部位。

3）避免用力过度，造成平垫与法兰的变形。

3.8.2　螺纹连接

螺纹是指在圆柱或圆锥表面上，沿着螺旋线所形成的具有规定牙型的连续凸起。螺纹连接又称丝扣连接，它是通过内外螺纹把管道与管道、管道与阀门连接起来。这种连接主要用于钢管、铜管和高压管的连接，焊接钢管的螺纹目前大部分采用套螺纹机操作，而对于螺纹加工精度和表面粗糙度要求很高的高压管道都必须用车床加工。如图3.8.3所示。

图3.8.3　螺纹接头

1. 连接方法

1）检查所有的螺纹接口，保证螺纹清晰完整，无破损，无污物。

2）左手持工件无螺纹处，且将螺纹口水平向右放置。

3）右手食指钩住生料带圈，拇指按住生料带。保证生料带在拉出的时候，生料带应做顺时针运动。

4）将生料带按顺时针方向，紧密平实地缠于螺纹上。

5）将缠好生料带的接头，按顺时针方向拧在内螺纹接头上，并用扳手拧紧。

2. 注意事项

1）缠绕生料带的时候，应微微绷紧，保证缠绕紧实。

2）保证生料带缠的厚度外薄内厚。如图 3.8.4 所示。

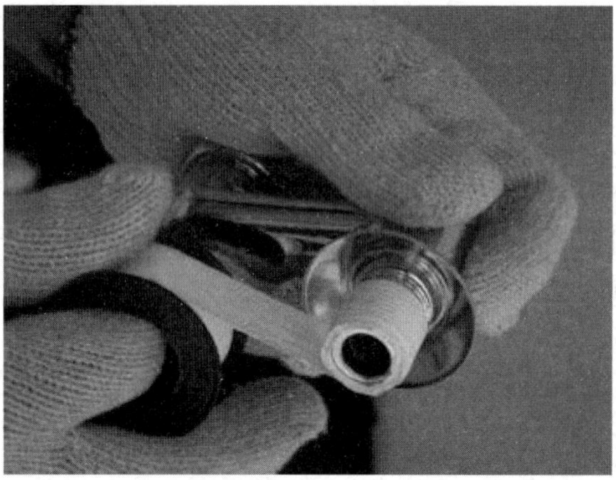

图 3.8.4 生料带操作

3.8.3 卡套连接

连接件由具有阳螺纹和倒牙管芯的主体、皮圈、金属紧箍环和锁紧螺帽组成。管芯插入管道后，拧动锁紧螺母，将预先套在管道外的金属紧箍坏和皮圈束紧，使管内壁与管芯密封，起到连接作用。卡套接头如图 3.8.5 所示。

图 3.8.5 卡套接头

1. 连接方法

将管接件接头（枫叶管接件）一头螺母旋开，然后按照螺母、铜开口环、铜闭口环、白色密封圈顺序套入不锈钢复合管上，最后再插入管接件中，锁紧螺母。如图 3.8.6 所示。

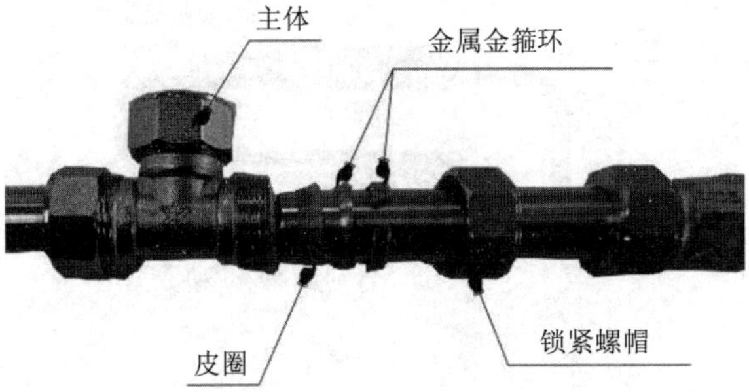

图 3.8.6 卡套接头连接

2. 注意事项

1）各构件的安装的先后顺序和朝向一定要正确。

2）以垂直插入并能用手拧紧为宜，否则就算用扳手拧紧，也有很大概率会漏水。

3.8.4 快插连接

快插接头是最方便的即插即用的连接方式，尤其在一些气管连接非常困难的空间场合下，更能体现出快插接头的优越性。如图 3.8.7 所示。

图 3.8.7 快插接头

1. 连接方法

1）连接时，将塑料气管垂直插入气动接头内，保证套管自然弹起即可。

2）将塑料气管拔出时，需用左手将气动接头的套管按到底部，右手再用力将气管拔出。如图 3.8.8 所示。

2. 注意事项

1）连接时，应将气管尽力插到接头底部。

2）插好后，保证气管与套管平面相垂直。

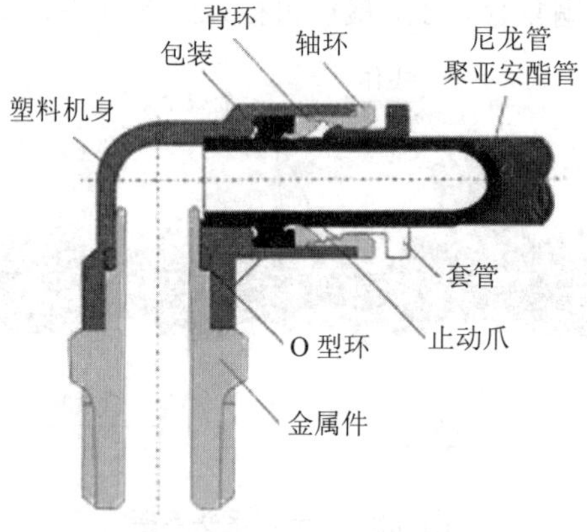

图 3.8.8 快插接头连接

3.8.5 快拧连接

快拧接头是由不锈钢、黄铜、铝等材质加工而成的用于管道中的快速连接，一般一端为外螺纹接头，另一端与塑料软管卡压连接，但也可以是三端快拧的接头，还可以是快拧的弯头接头。如图 3.8.9 所示。

图 3.8.9 快拧接头

1. 连接方法

拧开接头锁紧螺母，选用适当的塑料管穿过螺母并插在接头上。插牢后，拧紧螺母即可。如图 3.8.10 所示。

2. 注意事项

1）选用尺寸大小适当的塑料管。

2）保证塑料管插到底，方可锁紧螺母。

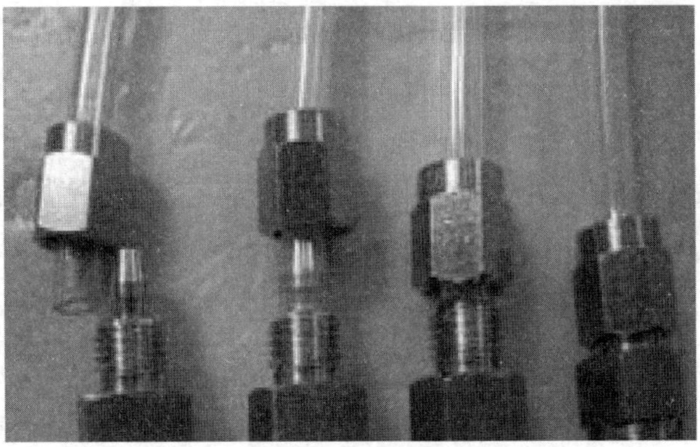

图 3.8.10 快拧接头连接

3.9 系统运行

大气环境监测与治理技术综合实训平台的系统运行方式分为手动运行与自动运行两种模式。

3.9.1 手动运行

手动运行模式是指在调试界面人为地按动各设备的开关键，以此来控制系统的启停，主要指器件检查、药剂配制、参数设定、仪表标定等在试运行阶段进行的操作。其规范的操作步骤如下。

3.9.2 系统启动

① 检查熔断芯，输入电压、二次电压与对地电压。

② 根据控制系统 I/O 表连接导线，确保所有连线正确。

③ 检查所有阀门［包括手动阀、电磁阀、调节阀（手/自动测试）、面板流量计］，要求开关灵活，状态正确。

④ 清水箱与碱液箱中加入足量自来水。

⑤ 接通电源，预热 15 min 后，查看质量流量控制器流量显示，若不归零，将质量流量控制器进行调零处理。

⑥ 确保仪表、在线传感器正确安装且能正常工作（pH 仪标定与设置、差压传感器调零、调速器参数设定、变频器参数设定）。

⑦ 检查所有设备［包括风机（正反转测试）、水泵（排气阀排气）、搅拌机（转向确定）、振动机、燃烧器］正常工作，点动验证状态。

⑧ 检测液位，开启药剂搅拌，配制所需碱液。设置 pH 低点报警为 7，水位报警值 180 mm。

⑨ 在发料斗中加入 400 目的滑石粉，作为煤粉和飞灰。

⑩ 打开气钢瓶瓶阀，调节减压阀，使得减压后的压力为 0.05 MPa。

⑪开启连通阀门与喷淋泵，进行碱液循环，并将喷淋泵的流量控制在 3 L/min。

⑫启动引风机，通过变频器或调节阀，控制出口流量为 100 m^3/h。

⑬打开红灯，进行模拟燃烧。

⑭开启补气泵，调节稀释风流量为 3 m^3/h，调节氧化风流量为 0 m^3/h。

⑮打开发尘器，控制输送速度为 10 r/min。

⑯打开疏松器，控制搅拌速度为 5 r/min。

⑰打开输送器，控制输送速度为 30 r/min。

⑱设置 SO_2 流量为 50 mL/min。

3.9.3 系统停止

① 关闭红灯，熄灭炉火。

② 设置 SO_2 流量为 0 mL/min，拧松减压阀的调节旋钮并关闭气钢瓶瓶阀。

③ 关闭疏松器和发尘器，使之停止发尘。

④ 关闭补气泵与风机，停止系统送风。

⑤ 关闭喷淋泵和搅拌电机，开启反冲泵，进行清水冲洗 1 min。

⑥ 开启振打电机对布袋除尘器进行清灰 1 min。

⑦ 关闭输送器，查看粉尘收集量。

3.9.4 自动运行

自动运行模式是指系统按照程序设定，自主地进行运作，不受人为控制的运行方式，应在手动调试确认无误后，方可进行。自动控制流程图如图 3.9.1 所示。

3.10 烟气监测

根据原国家环保总局组织编写的《空气与废气监测分析方法》（第四版）和相关国标中的说明，结合职业教育实训装置的特点，重点描述烟气组分监测时所涉及的有关参数及计算说明。

3.10.1 采样位置与采样点

对排放污染源有害物质的测定，通常是用采样管从烟道中抽取一定体积的烟气，通过捕集装置将有害物质捕集下来，然后根据捕集的有害物量和抽取的烟气量，求出烟气中有害物质的浓度。根据有害物质的浓度和烟气的流量计算其排放量。这种测试方法的准确性很大程度取决于抽取烟气样品的代表性，这就要求选择正确的采样位置和采样点。

1. 采样位置

1）采样的位置应优先选择垂直管段，应避开烟道弯头和断面急剧变化的部位。采样位置应设置在距弯头、阀门、变径管下游方向不小于 6 倍直径，距离上述部件上游方向不小于 3 倍直径处。对矩形烟道，其当量直径 $D=2AB/(A+B)$，式中 A、B 为边长。

2）测试现场空间位置有限，很难满足上述要求时，则选择比较适宜的管段采样，但采样断面与弯头等位置的距离至少是烟道直径的 1.5 倍，并应适当增加测点的数量。采样断面的气流最好在 5 m/s 以上。

3）对于气体污染物，由于混合比较均匀，其采样位置可不受上述规定限制，但应避开涡流区。如果同时测定排气流量，采样位置仍按“3.10.1 的‘1.采样位置’的‘1)’”选取。

4）采样位置应避开对测试人员操作有危险的场所。

5）必要时应设置采样平台，采样平台应有足够的工作面积使工作人员安全、方便地操作。平台面积应不小于 1.5 m^2 并设有 1.1 m 高的护栏，采样孔距平台面 1.2～1.3 m。

2. 采样孔

烟道内同一断面各点的气流速度和烟尘浓度分布通常是不均匀的。因此，必须按照一定原则在同一断面内进行多点测量，才能取得较为准确的数据。断面内测点的位置和数量，主要根据烟道断面的形状、尺寸大小和流速分布均匀情况而定。

1）在选定的测定位置上开设采样孔，采样孔内径应不小于 80 mm。采样孔管长不大于 50 mm。不使用时应用盖板、管堵或管帽封闭。当采样孔仅用于采集气态污染物时，其内径应不小于 40 mm。

2）对正压下输送高温或有毒气体的烟道应采用带有闸板阀的密封采样孔。

3）对圆形烟道，采样孔应设在包括各测定点在内的互相垂直的直径线上。对于矩形或方形烟道，采样孔应设在包括各测定点在内的延长线上。

3. 采样点

（1）圆形烟道

1）将烟道分成适当数量的等面积同心环，各测点选在各环等面积中心线与呈垂直相交的两条直径线的交点上，其中一条直线应在预期浓度变化最大的平面内。

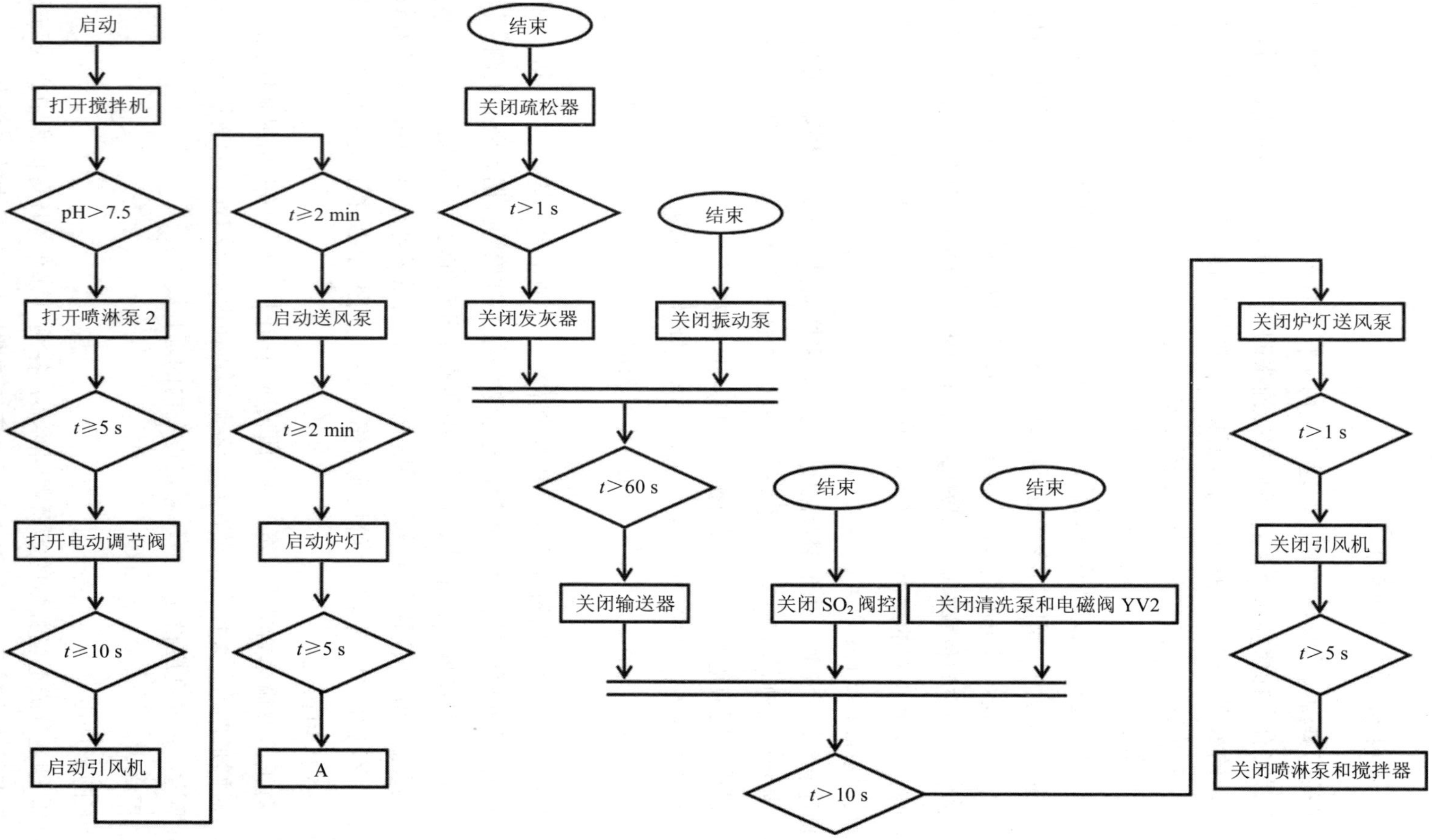
启动
打开搅拌机
pH>7.5
打开喷淋泵 2
$t \geq 5$ s
打开电动调节阀
$t \geq 10$ s
启动引风机
$t \geq 2$ min
启动送风泵
$t \geq 2$ min
启动炉灯
$t \geq 5$ s
A
结束
关闭疏松器
$t > 1$ s
关闭发灰器
结束
关闭振动泵
$t > 60$ s
关闭输送器
结束
关闭 SO_2 阀控
结束
关闭清洗泵和电磁阀 YV2
$t > 10$ s
关闭炉灯送风泵
$t > 1$ s
关闭引风机
$t > 5$ s
关闭喷淋泵和搅拌器

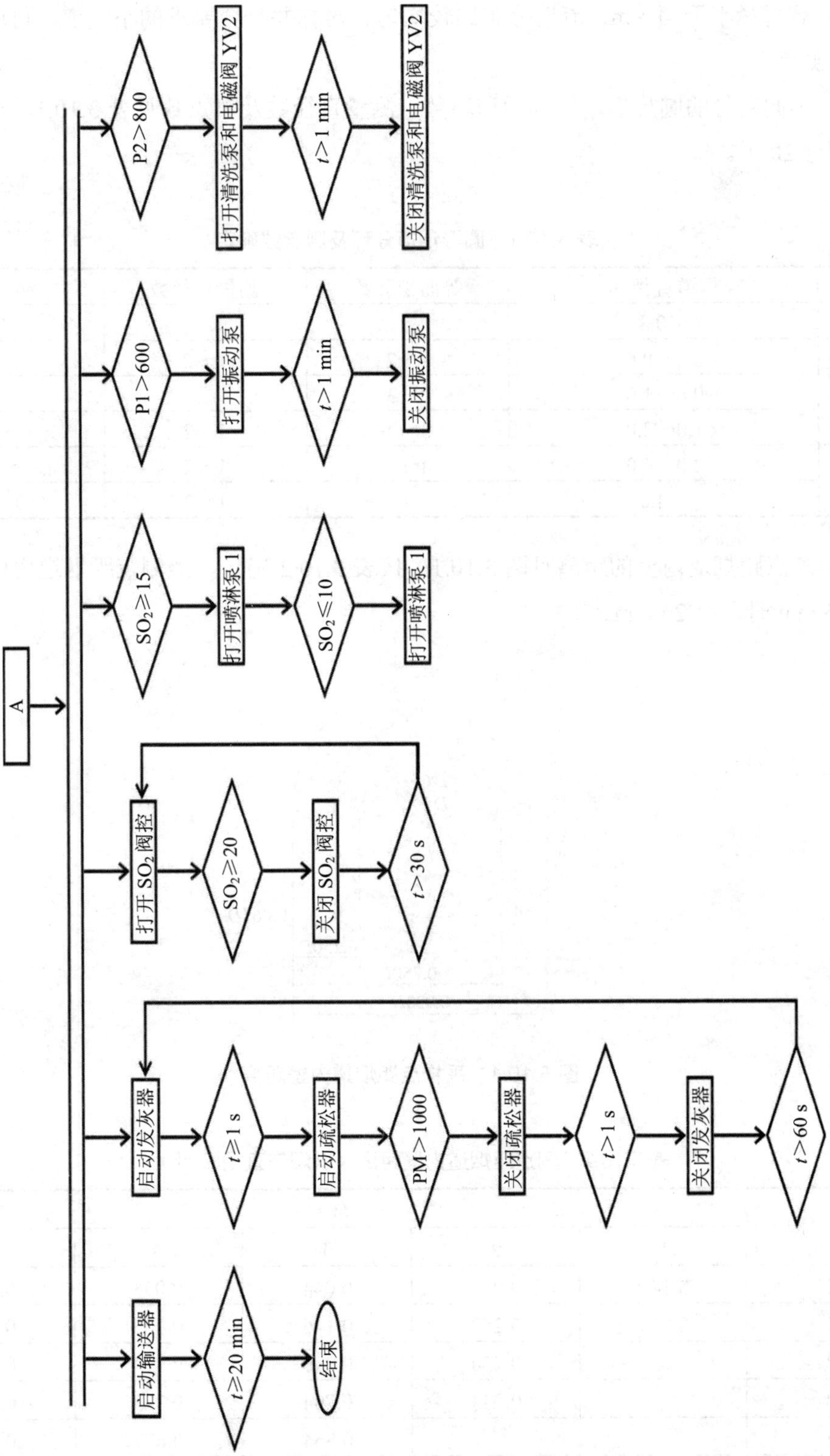
A
启动输送器
t≥20 min
结束
启动发灰器
t≥1 s
启动疏松器
PM＞1000
关闭疏松器
t＞1 s
关闭发灰器
t＞60 s
打开 SO2 阀控
SO2≥20
关闭 SO2 阀控
t＞30 s
SO2≥15
打开喷淋泵 1
SO2≤10
打开喷淋泵 1
P1＞600
打开振动泵
t＞1 min
关闭振动泵
P2＞800
打开清洗泵和电磁阀 YV2
t＞1 min
关闭清洗泵和电磁阀 YV2

图 3.9.1 自动控制流程

2）对直径小于 0.3 m、流速分布比较均匀、对称并符合要求的小烟道，可取烟道中心作为测点。

3）不同直径的圆形烟道的等面积环数、测量直径数及测点数见表 3.10.1，原则上测点不超过 20 个。

表 3.10.1 圆形烟道分环及测点数确定

序号	烟道直径/m	等面积环数	测量直径数	测点数
1	＜0.3			1
2	0.3～0.6	1～2	1～2	2～8
3	0.6～1.0	2～3	1～2	4～12
4	1.0～2.0	3～4	1～2	6～16
5	2.0～4.0	4～5	1～2	8～20
6	＞4.0	5	1～2	10～20

4）测点距烟道内壁的距离见图 3.10.1，按表 3.10.2 确定。当测点距烟道内壁的距离小于 25 mm 时，取 25 mm。

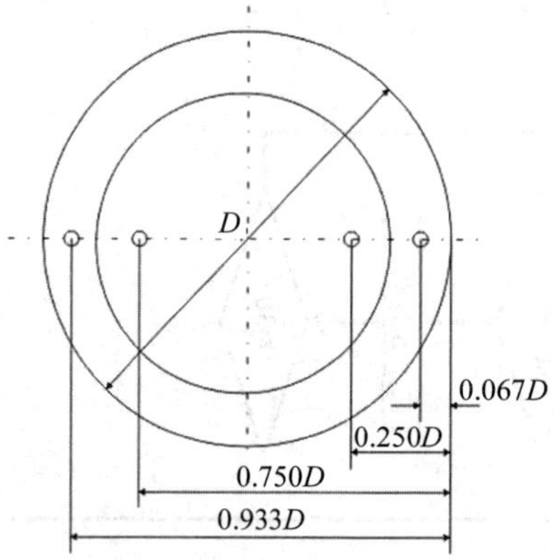

图 3.10.1 采样点距烟道内壁距离

表 3.10.2 测点距烟道内壁距离（以烟道直径 D 计）

测点号	环数				
	1	2	3	4	5
1	0.146	0.067	0.044	0.033	0.026
2	0.854	0.250	0.146	0.105	0.082
3		0.750	0.296	0.194	0.146
4		0.933	0.704	0.323	0.226
5			0.854	0.677	0.342
6			0.956	0.806	0.658

测点号	环数				
	1	2	3	4	5
7				0.895	0.774
8				0.967	0.854
9					0.918
10					0.974

5）当水平烟道内积灰时，测定前应尽可能将积灰清除，原则上应将积灰部分的面积从断面内扣除，按有效断面布设采样点。

（2）矩形或方形烟道

1）将烟道断面分成适当数量的等面积小块，各块中心即为测点。小块的数量按表3.10.3 的规定选取。原则上测点不超过 20 个。

表 3.10.3 矩（方）形烟道的分块和测点数

序号	烟道断面积/m^2	等面积小块长边长度/m	测点总数
1	<0.1	<0.32	1
2	0.1～0.5	<0.35	1～4
3	0.5～1.0	<0.50	4～6
4	1.0～4.0	<0.67	6～9
5	4.0～9.0	<0.75	9～16
6	>9.0	≤1.0	≤20

2）烟道断面面积小于 0.1 m^2，流速分布比较均匀、对称并符合要求的，可取断面中心作为测点。

3）当水平烟道内积灰时，测定前应尽可能将积灰清除，原则上应将积灰部分的面积从断面内扣除，按有效断面布设采样点。

当烟道采样位置不能满足要求时，应增加采样线和测点。

3.10.2 烟气参数测定与计算

1. 温度

温度的测定，在一般情况下可只测定中心点温度。本系统配置的测温仪器为铂热电阻和温湿度传感器。

2. 压力

本系统提供的压力检测方式有两种，一种是由压力传感器直接测量，另一种是用连接微差压传感器的皮托管进行测量。

3. 压差

两点之间的压力差采用微差压传感器来测量。使用前，应先用小一字螺丝刀校正零点，保证在无压差环境下仪表数值为 0 Pa。

4. 湿度（含湿量）

烟气湿度的测定可采用干湿球法或冷凝法。其中干湿球法所用仪器为干湿球温度测量装置。

注意：本系统配置的温湿度传感器所测湿度为相对湿度，与含湿量不同。

烟气含湿量的体积百分比按式（3.10.1）计算：

$$X_{sw}(\%)=\frac{P_{bv}-C(t_c-t_b)(B_a+P_b)}{B_a+P_s}\times 100 \tag{3.10.1}$$

式中：X_{sw} —— 烟气含湿量，%；

P_{bv} —— 温度为 t_b 时饱和水蒸气压力，Pa；

t_c —— 干球温度，℃；

t_b —— 湿球温度，℃；

P_b —— 通过湿球表面时的烟气表压力，Pa；

P_s —— 测定点烟气静压，Pa；

C —— 系数，当流过湿球表面的气流速度大于 2.5 m/s 时，等于 0.000 66；

B_a —— 大气压力，Pa。

5. 烟尘浓度

（1）等速采样的流量计算

等速采样的流量计算见式（3.10.2）。

$$Q_r'=0.000\,47\times d^2\times V_s\times\left(\frac{B_a+P_s}{273+t_s}\right)\times\left[\frac{M_{sd}(273+t_r)}{B_a+P_r}\right]^{1/2}(1-X_{sw}) \tag{3.10.2}$$

式中：Q_r' —— 等速采样流量的转子流量计读数，L/min；

d —— 采样嘴直径，mm；

V_s —— 测点气体流速，m/s；

B_a —— 大气压力，Pa；

P_s —— 排气静压，Pa；

P_r —— 转子流量计前气体压力，Pa；

t_s —— 排气温度，℃；

t_r —— 转子流量计前气体温度，℃；

M_{sd} —— 干排气的分子量，kg/kmol；

X_{sw} —— 烟气含湿量，%。

当干排气成分和空气近似时，等速采样流量Q_r'按式（3.10.3）计算：

$$Q_r' = 0.002\,5d^2 \times V_s \times \left(\frac{B_a + P_s}{273 + t_s}\right) \times \left[\frac{273 + t_r}{B_a + P_r}\right]^{1/2} \left(1 - X_{sw}\right) \qquad (3.10.3)$$

当用普通型采样管采样器测定常温下管道颗粒物浓度时，气体的含湿量和气体成分可忽略不测，等速采样流量按式（3.10.4）简化公式计算：

$$Q_r' = 0.047 \times V_s \times d^2 \qquad (3.10.4)$$

（2）将工况流量换算成标况流量

$$Q_r = 0.05 \times Q_r' \times \left[\frac{B_a + P_r}{273 + t_r}\right]^{1/2} = 0.000\,127d^2 \times V_s \times \left(1 - X_{sw}\right) \times \frac{B_a + P_s}{273 + t_s} \qquad (3.10.5)$$

式中：Q_r——等速采样流量的标况流量，L/min；

Q_r'——等速采样流量的转子流量计读数，L/min；

d——采样嘴直径，mm；

V_s——测点气体流速，m/s；

B_a——大气压力，Pa；

P_s——排气静压，Pa；

P_r——转子流量计前气体压力，Pa；

t_s——排气温度，℃；

t_r——转子流量计前气体温度，℃；

X_{sw}——烟气含湿量，%。

（3）烟尘浓度计算

采样滤筒的增重 $m=g_2-g_1$（mg），则烟尘浓度为：

$$C = 1\,000 \times \frac{g_2 - g_1}{\tau Q_r} \qquad (3.10.6)$$

式中：C——实测烟尘浓度，mg/m^3；

g_2——滤筒采样后重量，mg；

g_1——滤筒采样前重量，mg；

τ——采样时间，min；

Q_r——等速采样流量的标况流量，L/min。

6. 烟气成分测定

1）各烟气成分的含量采用在线式气体传感器测定。由于部分传感器测定的数值为气体体积浓度（ppm），需转化为质量浓度（mg/m^3），按式（3.10.7）计算：

$$X=\frac{M}{22.4}\times C\times\frac{273}{273+T}\times\frac{B_a}{101325} \tag{3.10.7}$$

式中：X—— 污染物的质量浓度，mg/m^3；

M—— 污染物的分子量；

C—— 污染物的体积浓度，ppm；

B_a—— 大气压力，Pa；

T—— 排气温度，℃。

2）烟气过量空气系数的简化计算式为：

$$\alpha=\frac{21}{21-V_{O_2}} \tag{3.10.8}$$

式中：α—— 过量空气系数；

V_{O_2}—— 氧气在烟气中所占的体积百分数。

3）标准状态下湿烟气密度的计算：

$$\rho_N=\frac{1}{22.4}\left[(M_{O_2}V_{O_2}+M_{CO}V_{CO}+M_{CO_2}V_{CO_2}+M_{N_2}V_{N_2})(1-X_{sw})+M_{H_2O}V_{H_2O}\right] \tag{3.10.9}$$

式中：ρ_N—— 标准状态下湿烟气密度，kg/Nm^3；

M_{O_2}、M_{CO}、M_{CO_2}、M_{N_2}、M_{H_2O}—— 相应气体的分子量；

V_{O_2}、V_{CO}、V_{CO_2}、V_{N_2}—— 相应气体的体积百分数，%。

4）测量状态下湿烟气的密度计算：

$$\rho_s=\rho_N\frac{273}{101325}\times\frac{B_a+P_s}{273+t_s}=\rho_N\frac{273}{101325}\times\frac{B_s}{T_s} \tag{3.10.10}$$

式中：ρ_s—— 测量状态下湿烟气的密度，kg/m^3；

ρ_N—— 标准状态下湿烟气密度，kg/Nm^3湿烟气，一般情况下ρ_N可取 1.34 kg/Nm^3湿烟气；

B_a—— 测量状态下，烟气所承受的大气压力，Pa；

P_s—— 测量断面内烟气静压，Pa；

t_s—— 测点处的烟温，℃；

B_s—— 测量断面内烟气绝对压力，Pa；

T_s—— 测点处的绝对温度，K。

7. 大气污染物基准含氧量排放浓度折算

实测的锅炉烟气颗粒物、二氧化硫、氮氧化物、汞及其化合物的排放浓度，应执行

GB 13271—2014 规定，按式（3.10.11）折算为基准含氧量排放浓度。各类燃烧设备的基准含氧量按表 3.10.4 的规定执行。

表 3.10.4 基准含氧量

编号	锅炉类型	基准含氧量（O_2）/%
1	燃煤锅炉	9
2	燃油、燃气锅炉	3.5

$$\rho = \rho' \times \frac{21 - \varphi(O_2)}{21 - \varphi'(O_2)} \tag{3.10.11}$$

式中：ρ —— 大气污染物基准含氧量排放浓度，mg/m³；

ρ' —— 实测的大气污染物排放浓度，mg/m³；

$\varphi'(O_2)$ —— 实测的含氧量；

$\varphi(O_2)$ —— 基准含氧量。

8. 烟气流速及流量

（1）烟气流速

烟气的流速可由风速传感器直接测得，也可利用皮托管测得的动压来计算。动压计算烟气流速可按式（3.10.12）计算。

当干排气成分与空气近似，排气露点温度为 35～55℃、排气的绝对压力为 97～103 kPa，V_{si} 可按式（3.10.13）计算。

对于接近常温常压条件下（t_s=20℃，B_a+P_s=101 300 Pa），通风管道的空气流速 V_{si} 按式（3.10.14）计算。

$$V_{si} = K_p \sqrt{\frac{2P_{di}}{\rho_s}} = 128.9 K_p \sqrt{\frac{(273 + t_s) P_{di}}{M_s (B_a + P_s)}} \tag{3.10.12}$$

$$V_{si} = 0.076 K_p \sqrt{(273 + t_s)} \times \sqrt{P_{di}} \tag{3.10.13}$$

$$V_s = 1.29 K_p \sqrt{P_{di}} \tag{3.10.14}$$

式中：V_{si} —— 测量点流速，m/s；

V_s —— 常温常压下通风管道的空气流速，m/s；

B_a —— 大气压力，Pa；

K_p —— 皮托管修正系数；

P_{di}——测定点烟气动压，Pa；

P_s——测定点烟气静压，Pa；

ρ_s——管道内湿气密度，kg/m^{3}湿烟气；

M_s——湿排气的分子量，kg/kmol；

t_s——排气温度，℃。

（2）烟气流量

1）在测定工况下烟气流量的计算：

$$Q = 3\,600 \times F \times \overline{V_s} \tag{3.10.15}$$

式中：Q——测量工况下烟气的流量，m^{3}湿烟气/h；

F——测定断面面积，m^2；

$\overline{V_s}$——测定断面烟气平均流速，m/s；

2）标准状态下湿烟气流量的计算：

$$Q_N = 3\,600 \times F \times \overline{V_s} \times \frac{B_a + P_s}{101\,325} \times \frac{273}{t_s + 273} \tag{3.10.16}$$

式中：Q_N——标准状态下烟气的流量，m^{3}湿烟气/h；

F——测定断面面积，m^2；

$\overline{V_s}$——测定断面烟气平均流速，m/s；

B_a——测量状态下，烟气所承受的大气压力，Pa；

P_s——测定断面烟气静压，Pa；

t_s——测定断面烟气的平均温度，℃。

3）标准状态下干烟气流量的计算：

$$Q'_N = Q_N \times \left(1 - X_{sw}\right) \tag{3.10.17}$$

式中：Q'_N——标准状态下干烟气的流量，Nm^{3}干烟气/h；

Q_N——标准状态下烟气的流量，Nm^{3}湿烟气/h；

X_{sw}——烟气含湿量，%。

4）常温常压条件下，通风管道中的空气流速计算：

$$Q_a = 3\,600 \times F \times \overline{V_a} \tag{3.10.18}$$

式中：Q_a——通风管道中的空气流量，m^3/h。

3.11 故障判断和处理

3.11.1 故障判断

常见故障判断和处理见表 3.11.1。

表 3.11.1 故障判断和处理一览表

序号	所遇问题	原因解释	处理方法
1	水泵已运行，但不上水	水泵进口管道漏气	检漏并将其密封完好
		水泵叶轮上憋有空气	拧开水泵的放气口，进行排气
		水泵反转	水泵三相接线中互换任意两相
2	风机运转，但无风压	风机反转	风机三相接线中互换任意两相
3	无压差时，微差压传感器数值不为零	零点有漂移	用一字仪表螺丝刀，通过标有“Z”字的调零旋钮进行调零
4	运行时，微差压传感器数值显示不正常	高低压接入错误	互换高低压接口上的硅胶管
5	搅拌机参数已设置，但未按要求方向旋转	接线需修改	修改参数 F-05，参数值改为 2（取反）
6	物位仪水位显示不稳定	物位仪太歪斜	将传感器轴线调整到与目标平面垂直
		物位计与对象未绝缘，受到干扰	在安装钣金的两侧各垫一块 DN32 四氟垫片，保证器件不与钣金接触
7	在线 pH 仪显示不正常	电极玻璃球破裂	更换电极
		电极玻璃球表面结垢	进行酸洗，标定后使用
		电极完好，需标定	标定后使用
8	风速仪显示不正确	信号类型错误	接线盒中短路帽应插在“I”位置，而不是“U”位置
		传感器探头安装错误	应保证探头位于管道中心，且开口处朝着气体流动方向
9	在不通气体的情况下，质量流量计显示不为零	零点有漂移	用一字仪表螺丝刀，通过其左侧面的调零孔，在调零电位器上进行调零

3.11.2 注意事项

1）使用环境必须符合工作条件。输入电压：三相交流 380 V±10%，50 Hz；工作环境：环境温度范围为 0～40℃，相对湿度＜85%（25℃）；海拔＜4 000 m。

2）设备应存放于空间开阔、水电便利、采光通风良好的室内场所。

3）操作人员必须经过培训指导，具有一定专业知识和技能水平。

4）穿戴劳保用品，加强安全防范和自我保护意识。

5）严格按照安装→调试→运行的顺序进行操作。

6）注意二氧化硫气钢瓶的操作规范，避免因输出压过大，造成气体跑漏现象。

7）长期不用应及时清净整顿并定期活动阀门，防止设备老化。

8）设备长期不运行，应将 pH 电极取下，妥善保管，保证头部玻璃球的湿润。

9）非专业技术员，请勿对实训平台进行维修。

4 烟气处理系统工艺设计

4.1 CAD 应用

4.1.1 检测点绘制

1. 技能要求

根据任务书要求和提供的资料完成竞赛平台和专业知识点的考核，通过 CAD 软件完成烟道检测点的绘制并命名保存。

2. 任务指引

在考试 U 盘中打开名为“ST01.DWG”的文件（图 4.1.1），将图幅内边长为 400 mm× 400 mm 的方框（代表测定位置的管道截面，不计管道壁厚），根据《锅炉烟尘测试方法》（GB/T 5468—1991）的要求进行分块处理，并标出每个测点到管道壁的距离（要求测点数为 4 个）。

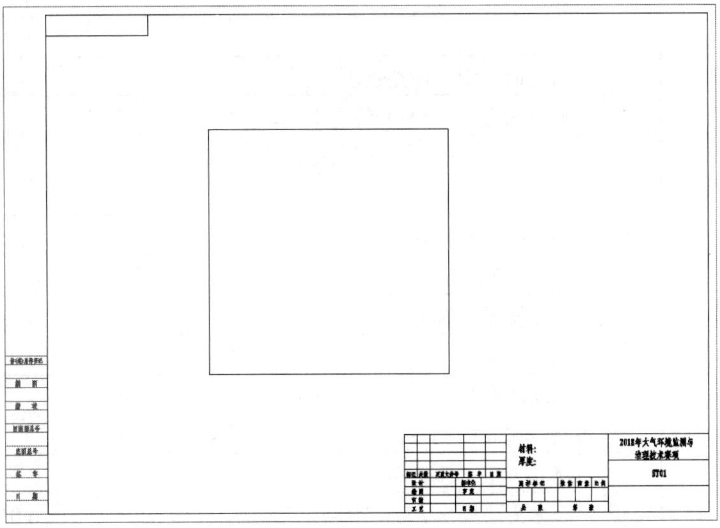

图 4.1.1 ST01.DWG 文件图纸（矩形检测点）

3. 功能要求

1）建新图层，命名为“分块线”。设置图层内线型样式，颜色：白色；线型：Continuous；线宽：0.3 mm。所有绘制的分块线均置于该图层。

2）建新图层，命名为“检测点”。将工具栏“格式”中的“点样式”进行编辑，点样式：⊗；点大小：5 单位，并将检测点用⊗表示在该图层。

3）建新图层，命名为“标注”。设置图层内线型样式，颜色：绿色；线型：Continuous；线宽：0.13 mm。选择标注样式：ISO-25，标出每个测点到管道壁的距离。

4）在给定的 U 盘内，自主建立一个文件夹，并以“场次+工位号”命名。同时，将完成的图纸保存在该文件夹内，命名为“检测点绘制”。

4. 评价体系

（1）评分表（表 4.1.1）

表 4.1.1　检测点绘制评分表

<table>
<tr><th>考核技能点</th><th colspan="2">评分标准</th><th>分值</th><th>备注</th></tr>
<tr><td rowspan="18">检测点绘制</td><td rowspan="5">建分块线图层</td><td>颜色：白色</td><td>0.05</td><td></td></tr>
<tr><td>线型：Continuous</td><td>0.05</td><td></td></tr>
<tr><td>线宽：0.3 mm</td><td>0.05</td><td></td></tr>
<tr><td>图层命名为“分块线”</td><td>0.05</td><td></td></tr>
<tr><td>分块的数量（4）和样式准确，共 0.5 分，错 1 处，扣 0.2 分，扣完为止。详见图 4.1.2</td><td>0.5</td><td></td></tr>
<tr><td rowspan="4">建检测点图层</td><td>点样式：⊗</td><td>0.1</td><td></td></tr>
<tr><td>点大小：5 单位</td><td>0.1</td><td></td></tr>
<tr><td>图层命名为“检测点”</td><td>0.1</td><td></td></tr>
<tr><td>测点的数量（4）和位置准确，共 0.5 分，错 1 处，扣 0.2 分，扣完为止。详见图 4.1.2</td><td>0.5</td><td></td></tr>
<tr><td rowspan="6">建标注图层</td><td>颜色：绿色</td><td>0.05</td><td></td></tr>
<tr><td>线型：Continuous</td><td>0.05</td><td></td></tr>
<tr><td>线宽：0.13 mm</td><td>0.05</td><td></td></tr>
<tr><td>标注样式：ISO-25</td><td>0.1</td><td></td></tr>
<tr><td>图层命名为 “标注”</td><td>0.05</td><td></td></tr>
<tr><td>标注的数量（8）和尺寸准确，共 0.5 分，错 1 处，扣 0.1 分，扣完为止。详见图 4.1.2</td><td>0.5</td><td></td></tr>
<tr><td rowspan="3">文件保存</td><td>建立一个文件夹</td><td>0.05</td><td></td></tr>
<tr><td>命名为“场次+工位号”</td><td>0.05</td><td></td></tr>
<tr><td>保存图纸并命名为“检测点绘制”</td><td>0.1</td><td></td></tr>
</table>

（2）参考答案（图 4.1.2）

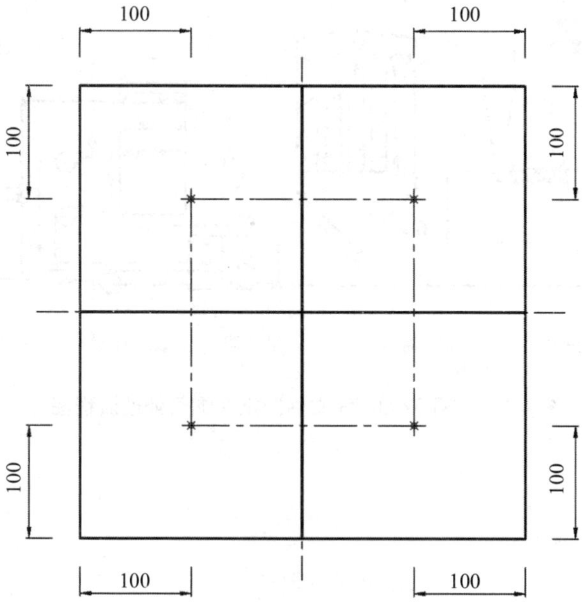

图 4.1.2 参考答案（矩形检测点）

4.1.2 烟气处理系统流程图绘制

1. 技能要求

根据任务书要求和提供的资料完成竞赛平台和专业知识点的考核，通过 CAD 软件完成系统流程图的绘制并命名保存。

2. 任务指引

在考试 U 盘中打开名为“ST02.DWG”的文件（图 4.1.3），选择合适的图幅，结合 THEMDQ-1 型大气环境监测与治理技术综合实训平台，按照污染源→机械除尘→过滤除尘→吸收脱硫→吸附脱硫→烟囱的工艺流程，连接器件和设备，完成系统流程图。

3. 功能要求

1）用线段连接需要用到的器件和设备，完善系统流程图，并把所有连线归到粗实线图层。

2）建新图层，命名为“虚线”。设置图层内线型样式，颜色：黄色；线型：HIDDEN2；线宽：0.13 mm。连接流程中不需用到的管线，将其归到虚线图层，并将其线型比例设为 1.5。

3）按照编号，填写图框右下角的统计表格（只填“名称”与“数量”），并设置多行文字格式，样式：标题栏；字体：宋体；文字高度：10 mm。将所填文字皆归于文字图层。

4）将完成的图纸保存在“场次+工位号”的文件夹内，命名为“系统流程图”。

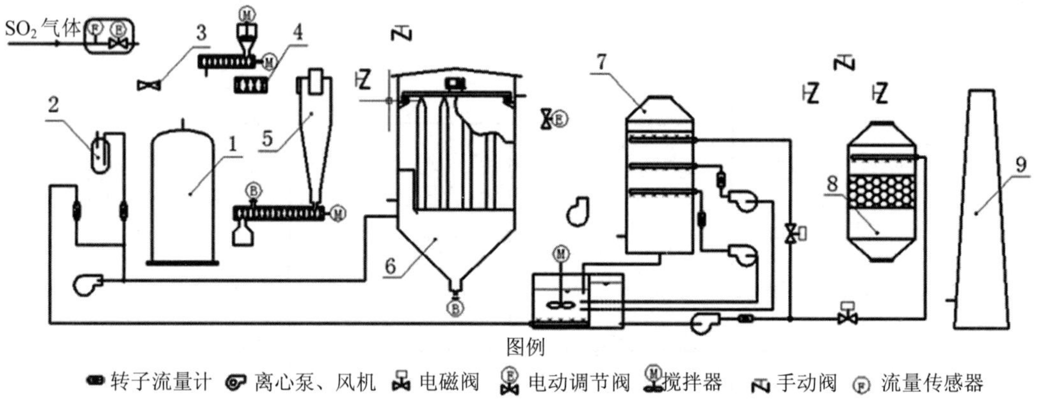

图 4.1.3　ST02.DWG 文件图纸（烟气处理流程图）

4. 评价体系

（1）评分表（表 4.1.2）

表 4.1.2　检测点绘制评分表

考核技能点	评分标准		分值	备注
系统流程图绘制	完善流程	共 15 处连线，1 处 0.05 分	0.75	
		连线归到粗实线图层	0.05	
	建虚线图层	颜色：黄色	0.05	
		线型：HIDDEN2	0.05	
		线宽：0.13 mm	0.05	
		线型比例设为 1.5	0.05	
		图层命名为“虚线”	0.05	
		虚线数量（4）和位置准确，详见图 4.1.4，每处 0.05 分	0.2	
	统计表格	1. 名称：锅炉；数量：1。各 0.05 分	0.1	
		2. 名称：缓冲器；数量：1。各 0.05 分	0.1	
		3. 名称：文丘里管；数量：1。各 0.05 分	0.1	
		4. 名称：混合器；数量：1。各 0.05 分	0.1	
		5. 名称：旋风除尘器；数量：1。各 0.05 分	0.1	
		6. 名称：袋式除尘器；数量：1。各 0.05 分	0.1	
		7. 名称：洗涤塔（吸收塔）；数量：1。各 0.05 分	0.1	
		8. 名称：吸附塔；数量：1。各 0.05 分	0.1	
		9. 名称：烟囱；数量：1。各 0.05 分	0.1	
		字体设置：宋体；高度：10 mm。1 处扣 0.02 分，扣完为止	0.2	
		所填文字皆归于文字图层	0.05	
	另存	命名为“系统流程图”	0.05	
		另存图纸在“场次+工位号”文件夹下	0.05	

（2）参考答案（图 4.1.4）

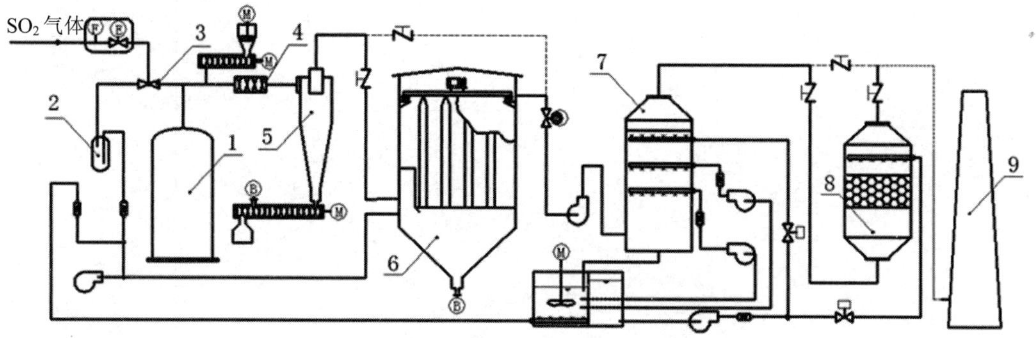

1-锅炉；2-缓冲器；3-文丘里管；4-混合器；5-旋风除尘器；6-布袋除尘器；7-洗涤塔；8-吸附塔；9-烟囱

图 4.1.4 参考答案（烟气处理流程图）

4.1.3 方形管道检测点绘制

1. 技能要求

根据任务书要求和提供的资料完成竞赛平台和专业知识点的考核，通过 CAD 软件完成烟道检测点的绘制并命名保存。

2. 任务指引

在考试 U 盘中打开名为“ST01.DWG”的文件（图 4.1.5），将图幅内边长为 300 mm×400 mm 的方框（代表测定位置的管道截面，不计管道壁厚），根据《锅炉烟尘测试方法》（GB/T 5468—1991）的要求进行分块处理，并标出每个测点到管道壁的距离（要求测点数为 3 个）。

3. 功能要求

1）建新图层，命名为“分块线”。设置图层内线型样式，颜色：白色；线型：Continuous；线宽：0.3 mm。所有绘制的分块线均置于该图层。

2）建新图层，命名为“检测点”。将工具栏“格式”中的“点样式”进行编辑，点样式：⊗；点大小：5 单位，并将检测点用⊗表示在该图层。

3）建新图层，命名为“标注”。设置图层内线型样式，颜色：绿色；线型：Continuous；线宽：0.13 mm。选择标注样式：ISO-25，标出每个测点到管道壁的距离。

4）在给定的 U 盘内，自主建立一个文件夹，并以“场次+工位号”命名。同时，将完成的图纸保存在该文件夹内，命名为“检测点绘制”。

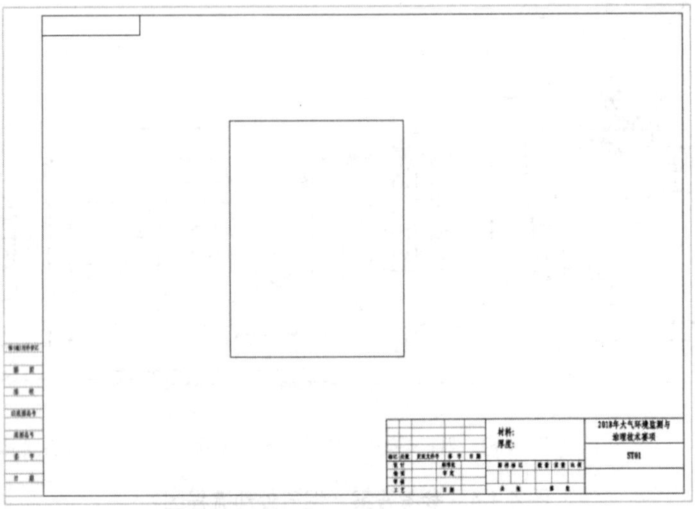

图 4.1.5　ST01.DWG 文件图纸（长方形检测点）

4. 评价体系

（1）评分表（表 4.1.3）

表 4.1.3　检测点绘制评分表

考核技能点	评分标准		分值	备注
检测点绘图	建分块线图层	颜色：白色	0.05	
		线型：Continuous	0.05	
		线宽：0.3 mm	0.05	
		图层命名为“分块线”	0.05	
		分块的数量（3）和样式准确，共 0.5 分，错 1 处，扣 0.2 分，扣完为止。详见图 4.1.6	0.5	
	建检测点图层	点样式：⨂	0.1	
		点大小：5 单位	0.1	
		图层命名为“检测点”	0.1	
		测点的数量（3）和位置准确，共 0.5 分，错 1 处，扣 0.2 分，扣完为止。详见图 4.1.6	0.5	
	建标注图层	颜色：绿色	0.05	
		线型：Continuous	0.05	
		线宽：0.13 mm	0.05	
		标注样式：ISO-25	0.1	
		图层命名为“标注”	0.05	
		标注的数量（6）和尺寸准确，共 0.5 分，错 1 处，扣 0.1 分，扣完为止。详见图 4.1.6	0.5	
	文件保存	建立一个文件夹	0.05	
		命名为“场次+工位号”	0.05	
		保存图纸并命名为“检测点绘制”	0.1	

（2）参考答案（图 4.1.6）

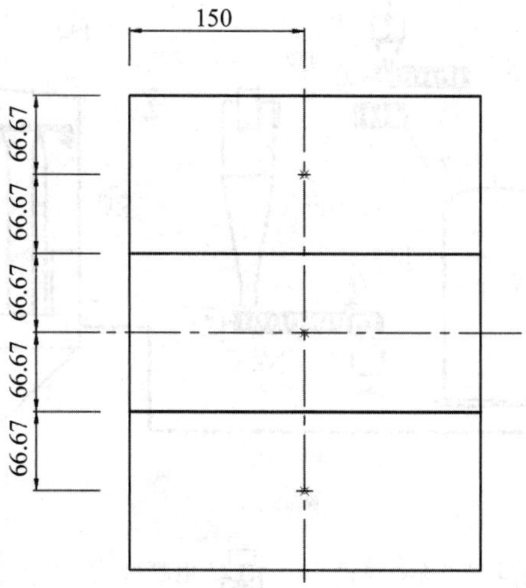

图 4.1.6 参考答案（长方形检测点）

4.1.4 除尘系统流程图绘制

1. 技能要求

根据任务书要求和提供的资料完成竞赛平台和专业知识点的考核，通过 CAD 软件完成系统流程图的绘制并命名保存。

2. 任务指引

在考试 U 盘中打开名为“ST02.DWG”的文件（图 4.1.7），结合 THEMDQ-1 型大气环境监测与治理技术综合实训平台，按照污染源→机械除尘→过滤除尘的工艺流程，连接器件和设备，完成系统流程图。

3. 功能要求

1）用线段连接需要用到的器件和设备，完善系统流程图，并把所有连线归到粗实线图层。

2）建新图层，命名为“虚线”。设置图层内线型样式，颜色：黄色；线型：HIDDEN2；线宽：0.13 mm。连接流程中不需用到的超越管线，将其归到虚线图层，并将其线型比例设为 1.5。

3）按照编号，填写图框右下角的统计表格（只填“名称”与“数量”），并设置多行文字格式，样式：标题栏；字体：宋体；文字高度：4 mm。将所填文字皆归于文字图层。

4）用细实线连接图上的差压传感器，分别检测旋风除尘器和布袋除尘器的压降，并把连线归到细实线图层。

5）将完成的图纸保存在“场次+工位号”的文件夹内，命名为“系统流程图”。

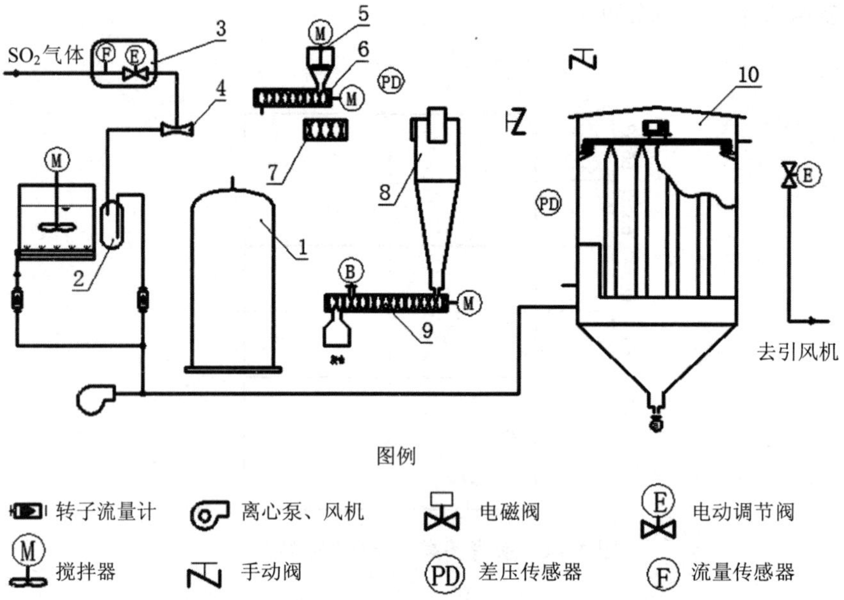

图 4.1.7 ST02.DWG 文件图纸（除尘系统流程图）

4. 评价体系

（1）评分表（表 4.1.4）

表 4.1.4 除尘系统流程图绘制评分表

考核技能点	评分标准		分值	备注
系统流程图绘制	完善流程	共 5 处连线，1 处 0.05 分	0.25	
		连线归到粗实线图层	0.05	
	建虚线图层	颜色：黄色	0.05	
		线型：HIDDEN2	0.05	
		线宽：0.13 mm	0.05	
		线型比例设为 1.5	0.05	
		归到统一图层并命名为“虚线”	0.1	
		虚线数量（2）和位置准确，详见图 4.1.8，每处 0.1 分	0.2	
	统计表格	1. 名称：锅炉；数量：1。各 0.05 分	0.1	
		2. 名称：缓冲器；数量：1。各 0.05 分	0.1	
		3. 名称：质量流量计；数量：1。各 0.05 分	0.1	
		4. 名称：文丘里管；数量：1。各 0.05 分	0.1	
		5. 名称：疏松器；数量：1。各 0.05 分	0.1	
		6. 名称：发尘器；数量：1。各 0.05 分	0.1	
		7. 名称：混合器；数量：1。各 0.05 分	0.1	

考核技能点	评分标准		分值	备注
系统流程图绘制	统计表格	8. 名称：旋风除尘器；数量：1。各 0.05 分	0.1	
		9. 名称：输送器；数量：1。各 0.05 分	0.1	
		10. 名称：袋式除尘器；数量：1。各 0.05 分	0.1	
		字体设置：宋体；高度：4 mm。1 处扣 0.02 分，扣完为止	0.2	
		所填文字皆归于文字图层	0.1	
	传感器连接	检测旋风除尘器压降，共 2 根线，每根 0.05 分	0.1	
		检测布袋除尘器压降，共 2 根线，每根 0.05 分	0.1	
		连线归到细实线图层	0.1	
	另存	命名为“系统流程图”	0.05	
		另存图纸在“场次+工位号”文件夹下	0.05	

（2）参考答案（图 4.1.8）

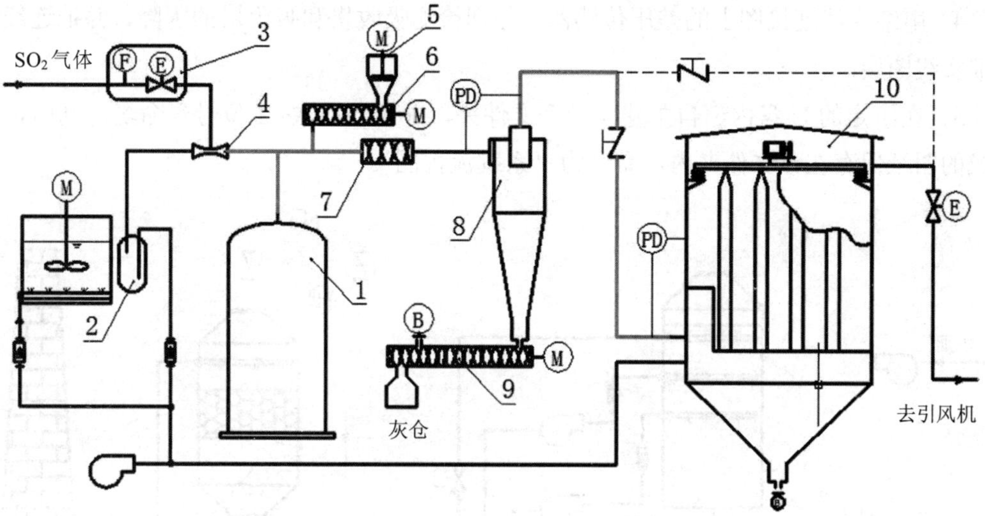

1-锅炉；2-缓冲器；3-质量流量计；4-文丘里管；5-疏松器；

6-发尘器；7-混合器；8-旋风除尘器；9-输送器；10-布袋除尘器

图 4.1.8 参考答案

4.1.5 脱硫系统流程图绘制

1. 技能要求

根据任务书要求和提供的资料完成竞赛平台和专业知识点的考核，通过 CAD 软件完成系统流程图的绘制并命名保存。

2. 任务指引

在考试U盘中打开名为“ST01.DWG”的文件（图4.1.9），结合THEMDQ-1型大气环境监测与治理技术综合实训平台，按照污染源→吸收脱硫→吸附脱硫的工艺流程，连接器件和设备，完成系统流程图。

3. 功能要求

1）用线段连接需要用到的器件和设备，完善系统流程图，并把所有连线归到粗实线图层。

2）建新图层，命名为“虚线”。设置图层内线型样式，颜色：黄色；线型：HIDDEN2；线宽：0.13 mm。将连接流程中不需用到的超越管道归到虚线图层，并将其线型比例设为1.5。

3）按照编号，填写图框右下角的统计表格（只填“名称”与“数量”），并设置多行文字格式，样式：标题栏；字体：宋体；文字高度：4 mm。将所填文字皆归于文字图层。

4）用细实线连接图上的差压传感器，分别检测吸收塔和吸附塔的压降，并把连线归到细实线图层。

5）在给定的U盘内，自主建立一个文件夹，并以“场次+工位号”命名。同时，将完成的图纸保存在该文件夹内，命名为“系统流程图”。

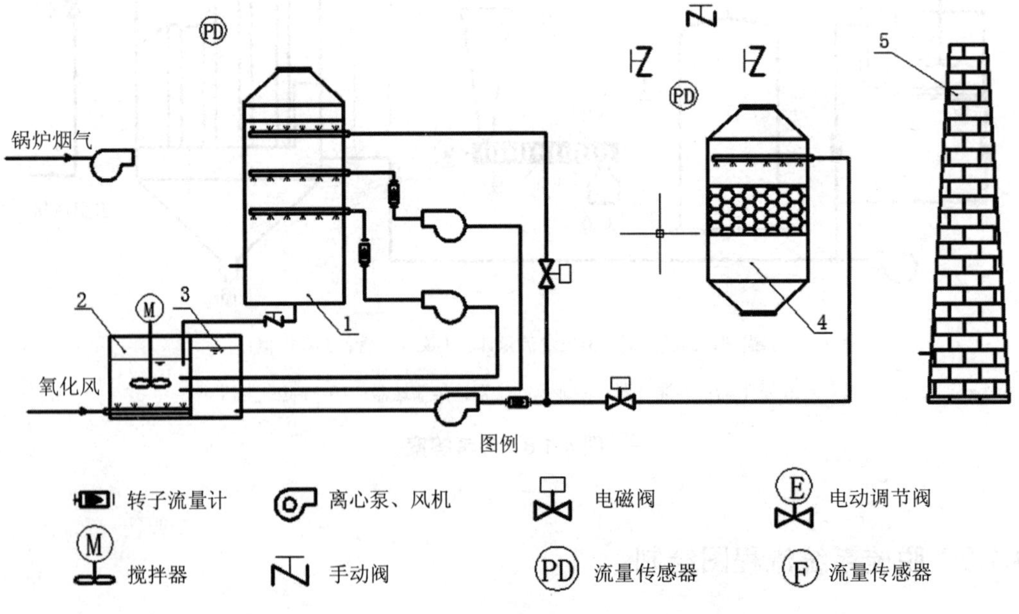

图4.1.9 ST01.DWG文件图纸（脱硫系统流程图）

4. 评价体系

（1）评分表（表 4.1.5）

表 4.1.5 脱硫系统流程图绘制评分表

考核技能点	评分标准		分值	备注
CAD 辅助设计	完善流程	共 5 处连线，1 处 0.05 分	0.25	
		连线归到粗实线图层	0.05	
	建虚线图层	颜色：黄色	0.1	
		线型：HIDDEN2	0.1	
		线宽：0.13 mm	0.1	
		线型比例设为 1.5	0.1	
		归到统一图层并命名为“虚线”	0.1	
		虚线数量（2）和位置准确，详见图 4.1.10，每处 0.1 分	0.2	
	统计表格	1. 名称：洗涤塔（吸收塔）；数量：1。各 0.05 分	0.1	
		2. 名称：碱液池；数量：1。各 0.05 分	0.1	
		3. 名称：清水池；数量：1。各 0.05 分	0.1	
		4. 名称：吸附塔；数量：1。各 0.05 分	0.1	
		5. 名称：烟囱；数量：1。各 0.05 分	0.1	
		字体设置：宋体；高度：4 mm。1 处扣 0.02 分，扣完为止	0.2	
		所填文字皆归于文字图层	0.1	
	传感器连接	检测吸收塔压降，共 2 根线，每根 0.1 分	0.2	
		检测吸附塔压降，共 2 根线，每根 0.1 分	0.2	
		连线归到细实线图层	0.1	
	另存	建立一个文件夹，命名为“场次+工位号”	0.1	
		命名为“系统流程图”	0.05	
		另存图纸在“场次+工位号”文件夹下	0.05	

（2）参考答案（图 4.1.10）

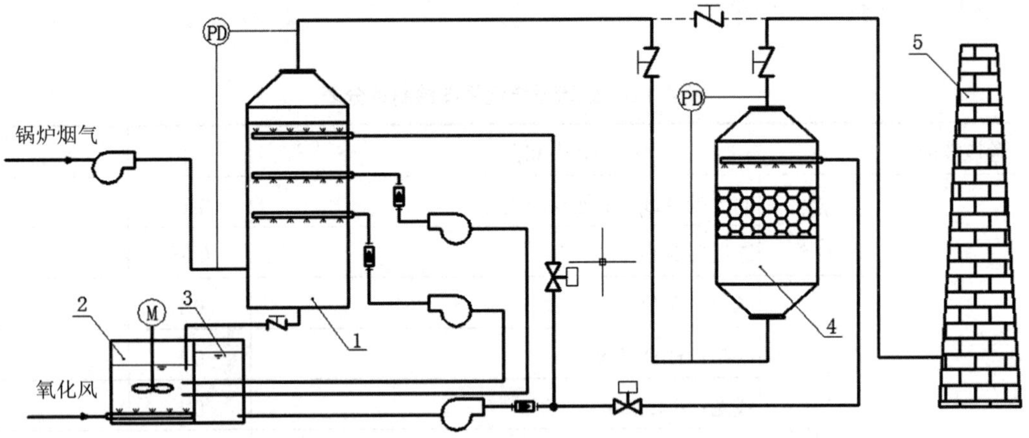

1-洗涤塔；2-碱液池；3-清水池；4-吸附塔；5-烟囱

图 4.1.10 参考答案（脱硫系统流程图）

4.1.6 圆柱管道检测点绘制

1. 技能要求

根据任务书要求和提供的资料完成竞赛平台和专业知识点的考核，通过 CAD 软件完成系统流程图的绘制并命名保存。

2. 任务指引

在考试 U 盘中打开名为“ST02.DWG”的文件（图 4.1.11），将图幅内直径为 400 mm 的圆圈（代表测定位置的管道截面，不计管道壁厚），根据《锅炉烟尘测试方法》（GB/T 5468—1991）的要求进行分环处理，并标出每个测点到管道壁的距离。要求分两环。

3. 功能要求

1）建新图层，命名为“分环线”。设置图层内线型样式，颜色：白色；线型：Continuous；线宽：0.3 mm。所有绘制的分环线均置于该图层。

2）建新图层，命名为“检测点”。将工具栏“格式”中的“点样式”进行编辑，点样式：⊗；点大小：5 单位，将监测点用⊗表示在该图层。

3）建新图层，命名为“标注”，设置图层内线型样式，颜色：绿色；线型：Continuous；线宽：0.13 mm。选择标注样式：ISO$_2$-25，标出每个测点到管道壁的距离。

4）将完成的图纸保存在“场次+工位号”的文件夹内，命名为“检测点绘制”。

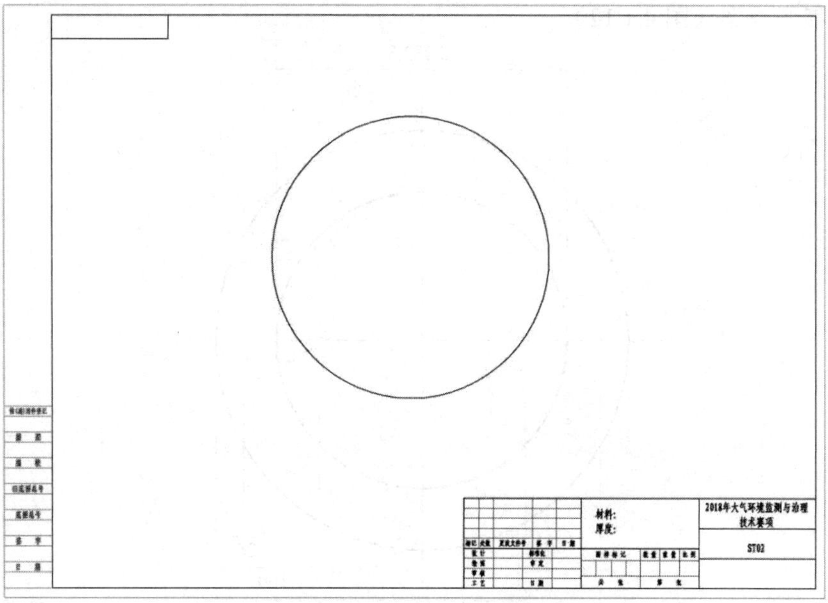

图 4.1.11 ST02.DWG 文件图纸（圆柱管道检测点）

4. 评价体系

（1）评分表（表 4.1.6）

表 4.1.6 检测点绘制评分表

考核技能点	评分标准		分值	备注
检测点绘制	建分环线图层	颜色：白色	0.05	
		线型：Continuous	0.05	
		线宽：0.3 mm	0.05	
		图层命名为“分环线”	0.05	
		分环的数量（1）和样式准确，共 0.5 分。详见图 4.1.12	0.5	
	建检测点图层	点样式：⊗	0.1	
		点大小：5 单位	0.1	
		图层命名为“检测点”	0.1	
		测点的数量（4）和位置准确，共 0.5 分，错 1 处，扣 0.2 分，扣完为止。详见图 4.1.12	0.5	
	建标注图层	颜色：绿色	0.05	
		线型：Continuous	0.05	
		线宽：0.13 mm	0.05	
		标注样式：ISO-25	0.1	
		图层命名为“标注”	0.05	
		标注的数量（5）和尺寸准确，共 0.5 分，错 1 处，扣 0.1 分。详见图 4.1.12	0.5	
	文件保存	保存图纸并命名为：检测点绘制	0.1	
		保存在“场次+工位号”的文件夹内	0.1	

（2）参考答案（图 4.1.12）

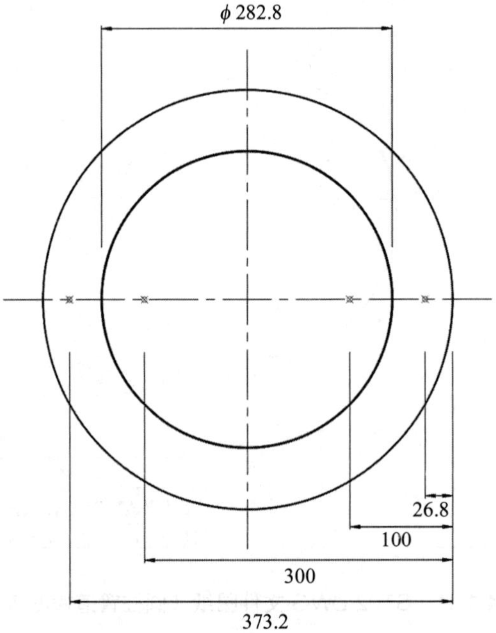

图 4.1.12 参考答案（圆柱管道检测点）

4.1.7 旋风除尘器设计

1. 技能要求

根据任务书要求和提供的资料完成竞赛平台和专业知识点的考核，通过 CAD 软件完成系统流程图的绘制并命名保存。

2. 任务指引

在考试 U 盘中打开名为“ST01.DWG”的文件（图 4.1.13），选择合适的图幅，结合高效旋风除尘器结构尺寸样图（图 4.1.14），将图按 1∶1 转化成标准的 CAD 图纸并按实际数据标注。

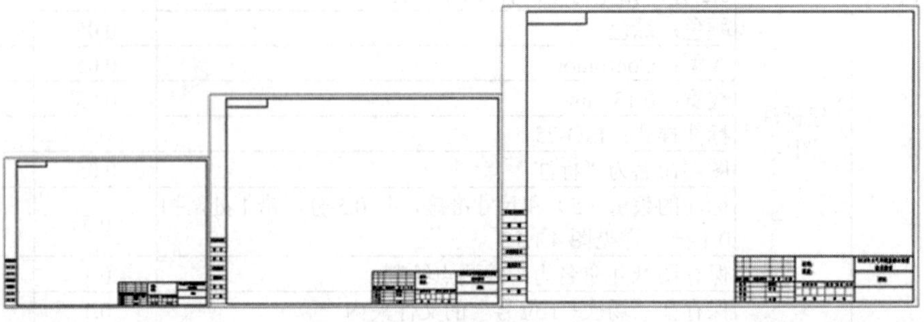

图 4.1.13 ST01.DWG 文件图纸

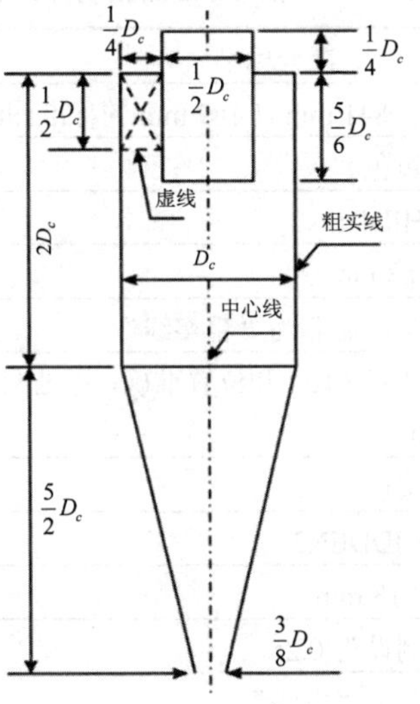

图 4.1.14 高效旋风除尘器结构尺寸样图

3. 功能要求

1）选择尺寸为：841 mm×1 189 mm 的标准图幅。

2）已知筒体直径 D_c=120 mm，按图示计算绘制 1∶1 CAD 图（备注：无须考虑材料厚度，只将图 4.1.15 数据化处理即可）。

（1）建新图层，命名为“粗实线”。设置图层内线型样式，颜色：白色；线型：Continuous；线宽：0.3 mm。将图 4.1.15 中所有粗实线均置于该图层，线长使用计算所得数据。

（2）建新图层，命名为“虚线”。设置图层内线型样式，颜色：黄色；线型：HIDDEN2；线宽：0.13 mm。将图 4.1.15 中所有虚线均置于该图层，并将其线型比例设为 0.25。

（3）建新图层，命名为“中心线”。设置图层内线型样式，颜色：红色；线型：CENTER2；线宽：0.13 mm。将图 4.1.15 中所有中心线均置于该图层，并将其线型比例设为 0.3。

（4）建新图层，命名为“标注”。设置图层内线型样式，颜色：绿色；线型：Continuous；线宽：0.13 mm。选择标注样式：ISO-25，并按图所示，用真实数据进行标注。

3）在给定的 U 盘内，自主建立一个文件夹，并以“场次+工位号”命名。同时，将完成的图纸保存在该文件夹内，命名为“旋风除尘器”。

4. 评价体系

（1）评分表（表 4.1.7）

表 4.1.7 旋风除尘器绘制评分表

考核技能点	评分标准		分值	备注
旋风除尘器设计	选择尺寸为：841 mm×1 189 mm 的标准图幅		0.05	
	建粗实线图层	颜色：黄色	0.05	
		线型：HIDDEN2	0.05	
		线宽：0.3 mm	0.05	
		建新图层，命名为“粗实线”	0.05	
		粗实线数量（10）和位置准确，详见图 4.1.15。每处 0.05 分	0.5	
	建虚线图层	颜色：黄色	0.05	
		线型：HIDDEN2	0.05	
		线宽：0.13 mm	0.05	
		线型比例设为 0.25	0.05	
		图层命名为“虚线”	0.05	
		虚线数量（3）和位置准确，详见图 4.1.15。每处 0.1 分	0.3	
	建中心线图层	颜色：红色	0.05	
		线型：CENTER2	0.05	
		线宽：0.13 mm	0.05	
		线型比例设为 0.3	0.05	
		图层命名为“中心线”	0.05	
		中心线数量（1）和位置准确，详见图 4.1.15。每处 0.2 分	0.2	
	建标注图层	颜色：绿色	0.05	
		线型：Continuous	0.05	
		线宽：0.13 mm	0.05	
		标注样式：ISO-25	0.05	
		图层命名为“标注”	0.05	
		标注数量（9）和位置准确，详见图 4.1.15。每处 0.05 分（备注：直径标注，数字前必须要带“Φ”符号。如果无，则算错）	0.45	
	另存为	建立一个文件夹，命名为“场次+工位号”	0.025	
		命名为“旋风除尘器”，另存图纸在“场次+工位号”文件夹下	0.025	

（2）参考答案（图 4.1.15）

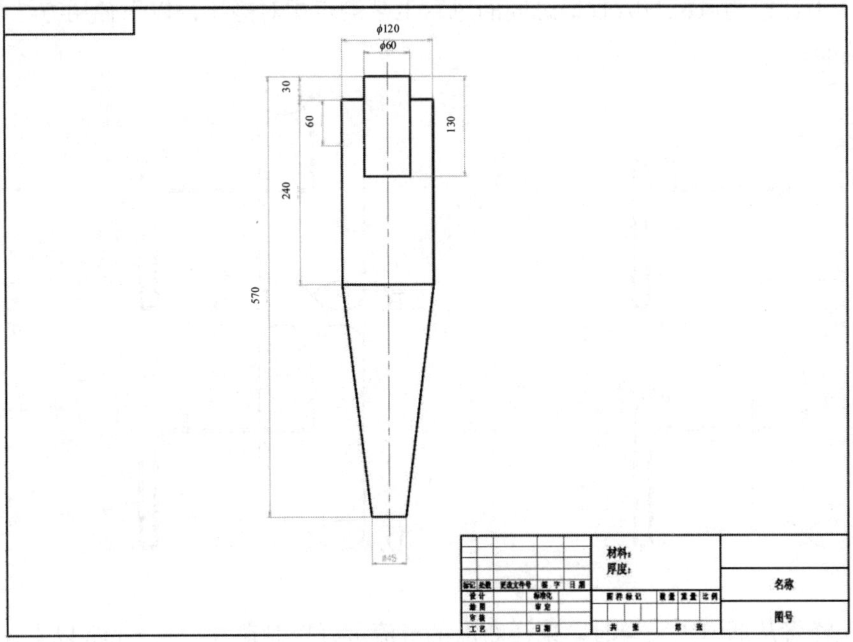

图 4.1.15 参考答案（旋风除尘器）

4.2 烟气处理工艺设计计算

4.2.1 技能要求

根据教育部高职教育环境工程技术教学基本要求、大气环境监测与治理职业技术任务要求和提供的资料，采用客观命题形式，完成竞赛平台和烟气处理系统工艺设计知识点的考核。相关基础理论在学历教育中完成。

4.2.2 单选题

1. 湿法脱硫（简称 WFGD）是利用液体（　　）吸收剂洗涤锅炉烟气，以除去二氧化硫的技术。

A. 氧化性　　B. 酸性　　C. 碱性　　D. 还原性

2. 静电除尘器的集尘板长度和高度都是 3 m，共 4 块组成了三个电场，其集尘板的总面积为（　　）。

A. 54 m^2　　B. 36 m^2　　C. 72 m^2　　D. 27 m^2

3. 在“THEMDQ-1 型大气环境监测与治理技术综合实训平台”中，使用标准皮托管和 U 型压力计检测风机与吸收塔之间的风管上某测点相对静压，以下使用方法与显示现象最正确的是（　　）。

A. 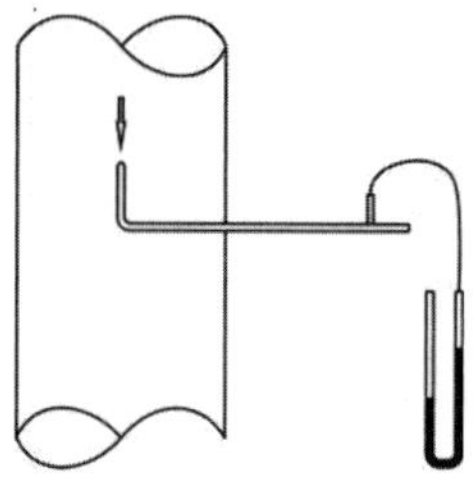

B. 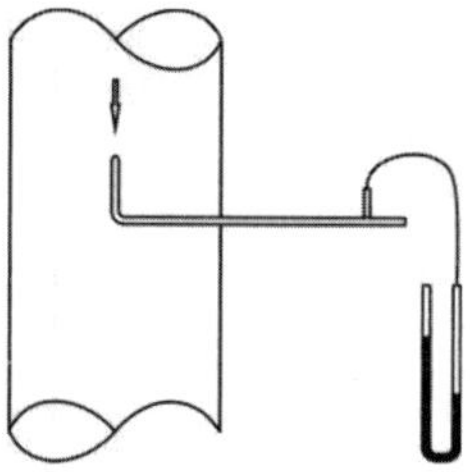

C. 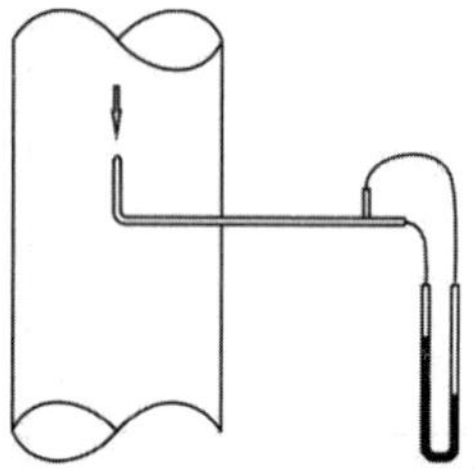

D. 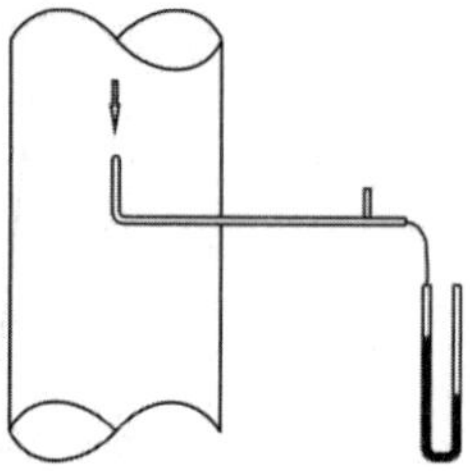

4. 采样管从烟道中采样时，采样断面的气流最好控制在（　　）m/s 以上。

A. 7　　B. 6　　C. 5　　D. 4

5. 皮托管的测量原理是基于（　　）在空气中应用的一个实例。当理想流体均匀的平行流向静止物体时，设想其中一条流线撞在物体上，在此处流体发生分岔，该点称为滞止或驻点，该点的流速为零。

A. 静压力方程　　B. 伯努利方程

C. 连续性方程　　D. 质量守恒定律

6. 从得到输入信号（线圈的通电或断电）开始，经过一定的延时后才输出信号（触电的闭合或断开）的继电器，称为（　　）。

A. 接触器　　B. 时间继电器

C. 中间继电器　　D. 速度继电器

7. S7-200SMART PLC 的输出过程映象区大小为（　　）。

A. Q0.0～Q30.7　　B. Q0.0～Q31.7

C. Q0.0～Q32.7　　D. Q0.0～M33.7

8.（ ）是 MD100 中最低的 8 位对应的字节。

A. MB100　　B. MB101　　C. MB102　　D. MB103

9. 在“THEMDQ-1 型大气环境监测与治理技术综合实训平台”中，PLC 主机型号是（　　）。

A．CPUST40　　B．CPUSR40　　C．CPUST30　　D．CPUSR30

10. 二进制常数“1010 1110 0111 0101”转化为16进制数为（　　）。

A.AF75　　B.AF74　　C.AE75　　D.AE74

11. 通风机性能表的标准状态是：P_0=1 atm（101 325 Pa），T_0=293 K，ρ_0=1.2 kg/m^3。引风机性能表的标准状态是：P_0=101 325 Pa，T_0=（　　），ρ_0=0.745 kg/m^3。

A. 473 K　　B. 453 K　　C. 493 K　　D. 450 K

12. 根据风量选择风机型号，应该先将相关参数换算成标准状态并考虑安全系数。风量计算公式为 Q_0=（1+K_1）Q，其中 K_1 为考虑漏风等的安全系数，除尘系统取（　　）。

A.0.05～0.1　　B.0.05～0.15　　C.0.1～0.15　　D.0.1～0.2

13. “雾霾”的罪魁祸首是（　　）

A. 降尘　　B. 飘尘　　C. 细颗粒物　　D. 粗颗粒物

14.《锅炉烟尘测试方法》（GB/T 5468—1991）中指出：在用锅炉烟尘排放浓度的测试，必须在锅炉设计出力（　　）以上的情况下进行。

A. 65%　　B. 70%　　C. 75%　　D. 80%

15. 气态污染物采样系统漏气试验时，应使真空压力表负压上升到13 kPa，关闭抽气泵一侧阀门，如压力计1 min内下降不超过（　　）kPa，则视为系统不漏气。

A. 0.10　　B. 0.15　　C. 0.20　　D. 0.25

16. 在STEP 7-MicroWIN SMART编程软件中，不属于位逻辑的操作指令是（　　）。

A. —| |—　　B. —(SI)　　C. —| P |—　　D. —(ENI)

17. 特殊标志位（　　）可产生占空比为50，周期为1 s的脉冲串，称为秒脉冲。

A. SM0.0　　B. SM0.4　　C. SM0.1　　D. SM0.5

18. 置位（S）和复位（R）指令从指定的地址（位）开始，可以置位和复位（　　）点。

A. 1～32　　B. 1　　C. 1～64　　D. 1～255

19. 双字整数的加减法指令的操作数都采用（　　）寻址方式。

A. 字　　B. 双字　　C. 字节　　D. 位

20. S7-200SMART系列PLC的字递增指令是（　　）。

A. INC_B　　B. INC_W　　C. INC_DW　　D. DEC_B

21.“THEMDQ-1型大气环境监测与治理技术综合实训平台”所采用的颗粒物等速采样的方法是（　　）。

A. 普通型采样管法　　B. 皮托管平行测速采样法

C. 动压平衡型采样管法　　D. 静压平衡型采样管法

22. 在含有毒有害气体车间设置局部排风，局部排风系统的基本组成是（　　）。

A. 集气罩、风管、阀门、净化设备、风机

B. 集气罩、风管、风机、消声器、排气筒

C. 风管、净化设备、风机、测试孔、排气筒

D. 集气罩、风管、净化设备、风机、排气筒

23. 使 SO_2 氧化为 SO_3 时，在所用的 V_2O_5 催化剂中加入 K_2SO_4 的作用是（　　）。

A. 活性物质　　B. 载体

C. 助催化剂　　D. 增强催化剂的机械强度

24.《锅炉大气污染物排放标准》（GB 13271—2014）中提到新建锅炉房的烟囱周围半径 200 m 距离内有建筑物时，其烟囱应高出最高建筑物（　　）m 以上。

A. 2　　B. 3　　C. 4　　D. 5

25. 某除尘系统采用袋式除尘器，已知袋式除尘器入口工况风量为 900 000 m^3/h（100℃），过滤风速为 1 m/min，滤袋规格（直径×长度）为 160 mm×6 000 mm，最少需要（　　）条滤袋。

A. 83　　B. 114　　C. 4 976　　D. 6 799

26. 根据线圈中的电流大小而接通和断开的继电器称为（　　）。

A. 电流继电器　　B. 时间继电器

C. 中间继电器　　D. 电压继电器

27. 已知定时器的分辨率为 10 ms。现要延时 6 s，则定时器的设置值为（　　）。

A. 6　　B. 60　　C. 600　　D. 6 000

28. （　　）属于双字寻址。

A. QD1　　B. V10　　C. IB0　　D. M30

29. 两字节等于指令是（　　）。

A. LDW = =　　B. LDB= =　　C. OR= =　　D. AB = =

30. 机械振打袋式除尘器的过滤风速一般取（　　）m/min，压力损失为 800～1 200 Pa。

A. 1.0～2.0　　B. 1.0～3.0　　C. 2.0～3.0　　D. 1.0～4.0

31. 按照《锅炉大气污染物排放标准》(GB 13271—2014)的规定，装机总容量为 1 MW 的新建燃煤锅炉房烟囱的最低允许高度为（　　）m。

A. 15　　B. 20　　C. 25　　D. 30

32. 脉冲除尘器中较长滤袋，直径一般是 152 mm；短的滤袋，直径一般为（　　）。确定该规格的原因是布匹的宽幅。

A. 120 mm 或 130 mm　　B. 110 mm 或 130 mm

C. 110 mm 或 120 mm　　D. 100 mm 或 130 mm

33. 下列状况中，不会造成喷淋泵流量减小的是（　　）。

A. 水泵出水管道有漏洞　　B. 水泵进水管道有漏洞

C. 喷头堵塞　　D. 水泵有“气蚀”

34. STEP 7-Micro/WIN SMART 软件硬件组态时，选中“模块”列的某个单元，可用键盘上的（　　）键删除该行的模块和信号板。

A. Backspace　　B. Delete　　C. Enter　　D. Insert

35.（　　）与继电器控制系统的电路图很相似，具有直观易懂的优点，特别适用于数据量逻辑控制。

A. 顺序功能图　　B. 梯形图　　C. 功能块图　　D. 指令表

36. AC 是（　　）的标识符。

A. 高速计数器　　B. 内部辅助寄存器

C. 累加器　　D. 特殊辅助寄存器

37. 已知量程为−10～10 kPa 的压力变送器输出信号经模拟量输入模块转化为 5 530～27 648 的数字量。现测量到数字量为 16 589，则压力为（　　）。

A. −5 kPa　　B. −1 kPa　　C. 0 kPa　　D. 5 kPa

38. 水泥、熟石灰等粉尘不宜采用湿式除尘器，主要是因为水泥和石灰（　　）。

A. 属于憎水性粉尘　　B. 润湿性较差

C. 吸水后易结垢　　D. 没有润湿性

39.《锅炉大气污染物排放标准》（GB 13271—2014）中给出的燃油、燃气锅炉的基准含氧量为（　　）。

A. 9%　　B. 7.5%　　C. 3.5%　　D. 5%

40. 某袋式除尘器净化含尘气体，处理风量为 254 000 m^3/h，总过滤面积为 3 920 m^2，除尘器分 10 个过滤仓室并联工作，当其中一个仓室需要隔离检修时（离线检修），此时除尘器运行的过滤风速是（　　）。

A. 1.20 m/min　　B. 1.20 m/s　　C. 1.08 m/min　　D. 1.08 m/s

41. 在“THEMDQ-1 型大气环境监测与治理技术综合实训平台”的调速面板上进行参数设置时，应先输入的密码是（　　）。

A. C121　　B. C122　　C. C123　　D. C124

42.（　　）是指在同一电路中，导体中电流跟导体两端的电压成正比，跟导体的电阻成反比。

A. 焦耳定律　　B. 基尔霍夫定律

C. 欧姆定律　　D. 戴维南定理

43. 在控制电路中主要用来传递信号、扩大信号功率以及将一个输入信号变换成多个输出信号的继电器称为（　　）。

A. 电流继电器　　B. 时间继电器

C. 中间继电器　　D. 电压继电器

44.A 指令用于（　　）的串联连接。

A. 单个常闭触点　　B. 单个常开触点

C. 串联电路块　　D. 并联电路块

45. 脉冲输出指令的操作码为（　　）。

A. PLUS　　B. PLS　　C. ATCH　　D. DTCH

46. 分级除尘效率是指除尘装置对某一粒径或某一粒径间隔内的粉尘的除尘效率。某除尘器分级效率为（　　）的粉尘的粒径叫该除尘器的分割粉径，分割粉径越小，除尘效率越高。

A. 30%　　B. 40%　　C. 50%　　D. 60%

47. 碱式硫酸铝法脱硫：吸收液碱度越高，吸收效率越高，但碱度大于 50%时，容易生成絮状沉淀物。所以吸收液碱度一般在（　　）。

A. 20%～30%　　B. 10%～20%　　C. 10%～30%　　D. 20%～40%

48. 不论采用何种燃烧方式，要有效地降低 NO_x 生成的途径是（　　）。

A. 降低燃烧温度，减少燃料的燃烧时间

B. 降低燃烧温度，增加燃料的燃烧时间

C. 提高燃烧温度，减少燃料的燃烧时间

D. 提高燃烧温度，增加燃料的燃烧时间

49. 粒径分布最完美的表示方法是（　　）。

A. 表格法　　B. 图形法　　C. 函数法　　D. 重量法

50.（　　）允许程序员用符号来代替储存器的地址，使地址便于记忆，程序更容易理解。

A. 状态图表　　B. 变量表　　C. 数据块　　D. 符号表

51. 在 STEP 7-Micro/WIN SMART 软件界面中，快速访问工具栏有新建、打开、（　　）和打印这几个默认按钮。

A. 退出　　B. 关闭　　C. 保存　　D. 打印预览

52. 如果程序有语法错误，编译后在编辑器的下方出现的（　　）将显示错误的个数。

A. 编辑窗口　　B. 输出窗口

C. 交叉引用窗口　　D. 状态窗口

53. 西门子 200 SMART PLC 的默认网络地址是（　　）。

A. 192.168.1.1　　B. 192.168.2.1

C. 192.168.1.2　　D. 192.168.2.2

54. 不能用来脱除 H_2S 臭味的物质是（　　）。

A. 活性炭　　B. 氢氧化钠　　C. 盐酸　　D. 次氯酸钠

55. 总悬浮颗粒物是指环境空气中空气动力学当量直径小于等于（　　）微米的颗粒物。

A. 80　　B. 100　　C. 10　　D. 2.5

56. 钙硫比一般用钙与硫的摩尔比值表示，即 Ca/S 比，所需的 Ca/S 越高，钙的利用率则越低。理论上只要有一个钙基吸收剂分子可以吸收一个 SO_2 分子，或者说，脱除 1 mol 的硫需要 1 mol 的钙。目前国外先进的脱硫公司 Ca/S 比一般不超过（ ）。

A. 1.01　　B. 1.03　　C. 1.05　　D. 1.07

57. 管道连接原则是，为方便检修和安装，应设置足够数量的活接头；穿墙、穿楼板的管段不得有焊缝；水平管道也应有一定的坡度（　　）。

A. 0.001～0.003　　B. 0.002～0.004

C. 0.002～0.006　　D. 0.002～0.005

58. 活性炭吸附净化 SO_2 烟气，对吸附有 SO_2 的活性炭加热进行再生，该方法属于（　　）。

A. 升温再生　　B. 吹扫再生　　C. 置换脱附　　D. 化学转化再生

59. PLC 是在（　　）基础上发展起来的。

A. 电控制系统　　B. 单片机　　C. 工业电脑　　D. 机器人

60. 对 PLC 而言，开关量输入信号是（　　）。

A. 继电器线圈　　B. PT100 电阻值　　C. 行程开关　　D. 4～20 mA 电流

61. 假如 VD10 中存有数据 0.9，现执行取整指令，则指令的执行结果是（　　）。

A. 0　　B. 0.5　　C. 1　　D. 1.5

62. 已知量程为 0～200℃的温度变送器输出信号经模拟量输入模块转化为 5 530～27 648 的数字量。测量到温度为 100℃，则数字量为（　　）。

A. 16 489　　B. 16 589　　C. 16 689　　D. 16 789

63. 提高沉降室除尘效率的主要途径有：降低沉降室内的气流速度、增加沉降室的长度和降低沉降室高度等。气流速度要尽量低，维持在（　　）m/s，呈层流状态。

A. 0.2～1 m/s　　B. 1～2 m/s　　C. 0.2～2 m/s　　D. 0.1～1 m/s

64. 采用林格曼黑度图法测定烟气黑度时，连续观测时间不得少于（　　）min。

A. 25　　B. 30　　C. 35　　D. 40

65.《锅炉烟尘测试方法》（GB/T 5468—1991）中指出：按等速采样原则测定时，其采样嘴直径不得小于（　　）mm。

A. 3　　B. 4　　C. 5　　D. 6

66. 某净化装置，进口气体流量为 5.5 Nm^3/s，污染物浓度为 750 mg/Nm^3，装置出口气体流量为 5.1 Nm^3/s，污染物浓度为 50 mg/Nm^3。则该装置的净化效率为（　　）。

A. 93.33%　　B. 93.82%　　C. 85%　　D. 92.73%

67. 吸收法净化有机废气时，若采用柴油作吸收剂可以吸收净化的物质是（　　）。

A. 有机酸　　B. 胺类　　C. 多苯环化合物　　D. 苯酚

68. 继电器的线圈“断电”时，其常开触点（　　），常闭触点（　　）。

A. 接通；接通　　B. 接通；断开　　C. 断开；接通　　D. 断开；断开

69. 在 STEP 7-MicroWIN/SMART 软件中，选中所需帮助菜单或命令，按快捷键（　　）可弹出帮助文件。

A. F1　　B. F2　　C. F3　　D. F4

70. 十进制常数 92 转化为二进制数为（　　）。

A. 1001100　　B. 1011100　　C. 1010101　　D. 1011101

71. 能够净化易燃易爆的含尘气体的除尘装置是（　　）。

A. 袋式除尘器　　B. 电除尘器

C. 旋风除尘器　　D. 颗粒层除尘器

72. 用袋式除尘器处理 180℃高温的碱性烟气，应选择比较合适的滤料是（　　）。

A. 聚酰胺尼龙　　B. 玻璃纤维

C. 耐酸聚酰胺　　D. 不锈钢纤维

73. S 型皮托管在测定中的误差（　　）标准皮托管。

A. 小于　　B. 大于　　C. 等于　　D. 不确定

74. 易使催化剂中毒的气体物质是（　　）。

A. H_2S　　B. SO_2　　C. NO_x　　D. CO_2

75. 从烟道中抽取一定体积的烟气，使之通过吸湿管，根据吸湿管的增重，可确定已知体积烟气中的水分量，这种测定烟气含湿量的方法称为（　　）。

A. 重量法　　B. 冷凝法　　C. 干湿球法　　D. 气压法

76. 我国常用交流电电压和频率分别为（　　）。

A. 220 V；50 Hz　　B. 110 V；50 Hz

C. 220 V；60 Hz　　D. 110 V；60 Hz

77. STEP 7-Micro/WIN SMART 软件需通过以太网与 SMART CPU 相连，该软件一次可监控（　　）CPU。

A. 1 个　　B. 2 个　　C. 3 个　　D. 4 个

78. S7-200 SMART PLC 的标志存储器类似于继电器控制系统的中间继电器，用来存储中间状态或其他控制信号，其大小为（　　）。

A. M0.0～M30.7　　B. M0.0～M31.7

C. M0.0～M32.7　　D. M0.0～M33.7

79. 已知量程为 0～200℃的温度变送器输出信号经模拟量输入模块转化为 5 530～27 648 的数字量。现测量到数字量为 15 483，则现在温度约为（　　）。

A. 90℃　B. 100℃　C. 110℃　D. 120℃

80. 在环境空气监测点采样口周围（　）空间，环境空气流动不受任何影响。如果采样管的一边靠近建筑物，至少在采样口周围要有（　）弧形范围的自由空间。

A. 90°，180°　B. 180°，90°

C. 270°，180°　D. 180°，270°

81. 用石灰/石膏法净化烟气中的 SO_2 的工艺流程中，一般控制料浆 pH 为（　）

A. 8～9　B. 6 左右　C. <4　D. >9

82. 影响燃烧过程的“三 T”因素是指（　）。

A. 温度、时间和湍流

B. 理论空气量、过剩空气系数和空燃比

C. 温度、时间和空燃比

D. 温度、时间和过剩空气系数

83. 下列关于分子筛吸附净化 NO_x 浓度烟气的描述，不正确的是（　）。

A. 失效时间随废气中 NO_x 浓度的增大而缩短

B. 在空速相同时，吸附量随温度的升高而下降

C. 当尾气中水蒸气浓度增加时，吸附量增大

D. 对吸附剂进行再生时，时间越长对吸附就越有利

84. 测烟望远镜法测定烟气黑度时，观测者可在离烟囱（　）m 远处进行观测。

A. 50～300　B. 10～50　C. 50～100　D. 300～500

85. 在 STEP 7-Micro/WIN SMART 编程软件中，不属于位逻辑操作指令的是（　）。

A. Backspace　B. Delete　C. Enter　D. Insert

86. STEP 7-Micro/WIN SMART 软件中，某个程序段被选中后，整个程序段的背景变为（　）。

A. 深蓝色　B. 灰色　C. 白色　D. 红色

参考答案

1.C	2. A	3.B	4.C	5.B	6.B	7.B	8.D	9. B	10.C
11.A	12.C	13.C	14.B	15.B	16.D	17.D	18.D	19.B	20.B
21.A	22.D	23.C	24.B	25.C	26.A	27.C	28.A	29.B	30.A
31.C	32.A	33.A	34.B	35.B	36.C	37.C	38.C	39.C	40.A
41.C	42.C	43.C	44.B	45.B	46.C	47.B	48.A	49.C	50.D
51.C	52.B	53.B	54.C	55.B	56.C	57.D	58.A	59.A	60.C

61.C 62.B 63.C 64.B 65.B 66.B 67.C 68.C 69.A 70.B
71.D 72.D 73.B 74.A 75.A 76.A 77.A 78.B 79.A 80.C
81.B 82.A 83.D 84.A 85.D 86.A

4.2.2 多选题

1. 袋式除尘器的除尘机理包括（　　）。

A. 筛滤效应　B. 钩住效应　C. 惯性碰撞效应　D. 扩散效应

2. 下列除尘器中，属于机械除尘器的是（　　）。

A. 重力除尘器　B. 惯性除尘器　C. 旋风除尘器　D. 颗粒层除尘器

3.《中华人民共和国大气污染防治法》对大气污染物排放标准的制定和执行作出了规定，下述说法是正确的是（　　）。

A. 省（区、市）人民政府对国家大气污染物排放标准中未作规定的项目可以制定地方排放标准

B. 省（区、市）人民政府对国家大气污染物排放标准中已作规定的项目可以制定严于国家排放标准的地方排放标准

C. 地方排放标准须报生态环境部批准

D. 凡是向已有地方排放标准的区域排放大气污染物的，应当执行该区域的地方排放标准

4. 可使用位寻址方式来存取信息的寄存器包括（　　）。

A. I　B. Q　C. AC　D. SM

5. S7-200 SMART PLC 中字寄存器有（　　）。

A. 模拟量输入寄存器（AI）　B. 定时器（T）

C. 模拟量输出寄存器（AQ）　D. 计数器（C）

6. 烟囱是指将烟雾和热气流从火炉、工业炉等燃烧炉中排入大气的装置，具有拔火拔烟，改善燃烧条件的作用。根据制作材料的不同，可分为（　　）。

A. 砖烟囱　B. 钢筋混凝土烟囱

C. 钢板烟囱　D. 铝合金烟囱

7. 在重力沉降室设计时，可通过（　　）措施提高除尘效率。

A. 降低沉降室内的气流速度　B. 增加沉降室高度

C. 增加沉降室长度　D. 内部设置多层水平隔板

8. 下列属于 PLC 硬件系统组成的是（　　）。

A. 用户程序　B. 输入输出接口

C. 中央处理单元　D. 通信接口

9. 下列定时器（TON）中，分辨率为 100 ms 的有（　　）。

A. T32　　B. T54　　C. T60　　D. T100

10. 下列测定方法中属于《锅炉大气污染物排放标准》（GB 13271—2014）给出的检测氮氧化物排放浓度标准方法的是（　　）。

A. 盐酸萘乙二胺分光光度法　　B. 非分散红外吸收法

C. 紫外分光光度法　　D. 定电位电解法

11. 工业生产中，为了增加对气态污染物的吸收，提高吸收效率，多采用化学吸收法，属于化学吸收的是（　　）。

A. 水吸收 SO_2　　B. 碱液吸收 SO_2

C. 酸液吸收 NH_3　　D. NaOH 吸收 HCl

12. 下列烟气组成成分中属于烟气成分分析的主要测定对象的是（　　）。

A. O_2　　B. CO　　C. CO_2　　D. SO_2

13. 关于中间继电器和接触器的异同，下面说法正确的有（　　）。

A. 中间继电器和接触器的基本结构及工作原理完全相同

B. 中间继电器触点对数多，且有主副触点之分

C. 中间继电器各对触电允许通过的电流大小相同

D. 接触器适用于远距离频繁接通或断开交直流主电路及大容量控制电路

14. 数据传送指令 MOV 能传送的数据类型有（　　）。

A. 位　　B. 字节　　C. 字　　D. 双字

15. 关于燃煤电厂烟气脱硫技术，下列说法是正确的是（　　）。

A. 按脱硫剂和脱硫产物的干湿状态，烟气脱硫技术可分为湿法、半干法和干法

B. 石灰石/石灰－石膏法是一种湿法脱硫工艺

C. 烟气循环流化床脱硫法是一种炉内脱硫技术

D. 按燃煤含硫量高低，分为高硫煤烟气脱硫、中硫煤烟气脱硫和低硫煤烟气脱硫技术

16. 影响旋风除尘器效率的因素有（　　）。

A. 二次效应　　B. 烟尘的物理性质

C. 比例尺寸　　D. 操作变量

17. 国际标准推荐的皮托管形状包括（　　）。

A. 锥形头　　B. 球形头　　C. 菱形头　　D. 椭圆形头

18. 位寻址的格式由（　　）等组成。

A. 名称　　B. 地址　　C. 个数　　D. 分隔符

19. PLC 的工作过程包括（　　）等过程。

A. 输入采样　　B. 扫描　　C. 程序执行　　D. 输出刷新

20. 下列变化因素中，能提高旋风除尘器的除尘效率的有（　　）。

A. 增大圆筒体直径　　B. 加长圆锥体

C. 增大入口气流速度　　D. 增加排气管直径

21. 烟囱烟道直径是 0.4 m，采样监测时，测点数可以是（　　）个。

A. 1　　B. 4　　C. 6　　D. 10

22. 下列污染项目中，属于《环境空气质量标准》（GB 3095—2012）所规定的基本项目的是（　　）。

A. NO_2　　B. NO_x　　C. PM_{10}　　D. O_3

23. 低压主令器主要用于发送控制指令的电器，常用低压主令器包括（　　）等。

A. 按钮　　B. 行程开关　　C. 继电器　　D. 万能开关

24. 逻辑运算指令包括（　　）等。

A. SHR_B　　B. WXOR_B　　C. WOR_B　　D. WAND_B

25. 用活性炭吸附器净化排气中有机废气时，在（　　）时，情况下应对排气进行预处理。

A. 排气带水　　B. 排气含尘

C. 排气温度 60℃　　D. 排气含氧

26. 钠碱和其他碱性吸收剂相比具有（　　）特点。

A. 在洗涤吸收过程中不挥发

B. 吸收系统不存在结垢、堵塞等问题

C. 吸收能力小

D. 吸收剂用量少

27. 布袋除尘器中的滤袋排列方式有（　　）。

A. 三角形排列　　B. 长方形排列

C. 正方形排列　　D. 圆形排列

28.PLC 除具有逻辑控制、步控外，还有（　　）功能。

A. 模拟控制　　B. 定位控制

C. 网络通信　　D. 电话

29. S7-200 SMART PLC 的数据寄存器按存储数据的长度可分为（　　）。

A. 特殊寄存器　　B. 字节寄存器

C. 字寄存器　　D. 双字寄存器

30. 活性炭吸附设备的系统特点是（　　）。

A. 吸附效率高，能力强

B. 维护管理简单方便，运转成本低

C. 只能处理单一的有机废气

D. 全密闭型，室内外皆可使用

31.“THEMDQ-1 型大气环境监测与治理技术综合实训平台”上涉及的管道连接方式有（　　）。

A. 法兰连接　　B. 螺纹连接

C. 卡套连接　　D. 快插连接

32. 用水蒸气对活性炭吸附床进行再生，包括（　　）。

A. 升温再生　　B. 降压脱附

C. 置换脱附　　D. 吹扫脱附

33. S7-200 SMART PLC 的定时器类型有（　　）。

A. 接通延时　　B. 断电延时

C. 保持性接通延时　　D. 保持性断电延时

34. 大气污染源按照人们的社会活动功能不同，分为（　　）三类。

A. 生活污染源　　B. 工业污染源

C. 农业污染源　　D. 交通运输污染源

35. 气溶胶态污染物有（　　）。

A. 粉尘　　B. 烟　　C. 飞灰　　D. 雾

36. 根据《环境空气质量标准》(GB 3095—2012）及其修改单，关于环境质量功能区的划分及其执行标准的有关规定，执行一级标准的有（　　）。

A. 国家地质公园

B. 珍稀濒危野生动植物天然集中分布区

C. 世界文化和自然遗产地

D. 水土保持重点监督区

37. 逻辑运算指令包括（　　）等。

A. SHR_B　　B. WXOR_B　　C. WOR_B　　D. WAND_B

38. S7-200 SMART PLC 的数据寄存器按存储数据的长度可分为（　　）。

A. 特殊寄存器　　B. 字节寄存器

C. 字寄存器　　D. 双字寄存器

39. 洗涤式除尘器的除尘过程是（　　）。

A. 惯性碰撞　　B. 截留　　C. 扩散　　D. 凝并

40. 根据污染的范围可将大气污染分为（　　）。

A. 局部地区大气污染　　B. 区域性大气污染

C. 广域性大气污染　　D. 全球性大气污染

41. 单位体积吸附剂所吸附的吸附质的量与（　　）有关。

A. 浓度差　　B. 吸附时间

C. 质量传递系数　　D. 气体流速

42. 西门子 S7-200 smartPLC 中，模拟量输入通道取值范围可设置为（　　）。

A.+/-2.5 V　　B.+/-5 V　　C.+/-10 V　　D. 0～20 mA

43. 气态污染物控制技术基础是（　　）。

A. 气体扩散　　B. 气体吸收　　C. 气体吸附　　D. 气体催化转化

44. 按进气方式和排灰方式，旋风除尘器可分为（　　）。

A. 切向进气，轴向排灰　　B. 切向进气，周边排灰

C. 轴向进气，轴向排灰　　D. 轴向进气，周边排灰

45. 下列关于洗涤式除尘器的说法，正确的是（　　）。

A. 液滴对尘粒捕集作用，并非单纯的液滴与尘粒之间的惯性碰撞和截留

B. 既具有除尘作用，又具有烟气降温和吸收有害气体的作用

C. 适用于处理高温、高湿、易燃的有害气体

D. 适用于处理黏性大和憎水性的粉尘

46. 在 STEP 7-MicroWIN SMART 编程软件中，属于浮点数运算操作指令的有（　　）。

A. ADD_R　　B. SUB_R　　C. MUL_R　　D. S_R

47. PLC 应用指令可以用于（　　）等。

A. I/O 高速处理　　B. 数据传送　　C. 数据比较　　D. 算术运算

参考答案
（多选或少选均不得分）

1.ABCD	2.ABC	3.ABD	4.ABD	5.ABCD	6.ABC
7.ACD	8.BCD	9.BD	10.ABCD	11.BCD	12.ABC
13.ACD	14.BCD	15.AB	16.ABCD	17.ABD	18.ABD
19.ACD	20.BC	21.BC	22.ACD	23.ABD	24.BCD
25.ABC	26.ABD	27.ABC	28.ABC	29.BCD	30.ABD
31.ABCD	32.ACD	33.ABC	34.ABD	35.ABCD	36.ABCD
37.BCD	38.BCD	39.ABCD	40.ABCD	41.ABC	42.ABCD
43.ABCD	44.ABCD	45.ABC	46.ABC	47.ABCD	

4.2.3 填空题

1. 断面内测点的位置和数量，主要根据烟道断面的_______、_______和______而定。

2. 维持颗粒物等速采样的方法有________、________、_____和________等四种。

3. 当前我国大气环境形势十分严峻，在传统_________污染尚未得到控制的情况下，以_______、_________和_________为特征的区域复合型大气污染日益突出，区域内空气重污染现象大范围同时出现的频次日益增多。

4. 设备上原本正常运行的喷淋泵，从放干过一次的碱液箱里打水，发现不能正常上水，其原因最有可能是：____________，解决的做法是：______________________。

5. 在流量不变的情况下，增大旋风除尘器的进气口截面积，则其流体阻力会________，除尘效率会________。

6. 根据大气污染原因和大气污染的组成，把大气污染分为煤烟型污染、________、_________、_________四大类。

7. 实测的锅炉__________、_________、_______、_________的排放浓度，应执行 GB 5468 或 GB/T 16157 规定，折算为基准含氧量排放浓度。

8. THEMDQ-1 型大气环境监测与治理技术综合实训平台主要由烟气发生系统、_______、__________、__________和__________等五部分组成。

9. 排气中水分含量应根据不同的测量对象选用冷凝法、_____________或_________中的一种方法测定。

10. 当增大旋风除尘器的入口气流速度，则其流体阻力会（增大、不变、减少），除尘效率会（提高、不变、降低）。（从括号中勾选）

11. 燃烧法适用于________、________、__________和__________等可燃有害组分的净化。

12. 林格曼烟气浓度图：标准的林格曼图由_____×_____的不同黑度的小块组成，除全白与全黑分别代表林格曼黑度____级和______级外，其余_____个级别是根据黑色条格占整块面积的百分数确定的。

13. 根据污染的范围可将大气污染分为____________、_____________、__________和_______________。

14. 系统正常启动运行时，通信正常的风速传感器监测值偏低的原因，最可能是：____________________。

15. 在正常的情况下，顺时针转动差压传感器的调零旋钮，其显示数值会（增大、不变、减小）。（从括号中勾选）

16. 采样位置应优先选择在_____管段，在距弯头、阀门、变径管下游方向不小于_____

倍直径和距上述方向不小于_____ 倍直径处。

17. 电除尘器的主要部件有 _______ 、________、______、外壳和高压供电装置。

18. THEMDQ-1 型大气环境监测与治理技术综合实训平台上装的气体传感器有：二氧化硫传感器、___________、_____________、___________和_____________。

19. 对于泡沫层除尘器，泡沫层越厚，除尘效率________。对于卧式旋风水膜除尘器，若集水槽的水位过低，除尘效率______。对于立式旋风水膜除尘器，若入口气速增大，则除尘效率_____。

20.《锅炉大气污染物排放标准》(GB 13271—2014）规定了锅炉烟气中__________、_______、________、_______的最高允许排放浓度和__________限值。

21.《锅炉大气污染物排放标准》(GB 13271—2014）规定锅炉使用企业应按照环境监测管理规定和技术规范的要求，设计、建设、维护永久性 __________、__________和___________。

22.THEMDQ-1 型大气环境监测与治理技术综合实训平台上的烟气除尘系统由_______、____________和______________等主体处理设备组成。

23. 设备上的引风机反向运行，我们最常用的处理方法为____________。

24. 目前工业上常用的吸收设备可分为__________、__________和_______三大类。

25.《固定污染源排气中颗粒物测定与气态污染物采样方法》(GB/T 16157—1996）中在标准状态下的干排气是指温度为____K，压力为_____Pa 条件下不含____的排气。

26. 燃烧过程中产生的 NO_x 分为三类：第一类是在高温燃烧时空气中的 N_2 和 O_2 反应生成的 NO_x，称为_________；第二类是通过燃料中有机氮经过化学反应生成的 NO_x，称为____________；第三类是火焰边缘形成的__________。

27. 旋风除尘器在运行时，只增高处理烟气的温度，则其流体阻力会（提高、不变、减少），除尘效率会（提高、不变、减少）。(从括号中勾选）

28. 排气中水分含量应根据不同的测量对象选用_______、_______或_________中的一种方法测定。

29. 汞及其化合物_______很强，操作时应加强室内________；反应后的含汞废气在排出之前用_______吸附，以免污染空气；检测后的残渣残液应做妥善的__________处理。

30. 林格曼黑度图法测定烟气黑度时，观察烟气的仰视角不应太大，一般情况下不宜大于____，应尽量避免在过于_____的角度下观测。测烟望远镜法测定烟气黑度时，连续观测时间应不小于____。标准林格曼黑度图全黑代表林格曼黑度_____级。

31. 在旋风除尘器运行条件不变的情况下，增大其排气管直径，则其流体阻力会（提高、不变、降低），除尘效率会（提高、不变、降低）。(从括号中勾选）

32. THEMDQ-1 型大气环境监测与治理技术综合实训平台上的烟气脱硫系统

由________、________和__________等主体处理设备组成。

33. 按照 GB/T 16157《固定污染源排气中颗粒物测定与气态污染物采样方法》进行烟气采样。在采样装置上串联两支各装_____吸收液（5.9）的大型气泡吸收管，以_____L/min 流量，采样________min。

34. 标准状态下的干排气是指温度为_____K，压力为_____Pa 条件下不含_________的排气。

35. 从大气污染控制的角度，按照气溶胶的来源和物理性质，可将其分为________、________、_________、___________和雾五种。

36. 接线通信正常的微差压传感器，高低压侧均与大气连通，但差压读数不为零，其原因为：___________，正确的解决方法为_________________。

参考答案

1. 断面内测点的位置和数量，主要根据烟道断面的形状、尺寸大小和流速分布均匀情况而定。

2. 维持颗粒物等速采样的方法有普通型采样管法（即预测流速法）、皮托管平行测速采样法、动压平衡型采样管法和静压平衡型采样管法等四种

3. 当前我国大气环境形势十分严峻，在传统煤烟型污染尚未得到控制的情况下，以臭氧、细颗粒物（$PM_{2.5}$）和酸雨为特征的区域复合型大气污染日益突出，区域内空气重污染现象大范围同时出现的频次日益增多。

4. 设备上原本正常运行的喷淋泵，从放干过一次的碱液箱里打水，发现不能正常上水，其原因最有可能是：水泵叶轮上憋有空气（气蚀），解决的做法是：打开水泵的排气口进行排气处理。

5. 在流量不变的情况下，增大旋风除尘器的进气口截面积，则其流体阻力会降低，除尘效率会降低。

6. 根据大气污染原因和大气污染的组成，把大气污染分为煤烟型污染、石油型污染、混合型污染和特殊型污染四大类。

7. 实测的锅炉颗粒物、二氧化硫、氮氧化物、汞及其化合物的排放浓度，应执行 GB 5468 或 GB/T 16157 规定，折算为基准含氧量排放浓度。

8. THEMDQ-1 型大气环境监测与治理技术综合实训平台主要由烟气发生系统、烟气除尘系统、烟气脱硫系统、电气控制系统和烟气监测系统等五部分组成。

9. 排气中水分含量应根据不同的测量对象选用冷凝法、干湿球法或重量法中的一种方法测定。

10. 当增大旋风除尘器的入口气流速度，则其流体阻力会（增大），除尘效率会（提高）。

11. 燃烧法适用于 CO 、 恶臭 、沥青烟 和碳氢化合物等可燃有害组分的净化。

12. 林格曼烟气浓度图：标准的林格曼图由 14 cm×21 cm 的不同黑度的小块组成，除全白与全黑分别代表林格曼黑度 0 级和 5 级外，其余 4 个级别是根据黑色条格占整块面积的百分数确定的。

13. 根据污染的范围可将大气污染分为局部地区大气污染、区域性大气污染、广域性大气污染和全球性大气污染。

14. 系统正常启动运行时，通信正常的风速传感器监测值偏低的原因，最可能是：安装错误，其感应开口处未处于管道中心且与烟气流向平行。

15. 在正常的情况下，顺时针转动差压传感器的调零旋钮，其显示数值会（增大）。

16. 采样位置应优先选择在 直 管段，在距弯头、阀门、变径管下游方向不小于 6 倍直径和距上述方向不小于 3 倍直径处。

17. 电除尘器的主要部件有 电晕电极 、 除尘极板 、气流分布装置、外壳和高压供电装置。

18. THEMDQ-1 型大气环境监测与治理技术综合实训平台上装的气体传感器有：二氧化硫传感器、氮氧化物传感器、二氧化碳传感器、一氧化碳传感器 和 氧气传感器。

19. 对于泡沫层除尘器，泡沫层越厚，除尘效率 越高 。对于卧式旋风水膜除尘器，若集水槽的水位过低，除尘效率 下降 。对于立式旋风水膜除尘器，若入口气速增大，则除尘效率 增大 。

20.《锅炉大气污染物排放标准》（GB 13271—2014）规定了锅炉烟气中 颗粒物、二氧化硫、氮氧化物、汞及其化合物 的最高允许排放浓度和 烟气黑度 限值。

21.《锅炉大气污染物排放标准》（GB 13271—2014）规定锅炉使用企业应按照环境监测管理规定和技术规范的要求，设计、建设、维护永久性 采样口、采样测试平台 和 标准排放口。

22. THEMDQ-1 型大气环境监测与治理技术综合实训平台上的烟气除尘系统由 旋风除尘器、布袋除尘器 和 粉尘回收装置 等主体处理设备组成。

23. 设备上的引风机反向运行，我们最常用的处理方法为将三相电源线中的任意两相进行调换（换相）。

24. 目前工业上常用的吸收设备可分为表面吸收器、鼓泡式吸收器和 喷洒式吸收器 三大类。

25. 《固定污染源排气中颗粒物测定与气态污染物采样方法》（GB/T 16157—1996）中在标准状态下的干排气是指温度为 273 K，压力为 101 300 Pa 条件下不含 水分 的排气。

26. 燃烧过程中产生的 NO_x 分为三类：第一类是在高温燃烧时空气中的 N_2 和 O_2 反

应生成的 NO_x，称为热力型 NO_x；第二类是通过燃料中有机氮经过化学反应生成的 NO_x，称为燃料型 NO_x；第三类是火焰边缘形成的快速型 NO_x。

27. 旋风除尘器在运行时，只增高处理烟气的温度，则其流体阻力会（减少），除尘效率会（提高）。

28. 排气中水分含量应根据不同的测量对象选用冷凝法、干湿球法或重量法中的一种方法测定。

29. 汞及其化合物毒性很强，操作时应加强室内 通风 ；反应后的含汞废气在排出之前用 碘-活性炭 吸附，以免污染空气；检测后的残渣残液应做妥善的 安全 处理。

30. 林格曼黑度图法测定烟气黑度时，观察烟气的仰视角不应太大，一般情况下不宜大于 45°角 ，应尽量避免在过于 陡峭 的角度下观测。测烟望远镜法测定烟气黑度时，连续观测时间应不小于 30 min 。标准林格曼黑度图全黑代表林格曼黑度 5 级。

31. 在旋风除尘器运行条件不变的情况下，增大其排气管直径，则其流体阻力会（降低），除尘效率会（降低）。

32. THEMDQ-1 型大气环境监测与治理技术综合实训平台上的烟气脱硫系统由 湿法脱硫系统、活性炭吸附塔 和 烟囱 等主体处理设备组成。

33. 按照 GB/T 16157《固定污染源排气中颗粒物测定与气态污染物采样方法》进行烟气采样。在采样装置上串联两支各装 10 ml 吸收液(5.9)的大型气泡吸收管，以 0.3 L/min 流量，采样 5～30 min。

34. 标准状态下的干排气是指温度为 273.15 K，压力为 101 325 Pa 条件下不含 水分 的排气。

35. 从大气污染控制的角度，按照气溶胶的来源和物理性质，可将其分为 粉尘 、烟、飞灰、黑烟 和雾五种。

36. 接线通信正常的微差压传感器，高低压侧均与大气连通，但差压读数不为零，其原因为：仪表零点发生漂移，正确的解决方法为 用仪表一字通过调零旋钮进行调零处理。

5　大气治理系统控制程序设计

5.1　发尘系统 PLC 控制程序设计

5.1.1　技能要求

启动 STEP 7-Micro/WIN SMART 软件，根据任务书要求，完成发尘系统控制程序的编写。

5.1.2　任务指引

根据控制程序表 5.1.1，用 STEP 7-Micro/WIN SMART 软件按要求完成程序编写，并将程序保存在“场次+工位号”的文件夹内，命名为“发尘系统控制”。

表 5.1.1　控制程序表

输入信号		输出信号	
I0.0	启动按钮	Q0.0	发尘器
I0.1	停止按钮	Q0.1	疏松器

5.1.3　控制要求

1）按下启动按钮，疏松器启动。延时 5 s，发尘器启动。

2）按下停止按钮，发尘器立即停止。延时 5 s，疏松器停止。

5.1.4 评价体系

1. 评分表（表 5.1.2）

表 5.1.2 程序设计评分表

考核内容	评分标准	配分	得分	备注
发尘系统控制	按下启动按钮，疏松器启动	0.6		
	延时 5 s，发尘器启动	0.6		
	按下停止按钮，发尘器立即停止	0.6		
	延时 5 s，疏松器停止	0.6		
	命名为：发尘系统控制，并保存在“场次+工位号”的文件夹内	0.1		

2. 参考答案（图 5.1.1）

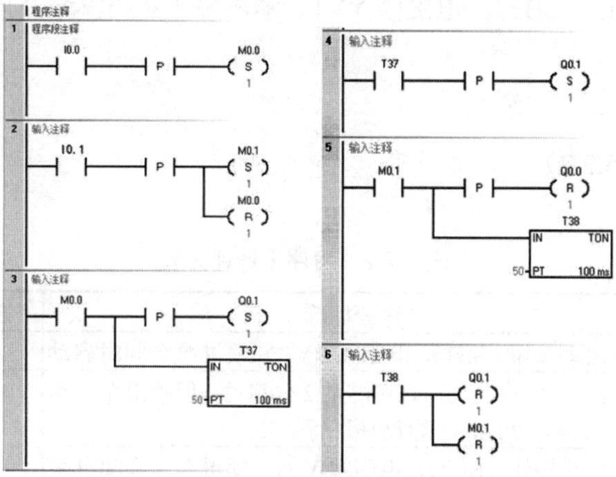

图 5.1.1 程序参考答案

5.2 间歇喷淋系统 PLC 控制程序设计

5.2.1 技能要求

启动 STEP 7-Micro/WIN SMART 软件，根据任务书要求，完成间歇喷淋系统控制程序的编写。

5.2.2 任务指引

根据控制程序表 5.2.1，用 STEP 7-Micro/WIN SMART 软件按要求完成程序编写，并将程序保存在“场次+工位号”的文件夹内，程序命名为“间歇喷淋控制系统”。

表 5.2.1 控制程序表

输入信号		输出信号		中间变量	
地址	定义	地址	定义	地址	定义
I0.0	启动按钮（SB1）	Q0.0	电磁阀 YV1		
I0.1	停止按钮（SB2）	Q0.1	喷淋泵 1		
		Q0.2	喷淋泵 2		

5.2.3 控制要求

1）按下启动按钮（SB1），电磁阀 YV1 和喷淋泵 1 同时启动。

2）电磁阀 YV1 启动同时，喷淋泵 2 也启动，但喷淋泵 2 运行 10 s 停止 20 s，一直循环进行。

3）按下停止按钮（SB2），电磁阀 YV1、喷淋泵 1 和喷淋泵 2 同时停止。

5.2.4 评价体系

1. 评分表（表 5.2.2）

表 5.2.2 程序设计评分表

考核内容	评分标准	配分	得分	备注
间歇喷淋控制系统	按下启动按钮（SB1），电磁阀 YV1 和喷淋泵 1 同时启动	0.6		
	电磁阀 YV1 启动同时，喷淋泵 2 也启动，但喷淋泵 2 运行 10 s 停止 20 s，一直循环进行	1.2		
	按下停止按钮（SB2），电磁阀 YV1、喷淋泵 1 和喷淋泵 2 同时停止	0.6		
	命名为“间歇喷淋控制系统”，并保存在“场次+工位号”的文件夹内（答案详见图 5.2.1）	0.1		

2. 参考答案（图 5.2.1）

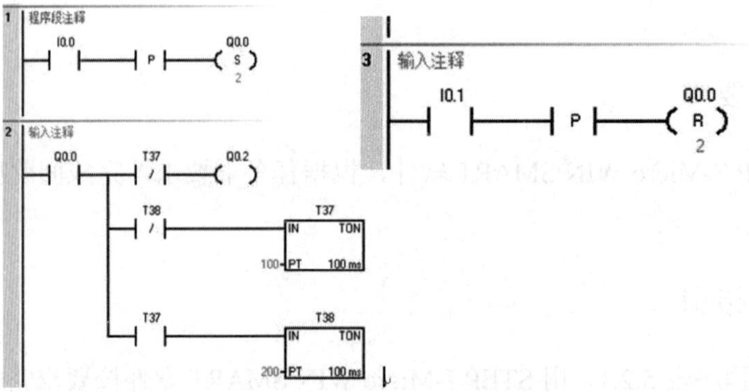

图 5.2.1 程序参考答案

5.3 喷淋急停系统 PLC 控制程序设计

5.3.1 技能要求

启动 STEP 7-Micro/WIN SMART 软件，根据任务书要求，完成喷淋急停系统控制程序的编写。

5.3.2 任务指引

根据控制程序表 5.3.1，用 STEP 7-Micro/WIN SMART 软件按要求完成程序编写，并将程序保存在“场次+工位号”的文件夹内，程序命名为“喷淋急停控制系统”。

表 5.3.1 控制程序表

输入信号		输出信号		中间变量	
地址	定义	地址	定义	地址	定义
I0.0	启动按钮（SB1）	Q0.0	搅拌器		
I0.1	停止按钮（SB2）	Q0.1	电磁阀 YV1		
I0.2	急停按钮（SB3）	Q0.2	喷淋泵 1		

5.3.3 控制要求

1）按下启动按钮（SB1），搅拌器启动。延时 5 s，电磁阀 YVI 和喷淋泵 1 启动。

2）按下停止按钮（SB2），电磁阀 YV1 和喷淋泵 1 停止。延时 5 s，搅拌器停止。

3）按下急停按钮（SB3），电磁阀 YV1、喷淋泵 1 和搅拌器同时停止。

备注：急停按钮（SB3）外部接线为常闭触点。

5.3.4 评价体系

1. 评分表（表 5.3.2）

表 5.3.2 程序设计评分表

考核内容	评分标准	配分	得分	备注
喷淋急停控制系统	按下启动按钮（SB1），搅拌器启动	0.3		
	延时 5 s，电磁阀 YVI 和喷淋泵 1 启动	0.6		
	按下停止按钮（SB2），电磁阀 YV1 和喷淋泵 1 停止	0.6		
	延时 5 s，搅拌器停止	0.3		
	按下急停按钮（SB3），电磁阀 YV1、喷淋泵 1 和搅拌器同时停止	0.6		
	命名为“喷淋急停控制系统”，并保存在“场次+工位号”的文件夹内（答案详见图 5.3.1）	0.1		

2. 参考答案（图 5.3.1）

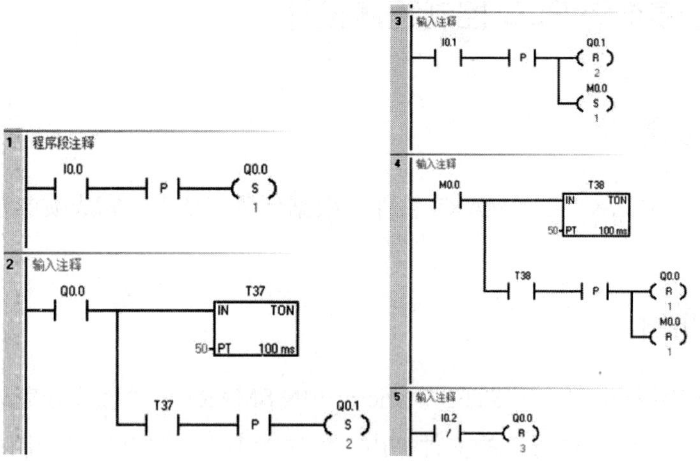

图 5.3.1 程序参考答案

5.4 电动调节阀系统 PLC 控制程序设计

5.4.1 技能要求

启动 STEP 7-Micro/WIN SMART 软件，根据任务书要求，完成电动调节阀系统控制程序的编写。

5.4.2 任务指引

根据控制程序表 5.4.1，用 STEP 7-Micro/WIN SMART 软件按要求完成程序编写，并将程序保存在“场次+工位号”的文件夹内，程序命名为“电动调节阀控制”。

表 5.4.1 控制程序表

输入信号		输出信号		数据寄存器	
I0.0	开度 1	AQW96	电动调节阀		
I0.1	开度 2				
I0.2	开度 3				
I0.3	关闭				

5.4.3　控制要求

1）按下开度 1 按钮，电动调节阀开度为 100%。

2）按下开度 2 按钮，电动调节阀开度为 80%。

3）按下开度 3 按钮，电动调节阀开度为 50%。

4）按下关闭按钮，电动调节阀关闭。

备注：电动调节阀开度 0 ~ 100%对应的控制电流为 4 ~ 20 mA，PLC 的输出电流 4 ~ 20 mA 对应数字量为 5 530 ~ 27 648。

5.4.4　评价体系

1. 评分表（表 5.4.2）

表 5.4.2　程序设计评分表

考核内容	评分标准	配分	得分	备注
电动调节阀控制	按下开度 1 按钮，电动调节阀开度为 100%	0.6		
	按下开度 2 按钮，电动调节阀开度为 80%	0.6		
	按下开度 3 按钮，电动调节阀开度为 50%	0.6		
	按下关闭按钮，电动调节阀关闭	0.6		
	命名为“电动调节阀控制”，并保存在“场次+工位号”的文件夹内	0.1		

2. 参考答案（图 5.4.1）

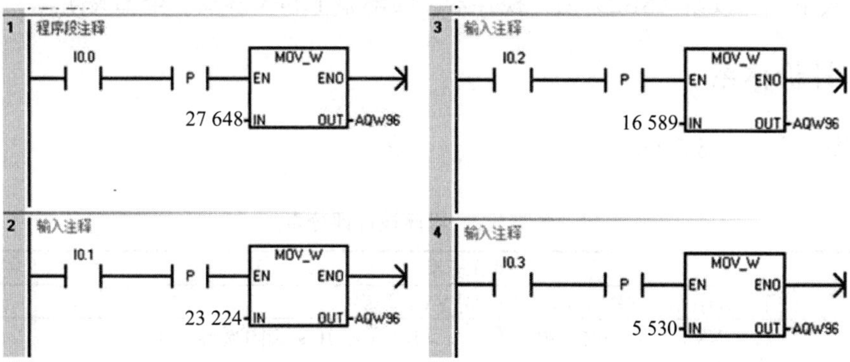

图 5.4.1　程序参考答案

5.5 喷淋泵循环系统 PLC 控制程序设计

5.5.1 技能要求

启动 STEP 7-Micro/WIN SMART 软件，根据任务书要求，完成喷淋泵循环系统控制程序的编写。

5.5.2 任务指引

根据控制程序表 5.5.1，用 STEP 7-Micro/WIN SMART 软件按要求完成程序编写，并将程序保存在“场次+工位号”的文件夹内，程序命名为“喷淋泵循环控制”。

表 5.5.1 控制程序表

输入信号		输出信号		数据寄存器	
I0.0	启动按钮（SB1）	Q0.0	电磁阀 YV1		
I0.1	停止按钮（SB2）	Q0.1	喷淋泵 1		
		Q0.2	喷淋泵 2		

5.5.3 控制要求

1）按下启动按钮（SB1）后，电磁阀 YV1 开启。

2）电磁阀 YV1 启动的同时，喷淋泵 1 启动，延时 10 s 关闭喷淋泵 1，喷淋泵 2 启动；再延时 10 s 关闭喷淋泵 2，喷淋泵 1 启动。依次循环进行。

3）按下停止按钮（SB2）后，搅拌器、喷淋泵 1 和喷淋泵 2 全部关闭。

5.5.4 评价体系

1. 评分表（表 5.5.2）

表 5.5.2 程序设计评分表

考核内容	评分标准	配分	得分	备注
喷淋泵循环控制	按下启动按钮（SB1）后，电磁阀 YV1 开启	0.4		
	电磁阀 YV1 启动同时，喷淋泵 1 启动，延时 10 s 关闭喷淋泵 1，喷淋泵 2 启动	0.6		
	再延时 10 s 关闭喷淋泵 2，喷淋泵 1 启动	0.4		
	依次循环进行	0.4		
	按下停止按钮（SB2）后，搅拌器、喷淋泵 1 和喷淋泵 2 全部关闭	0.6		
	命名为“喷淋泵循环控制”，并保存在“场次+工位号”的文件夹内	0.1		

2. 参考答案（图 5.5.1）

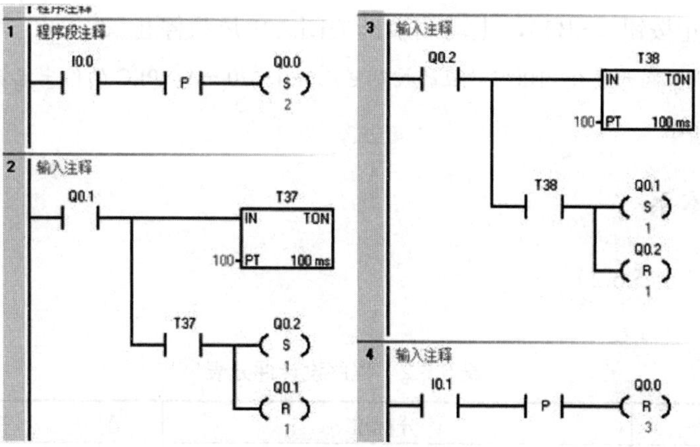

图 5.5.1 程序参考答案

5.6 风量系统 PLC 控制程序设计

5.6.1 技能要求

启动 STEP 7-Micro/WIN SMART 软件，根据任务书要求，完成风量系统大小控制程序的编写。

5.6.2 任务指引

根据控制程序表 5.6.1，用 STEP 7-Micro/WIN SMART 软件按要求完成程序编写，并将程序保存在“场次+工位号”的文件夹内，程序命名为“风量大小控制系统”。

表 5.6.1 控制程序表

输入信号		输出信号		中间变量	
地址	定义	地址	定义	地址	定义
I0.0	启动按钮（SB1）	Q0.0	引风机	VD0	风量
I0.1	停止按钮（SB2）	AQW96	电动调节阀		

5.6.3 控制要求

1）按下启动按钮（SB1），电动调节阀全开。延时 5 s，开引风机。

2）当风量大于等于 90.0 m^3/h 时，电动调节阀开度设定为 50%。

3）当风量小于等于 50.0 m^3/h 时，电动调节阀开度设定为 70%。

4）按下停止按钮（SB2），电动调节阀关闭、引风机停止。

备注：电动调节阀开度 0 ~ 100%对应的控制电流为 4 ~ 20 mA，PLC 的输出电流 4 ~ 20 mA 对应数字量为 5 530 ~ 27 648。

5.6.4 评价体系

1. 评分表（表 5.6.2）

表 5.6.2 程序设计评分表

考核内容	评分标准	配分	得分	备注
风量大小控制系统	按下启动按钮（SB1），电动调节阀全开	0.3		
	延时 5 s，开引风机	0.3		
	当风量大于等于 90.0 m^3/h 时，电动调节阀开度设定为 50%	0.6		
	当风量小于等于 50.0 m^3/h 时，电动调节阀开度设定为 70%	0.6		
	按下停止按钮（SB2），电动调节阀关闭、引风机停止	0.6		
	命名为“间歇喷淋控制系统”，并保存在“场次+工位号”的文件夹内	0.1		

2. 参考答案（图 5.6.1）

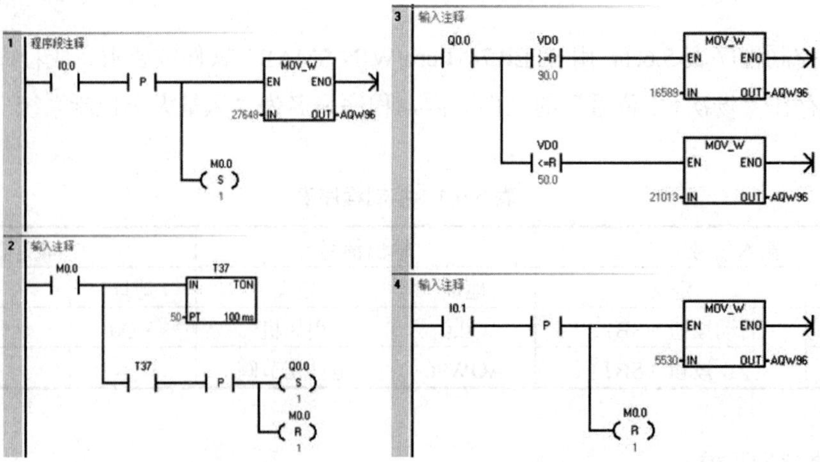

图 5.6.1 程序参考答案

5.7 顺序启停系统 PLC 控制程序设计

5.7.1 技能要求

启动 STEP 7-Micro/WIN SMART 软件，根据任务书要求，完成顺序启停系统控制程序的编写。

5.7.2 任务指引

根据控制程序表 5.7.1，用 STEP 7-Micro/WIN SMART 软件按要求完成程序编写，并将程序保存在“场次+工位号”的文件夹内，程序命名为“顺序启停控制系统”。

表 5.7.1 控制程序表

输入信号		输出信号		中间变量	
地址	定义	地址	定义	地址	定义
I0.0	启动按钮（SB1）	Q0.0	疏松器		
I0.1	停止按钮（SB2）	Q0.1	发尘器		
		Q0.2	输送器		

5.7.3 控制要求

1）按下启动按钮（SB1），输送器启动。延时 5 s，疏松器启动。再延时 5 s，发尘器启动。

2）当设备完全启动后，按下停止按钮（SB2），发尘器关闭。延时 5 s，疏松器关闭。再延时 5 s，输送器关闭。

5.7.4 评价体系

1. 评分表（表 5.7.2）

表 5.7.2 程序设计评分表

考核内容	评分标准	配分	得分	备注
顺序启停控制系统	按下启动按钮（SB1），输送器启动	0.4		
	延时 5 s，疏松器启动	0.4		
	再延时 5 s，发尘器启动	0.4		
	当设备完全启动后，按下停止按钮（SB2），发尘器关闭	0.4		
	延时 5 s，疏松器关闭	0.4		
	再延时 5 s，输送器关闭	0.4		
	命名为“顺序启停控制系统”，并保存在“场次+工位号”的文件夹内	0.1		

2. 参考答案（图 5.7.1）

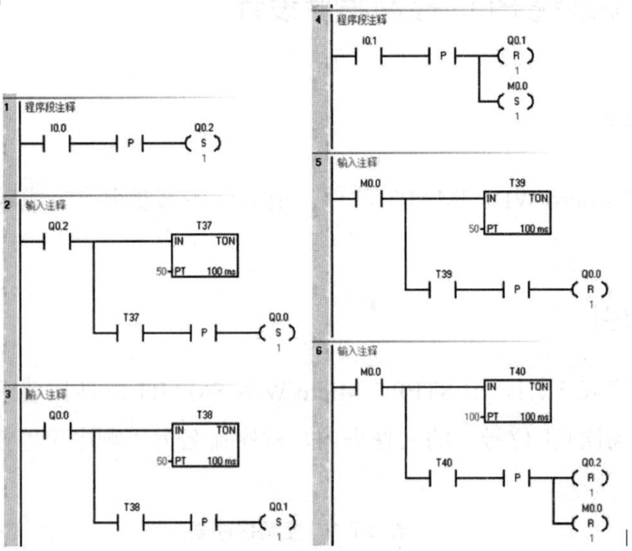

图 5.7.1 程序参考答案

5.8 报警器控制系统 PLC 控制程序设计

5.8.1 技能要求

启动 STEP 7-Micro/WIN SMART 软件，根据任务书要求，完成报警器系统控制程序的编写。

5.8.2 任务指引

根据控制程序表 5.8.1，用 STEP 7-Micro/WIN SMART 软件按要求完成程序编写，并将程序保存在“场次+工位号”的文件夹内，程序命名为“报警器控制系统”。

表 5.8.1 控制程序表

输入信号		输出信号		中间变量	
地址	定义	地址	定义	地址	定义
I0.0	启动按钮（SB1）	Q0.0	搅拌器	VD0	pH 值
I0.1	停止按钮（SB2）	Q0.1	喷淋泵 1		
		Q0.2	报警器		

5.8.3 控制要求

1）按下启动按钮（SB1），搅拌器和喷淋泵 1 启动。

2）喷淋泵 1 启动后，当 7.0≤pH＜8.0 时，报警器以 1 Hz 的频率工作（响 0.5 s，停 0.5 s），当 pH＜7.0 时，报警器长响。

3）按下停止按钮（SB2），搅拌器、喷淋泵 1 和报警器停止工作。

备注：可使用特殊寄存器 SM0.5（1 s 时钟脉冲，ON 0.5 s、OFF 0.5 s）

5.8.4 评价体系

1. 评分表（表 5.8.2）

表 5.8.2 程序设计评分表

考核内容	评分标准	配分	得分	备注
报警器控制系统	按下启动按钮（SB1），搅拌器和喷淋泵 1 启动	0.6		
	喷淋泵 1 启动后，当 7.0≤pH＜8.0 时，报警器以 1 Hz 的频率工作（响 0.5 s，停 0.5 s），当 pH＜7.0 时，报警器长响	1.2		
	按下停止按钮（SB2），搅拌器、喷淋泵 1 和报警器停止工作	0.6		
	命名为“报警器控制系统”，并保存在“场次+工位号”的文件夹内	0.1		

2. 参考答案（图 5.8.1）

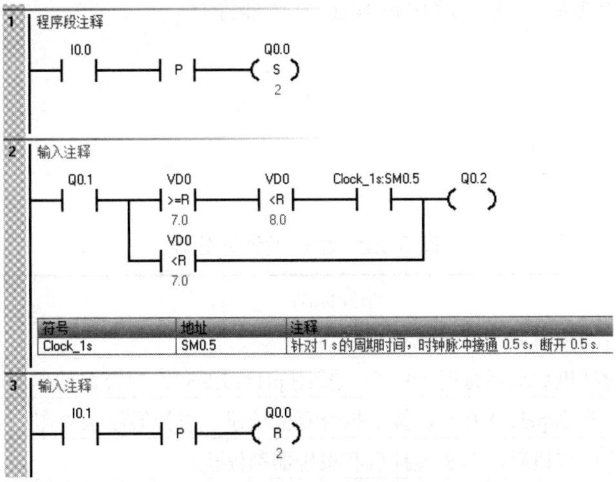

图 5.8.1 程序参考答案

5.9 pH 检测系统 PLC 控制程序设计

5.9.1 技能要求

启动 STEP 7-Micro/WIN SMART 软件，根据任务书要求，完成 pH 检测系统控制程序的编写。

5.9.2 任务指引

根据控制程序表 5.9.1，用 STEP 7-Micro/WIN SMART 软件按要求完成程序编写，并将程序保存在“场次+工位号”的文件夹内，程序命名为“pH 检测系统”。

表 5.9.1 控制程序表

输入信号		输出信号		数据寄存器	
I0.0	启动按钮（SB1）	Q0.0	药水搅拌机	VD0	pH
I0.1	停止按钮（SB2）	Q0.1	报警器		
I0.2	报警复位（SB3）				

5.9.3 控制要求

1）按下启动按钮后，药水搅拌机启动。

2）药水搅拌机启动后延时 10 s 后，检测 pH≤7.5 时，报警器动作。

3）当加入药物 pH≥8.0 时，按下报警复位按钮，报警器停止动作。

4）按下停止按钮后，药水搅拌机和报警器都停止。

5.9.4 评价体系

1. 评分表（表 5.9.2）

表 5.9.2 程序设计评分表

考核内容	评分标准	配分	得分	备注
pH 检测系统	按下启动按钮后，药水搅拌机启动	0.4		
	药水搅拌机启动后延时 10 s 后，检测 pH≤7.5 时，报警器动作	0.7		
	当加入药物 pH≥8.0 时，按下报警复位按钮，报警器停止动作	0.7		
	按下停止按钮后，药水搅拌机和报警器都停止	0.6		
	命名为“pH 检测系统”，并保存在“场次+工位号”的文件夹内	0.1		

2. 参考答案（图 5.9.1）

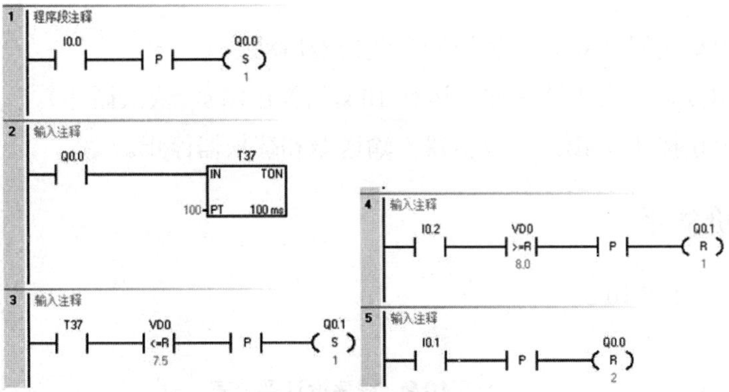

图 5.9.1 程序参考答案

5.10 间歇发尘控制系统 PLC 控制程序设计

5.10.1 技能要求

启动 STEP 7-Micro/WIN SMART 软件，根据任务书要求，完成间歇发尘控制系统控制程序的编写。

5.10.2 任务指引

根据控制程序表 5.10.1，用 STEP 7-Micro/WIN SMART 软件按要求完成程序编写，并将程序保存在“场次+工位号”的文件夹内，程序命名为“间歇发尘控制系统”。

表 5.10.1 控制程序表

输入信号		输出信号		中间变量	
地址	定义	地址	定义	地址	定义
I0.0	启动按钮（SB1）	Q0.0	疏松器		
I0.1	停止按钮（SB2）	Q0.1	发尘器		
		Q0.2	输送器		

5.10.3 控制要求

1）按下启动按钮（SB1），输送器和疏松器启动。

2）延时 10 s 后，发尘器工作（运行 10 s，停止 10 s，依次循环）。

3）按下停止按钮（SB2），发尘器、输送器和疏松器停止。

5.10.4 评价体系

1. 评分表（表 5.10.2）

表 5.10.2 程序设计评分表

考核内容	评分标准	配分	得分	备注
间歇发尘控制系统	按下启动按钮（SB1），输送器和疏松器启动	0.6		
	延时 10 s 后，发尘器工作（运行 10 s，停止 10 s，依次循环）	1		
	按下停止按钮（SB2），发尘器、输送器和疏松器停止	0.8		
	命名为“间歇发尘控制系统”，并保存在“场次+工位号”的文件夹内	0.1		

2. 参考答案（图 5.10.1）

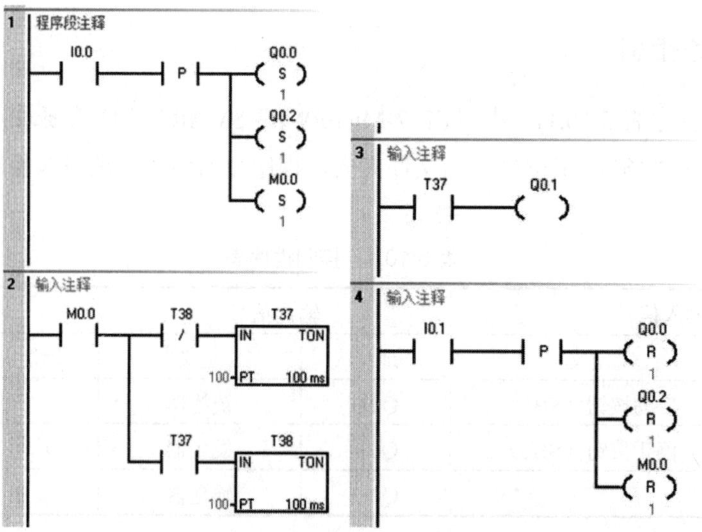

图 5.10.1 程序参考答案

5.11 引风机启停控制系统 PLC 控制程序设计

5.11.1 技能要求

启动 STEP 7-Micro/WIN SMART 软件，根据任务书要求，完成引风机启停控制系统控制程序的编写。

5.11.2 任务指引

根据控制程序表 5.11.1，用 STEP 7-Micro/WIN SMART 软件按要求完成程序编写，并将程序保存在“场次+工位号”的文件夹内，程序命名为“引风机启停控制”。

表 5.11.1 控制程序表

输入信号		输出信号		数据寄存器	
I0.0	点动按钮	Q0.0	引风机		
I0.1	启动按钮（SB1）				
I0.2	停止按钮（SB2）				

5.11.3 控制要求

1）按下点动按钮，引风机启动。抬起点动按钮，引风机停止（观察引风机旋转方向）。

2）按下启动按钮（SB1）后，引风机启动。延时 1 min 后，引风机停止。

3）按下停止按钮（SB2）后，引风机立即停止。

5.11.4 评价体系

1. 评分表（表 5.11.2）

表 5.11.2 程序设计评分表

考核内容	评分标准	配分	得分	备注
引风机启停控制	按下点动按钮，引风机启动	0.3		
	抬起点动按钮，引风机停止	0.3		
	按下启动按钮（SB1）后，引风机启动	0.6		
	延时 1 min 后，引风机停止	0.6		
	按下停止按钮（SB2）后，引风机立即停止	0.6		
	命名为“引风机启停控制”，并保存在“场次+工位号”的文件夹内	0.1		

2. 参考答案（图 5.11.1）

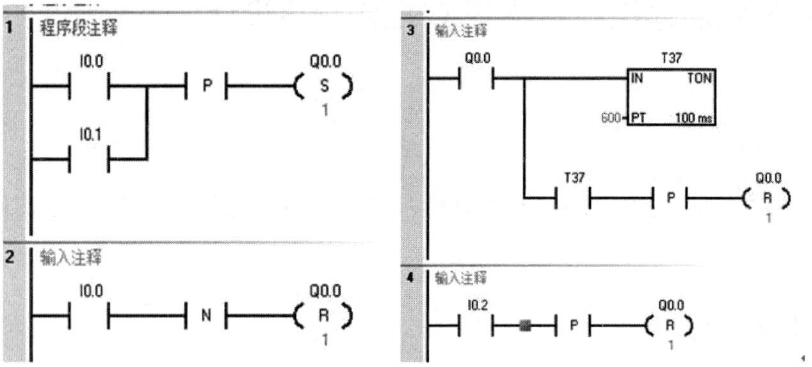

图 5.11.1 程序参考答案

5.12 清洗泵控制系统 PLC 控制程序设计

5.12.1 技能要求

启动 STEP 7-Micro/WIN SMART 软件，根据任务书要求，完成清洗泵控制系统控制程序的编写。

5.12.2 任务指引

根据控制程序表 5.12.1，用 STEP 7-Micro/WIN SMART 软件按要求完成程序编写，并将程序保存在“场次+工位号”的文件夹内，程序命名为“清洗泵控制”。

表 5.12.1 控制程序表

输入信号		输出信号		数据寄存器	
I0.0	启动按钮（SB1）	Q0.0	引风机	VD0	压差
I0.1	停止按钮（SB2）	Q0.1	电磁阀 YV2		
		Q0.2	清洗泵		

5.12.3 控制要求

1）按下启动按钮（SB1）后，引风机启动。

2）引风机启动后，压差≥810.5 Pa，启动电磁阀 YV2 和清洗泵。延时 1 min 后，停止电磁阀 YV2 和清洗泵。

3）按下停止按钮（SB2）后，引风机、电磁阀 YV2 和清洗泵立即停止。

5.12.4 评价体系

1. 评分表（表 5.12.2）

表 5.12.2 程序设计评分表

考核内容	评分标准	配分	得分	备注
清洗泵控制	按下启动按钮（SB1）后，引风机启动	0.4		
	引风机启动后，压差≥810.5 Pa，启动电磁阀 YV2 和清洗泵	0.7		
	延时 1 min 后，停止电磁阀 YV2 和清洗泵	0.6		
	按下停止按钮（SB2）后，引风机、电磁阀 YV2 和清洗泵立即停止	0.7		
	命名为“清洗泵控制”，并保存在“场次+工位号”的文件夹内	0.1		

2. 参考答案（图 5.12.1）

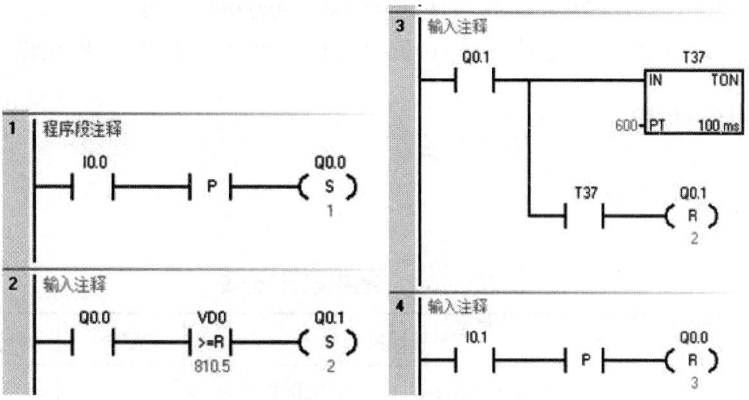

图 5.12.1 程序参考答案

5.13 振打除尘控制系统 PLC 控制程序设计

5.13.1 技能要求

启动 STEP 7-Micro/WIN SMART 软件，根据任务书要求，完成振打除尘控制系统控制程序的编写。

5.13.2 任务指引

根据控制程序表 5.13.1，用 STEP 7-Micro/WIN SMART 软件按要求完成程序编写，并将程序保存在“场次+工位号”的文件夹内，程序命名为“振打除尘控制”。

表 5.13.1 控制程序表

输入信号		输出信号		数据寄存器	
I0.0	启动按钮（SB1）	Q0.0	引风机		
I0.1	停止按钮（SB2）	Q0.1	振打电机		
		Q0.2	输送器		

5.13.3 控制要求

1）按下启动按钮（SB1）后，引风机启动和输送器。

2）按下停止按钮（SB2）后，引风机停止，启动振打电机。

3）振打电机启动后，延时 5 s 停止振打电机。再延时 3 s 后，停止输送器。

5.13.4 评价体系

1. 评分表（表 5.13.2）

表 5.13.2 程序设计评分表

考核内容	评分标准	配分	得分	备注
振打除尘控制	按下启动按钮（SB1）后，引风机启动和输送器	0.7		
	按下停止按钮（SB2）后，引风机停止，启动振打电机	0.7		
	振打电机启动后，延时 5 s 停止振打电机	0.5		
	再延时 3 s 后，停止输送器	0.5		
	命名为“振打除尘控制”，并保存在“场次+工位号”的文件夹内	0.1		

2. 参考答案（图 5.13.1）

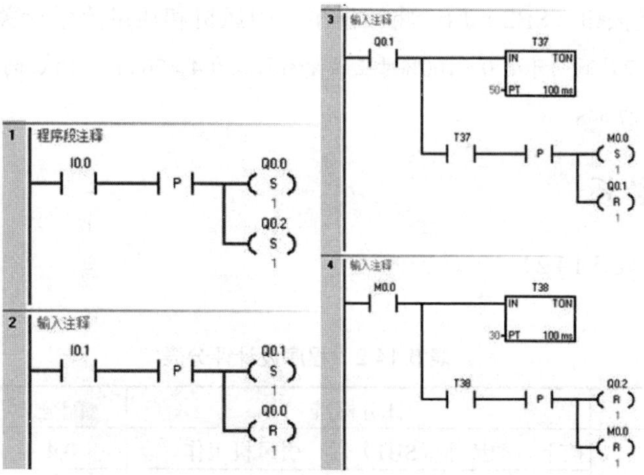

图 5.13.1　程序参考答案

5.14　除硫系统 PLC 控制程序设计

5.14.1　技能要求

启动 STEP 7-Micro/WIN SMART 软件，根据任务书要求，完成振打除尘控制系统控制程序的编写。

5.14.2　任务指引

根据控制程序表 5.14.1，用 STEP 7-Micro/WIN SMART 软件按要求完成程序编写，并将程序保存在“场次+工位号”的文件夹内，程序命名为“除硫系统控制”。

表 5.14.1　控制程序表

输入信号		输出信号		数据寄存器	
I0.0	启动按钮（SB1）	Q0.0	引风机		
I0.1	停止按钮（SB2）	Q0.1	喷淋泵 1		
		AQW96	质量流量计		

5.14.3　控制要求

1）按下启动按钮（SB1）后，引风机工作。延时 5 s 后，开喷淋泵。

2）喷淋泵工作 5 s 后，将质量流量计的阀门开度设定为 50%。

3）按下停止按钮（SB2）后，将喷淋泵、引风机和质量流量计关闭。

备注：质量流量计阀门开度 0 ~ 100%对应的控制电流为 4 ~ 20 mA，PLC 的输出电流 4 ~ 20 mA 对应数字量为 5 530 ~ 27 648。

5.14.4 评价体系

1. 评分表（表 5.14.2）

表 5.14.2 程序设计评分表

考核内容	评分标准	配分	得分	备注
除硫系统控制	按下启动按钮（SB1）后，引风机工作	0.4		
	延时 5 s 后，开喷淋泵	0.4		
	喷淋泵工作 5 s 后，将质量流量计的阀门开度设定为 50%	0.8		
	按下停止按钮（SB2）后，将喷淋泵、引风机和质量流量计关闭	0.8		
	命名为“除硫系统控制”，并保存在“场次+工位号”的文件夹内	0.1		

2. 参考答案（图 5.14.1）

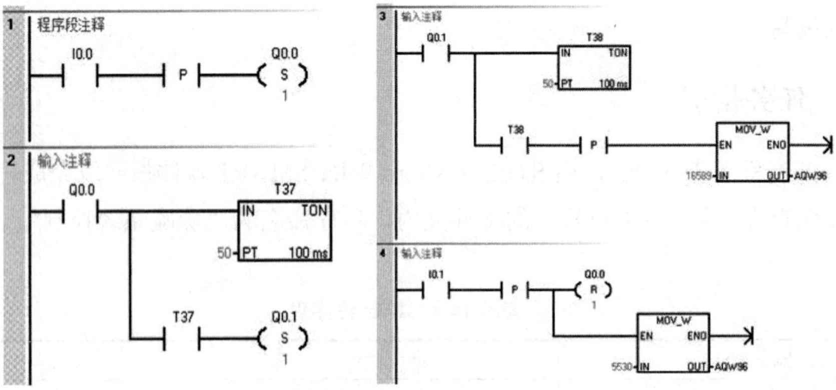

图 5.14.1 程序参考答案

6　烟气处理系统部件、管道、传感器安装连接

6.1　发尘系统部件安装连接

6.1.1　技能要求

参赛选手根据发尘系统装连图（图 6.1.1）以及提供的驱动装置、旋转螺旋轴、轴承、壳体、硅胶垫等相关配件及工具，完成发尘系统的安装与连接，使之能运转自如，无卡顿和异响。

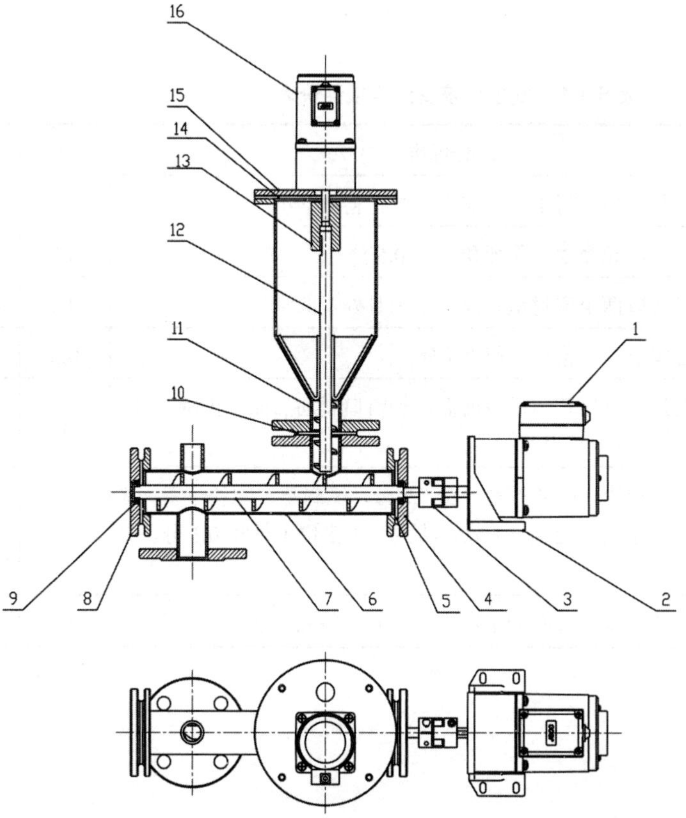

1-精研电机 1
2-直角安装脚
3-弹性联轴器
4-螺旋输送机法兰 2
5-法兰垫 1
6-螺旋输送器主体
7-螺旋输送机轴
8-螺旋输送机法兰 1
9-深沟球轴承
10-法兰垫 2
11-加料斗
12-搅拌杆
13-搅拌杆联轴器
14-法兰垫 3
15-搅拌电机固定法兰
16-精研电机 2

图 6.1.1　发尘系统装连图

6.1.2 任务指引

参赛选手根据装连图和任务书的要求，利用给定的耗材、器件和工具，进行密封垫剪切、螺旋机构组装、连接部件紧固和运行性能调整等实践操作。

1）根据已有密封圈样式，自行剪齐剩余密封圈，厚度统一为 5 mm，要求无明显缺陷。

2）螺旋机构与壳体内表面之间要保证一定的间隙，即正常运行时无摩擦、无死角、无异响。

3）联轴器固定牢靠，运行时不能有打滑现象。

4）疏松电机的接线盒应在设备前面，而加料口则位于疏松电机的后方。

5）要求安装牢固，工艺美观，密封性好，正确使用螺丝、垫片（弹垫、平垫）、硅胶垫（密封用）、工具等。

6）螺旋输送器主体上所安装的短柄球阀的红色阀柄应朝向设备正后方。

6.1.3 评价体系（表 6.1.1）

表 6.1.1 发尘系统安装连接评价表

考核技能点	评分标准	分值	备注
发尘系统安装连接	发尘系统安装完成，得 1 分，安装一半，得 0.5 分	1	
	系统运行完美，无摩擦、无死角，得 0.5 分	0.5	
	参照样式，剪取两个密封垫。尺寸正确且外观圆滑	0.3	
	联轴器安装牢靠、不错位，得 0.5 分	0.5	
	疏松电机的接线盒应朝向设备前面，加料口朝向后面，正确，得 1 分，否则得 0.5 分	1	
	系统部件安装牢固、螺丝拧紧，得 0.5 分，密封垫、螺丝平垫、螺母、弹垫安装错误 1 处扣 0.1 分，法兰对接错位 1 处扣 0.1 分，扣完为止	0.5	
	短柄球阀连接正确，方向朝正后方，正确，得 0.2 分	0.2	

6.2 布袋除尘器系统安装连接

6.2.1 技能要求

参赛选手利用提供的布袋、底座、抱箍、硅胶皮等相关配件及工具，完成布袋除尘器的安装，使之满足运行性能需求。

6.2.2 任务指引

参赛选手根据任务书的要求，利用给定的耗材、器件和工具，进行密封垫剪切、布袋安装、检修盖板紧固和运行性能测试等实践操作。

1）根据已有密封圈样式，自行剪齐密封圈，厚度为 5 mm，要求无明显缺陷。

2）滤袋安装数量为 1 个，滤袋安装要笔直牢固，安装后滤袋的高度为 750 mm±10 mm。

3）封盖安装数量为 1 个，装在后排中间位置。

4）要求安装牢固，工艺美观，密封性好，正确使用螺丝、垫片（弹垫、平垫）、硅胶垫（密封用）、工具等，把检修门、顶封盖安装完整。

5）运行后，布袋除尘器的压降不得小于 20 Pa。

6.2.3 评价体系

评分表如表 6.2.1 所示。

表 6.2.1 布袋除尘器系统安装连接评价表

考核技能点	评分标准	分值	备注
布袋除尘器系统安装连接	参照样式，剪取密封垫。尺寸正确且外观圆滑，得 0.2 分	0.2	
	安装 1 个布袋得 0.5 分	0.5	
	安装 1 个封盖得 0.5 分	0.5	
	布袋安装要笔直牢固且饱满	0.25	
	封盖装在后排中间位置	0.25	
	正确安装前后检修门和顶盖，无缝隙。共 3 个，无缝安装	1.5	
	正确使用密封垫、螺丝、平垫、弹垫和螺母，安装错误 1 处扣 0.05 分，扣完为止	0.5	
	运行后，布袋除尘器的压降不得小于 22 Pa	0.3	

6.3 水泵出口管道连接

6.3.1 技能要求

参赛选手根据水泵出口管道安装示意图（图 6.3.1）以及提供的流量计、电磁阀、管接件等相关配件及工具，完成水泵出口管道连接，使之能正常运行，无渗漏。

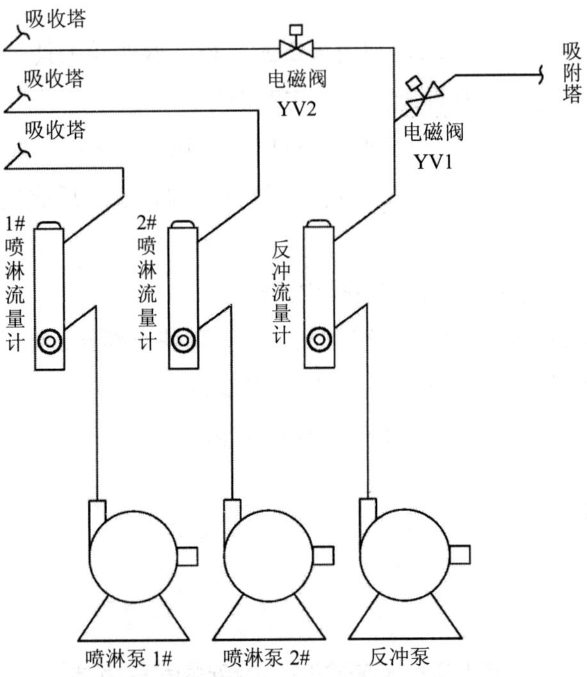

图 6.3.1　水泵出口管道安装示意图

6.3.2 任务引导

参赛选手根据管道装连图和任务书要求，利用给定的耗材、器件和工具，进行配件安装、管道连接和系统试漏等实践操作。

1）流量计要求贴面安装并与平台上流量计支架立档平行。

2）管道横平竖直，简洁美观。

3）生料带缠绕要整齐干净，且接头无渗漏现象。

4）电磁阀的指示方向与流体运动方向一致。

6.3.3 评价体系（表 6.3.1）

表 6.3.1 水泵出口管道连接评价表

考核技能点	评分标准	分值	备注
水泵出口管道连接	3 个流量计安装正确、牢固，得 1 分，安装不垂直、未拧紧，1 处扣 0.2 分，扣完为止	1	
	硬路管道规范安装，得 2 分，安装未横平竖直，生料带使用不正确，1 处扣 0.1 分，扣完为止	2	
	2 个电磁阀规范安装，得 0.4 分，方向错误 1 个扣 0.1 分，接线头未插好 1 个扣 0.1 分，扣完为止	0.4	
	管道试漏，工作正常得 0.6 分。漏 1 处扣 0.2 分，扣完为止	0.6	

6.4 补气泵管道连接

6.4.1 技能要求

参赛选手根据补气泵管道安装示意图（图 6.4.1），利用给定的耗材、器件和工具，完成补气泵管道连接，使之能正常运行，无噪声、无泄漏。

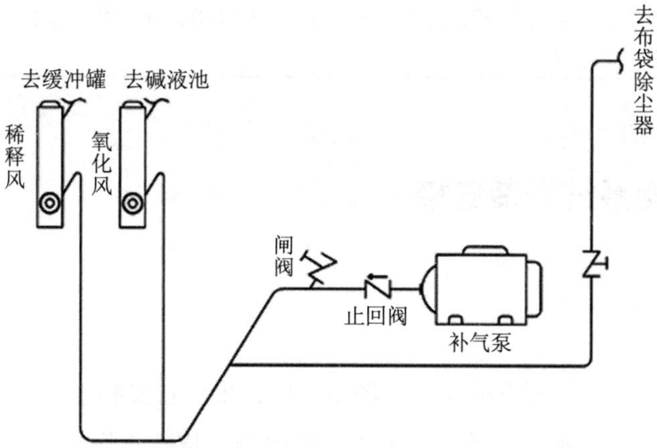

图 6.4.1 补气泵管道安装示意图

6.4.2 任务引导

参赛选手根据管道装连图和任务书要求，利用给定的流量计、止回阀和管接件等相关配件及工具，进行配件安装、管道连接和系统试漏等实践操作。

1）流量计要求贴面安装并与平台上流量计支架立档平行。

2）管道横平竖直，简洁美观。

3）生料带缠绕要整齐干净且接头无漏气现象。

4）止回阀的指示方向与流体运动方向一致，且阀头竖直向上。

5）PU 气管连接顺畅，不累赘、不折弯。

6.4.3 评价体系

评分表如表 6.4.1 所示。

表 6.4.1 水泵出口管道连接评价表

考核技能点	评分标准	分值	备注
补气泵管道连接	2 个流量计安装正确、牢固，得 1 分，安装不垂直、未拧紧，1 处扣 0.2 分，扣完为止	0.5	
	硬路管道规范安装，得 2 分，安装未横平竖直，生料带使用不正确，1 处扣 0.1 分，扣完为止	2	
	止回阀规范安装，得 0.4 分，指示方向错误扣 0.2 分，阀头朝向错误扣 0.2 分	0.4	
	管道试漏，工作正常，得 0.5 分。漏 1 处扣 0.2 分，扣完为止	0.5	
	运行时，管路不能与钢架发生碰撞，产生过大杂音	0.1	
	软管管路连接正确，得 0.5 分，错误 1 处扣 0.2 分，管道过长扣 0.1 分，扣完为止	0.5	

6.5 在线监测系统安装连接

6.5.1 技能要求

参赛选手根据系统监测点分布图（图 6.5.1）、皮托管安装示意图（图 6.5.2）以及提供的温湿度传感器、风速传感器、二氧化硫传感器、皮托管等相关配件及工具，完成在线监测系统安装连接，使之能进行参数监测和数据传输。

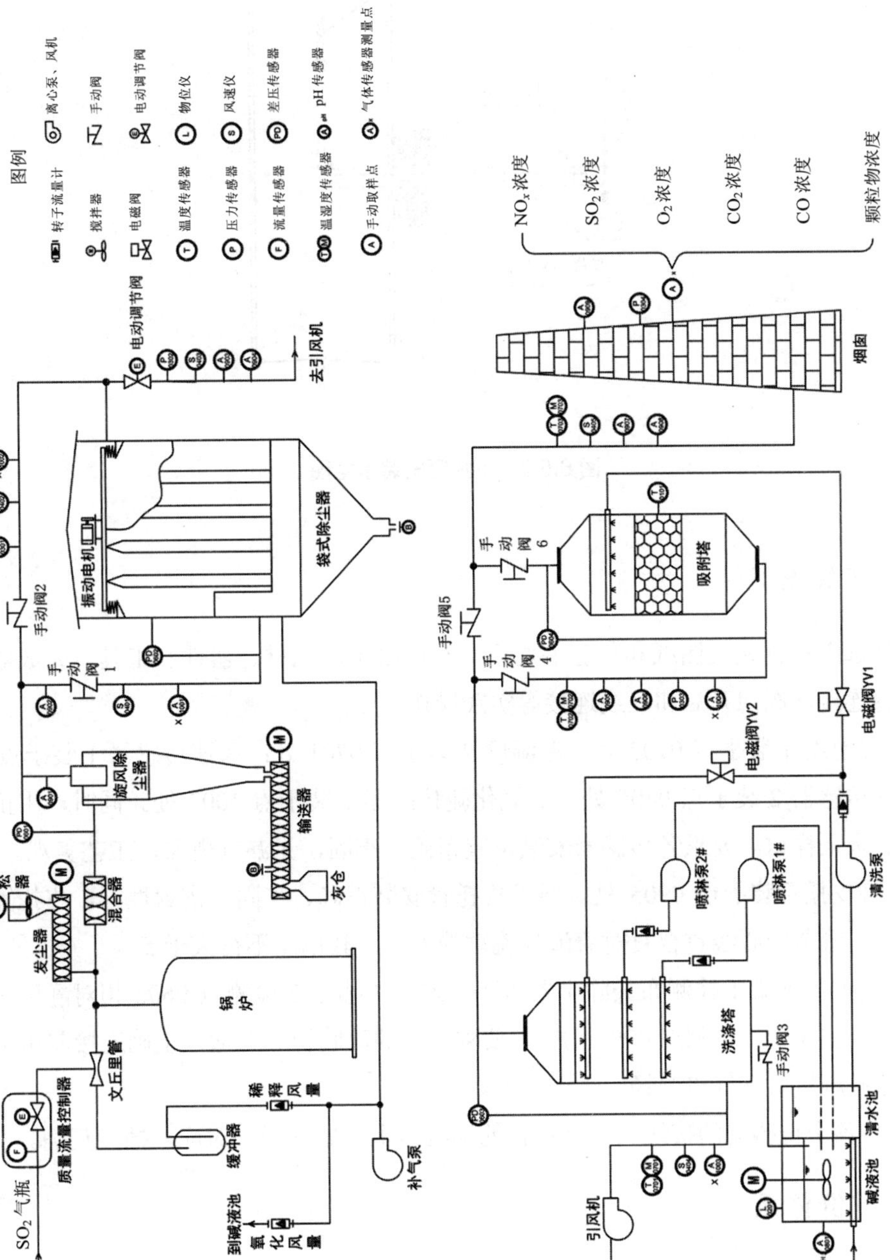

图 6.5.1 系统监测点分布图

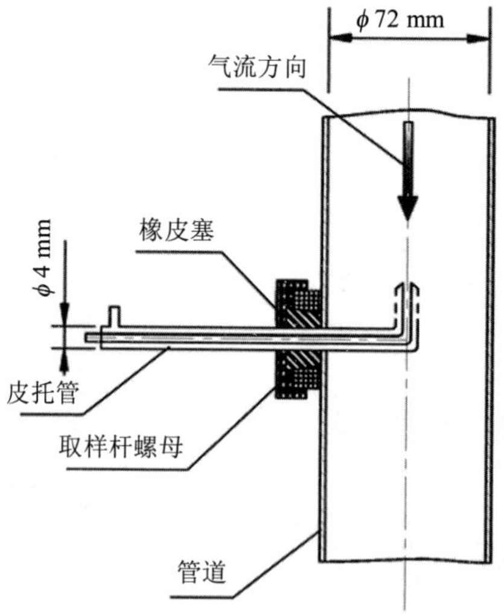

图 6.5.2 皮托管安装示意图

6.5.2 任务指引

参赛选手根据相关图纸和任务书要求，利用给定的耗材、器件和工具，完成器件安装、软管连接、阀门开启和插线连接等实践操作。

1）温湿度 1 装于点 0702 处；温湿度 2 装于点 0701 处；风速传感器 1 装于点 0404 处；风速传感器 2 装于点 0405 处；二氧化硫传感器 1 装于点 1003 处。同时，用正确封盖堵好剩余采样口。要求各传感器安装位置正确、牢固，无漏气现象，工艺美观。

2）将皮托管装于点 0905 处。要求皮托管安装正确、牢固、密封性好，皮托管测量头的轴线与管道中心线重合且对着流体流动的方向，其偏差不得大于 5°。

3）差压传感器 1 检测布袋除尘器压降；差压传感器 2 检测点 0606 相对静压；差压传感器 3 接皮托管，检测点 0905 动压。要求选用的硅胶管要合适，正确连接差压传感器的高压与低压接口，气路顺畅，工艺美观。

4）将各个传感器的接线头插到各自的插线座上，做到一一对应，插接正确。

6.5.3 评价体系

评分表如表 6.5.1 所示。

表 6.5.1 在线监测系统安装连接评价表

考核技能点	评分标准	分值	备注
在线监测系统安装连接	皮托管装于点 0905 处，正确得 0.5 分，错误得 0 分，皮托管测量头的轴线与管道中心线未重合且偏差大于 5°扣 0.2 分，全压测量口未对着流体流动的方向且偏差大于 5°扣 0.2 分	0.5	
	温湿度 1 装于点 0702 处，正确得 0.5 分，错误得 0 分	0.5	
	温湿度 2 装于点 0701 处，正确得 0.5 分，错误得 0 分	0.5	
	风速传感器 1 装于点 0404 处，正确得 0.5 分，错误得 0 分，测量点的开口要正，未对着气流方向，同时偏差大于 5°扣 0.1 分	0.5	
	风速传感器 2 装于点 0405 处，正确得 0.5 分，错误得 0 分，测量点的开口要正，未对着气流方向，同时偏差大于 5°扣 0.1 分	0.5	
	二氧化硫传感器 1 装于点 1003 处得 0.5 分	0.5	
	封闭剩余采样口得 1 分，未封 1 处扣 0.3 分，扣完为止	1	
	差压传感器 1 检测布袋除尘器压降，正确得 1 分，错误得 0 分。高低压口连接错误扣 0.5 分	1	
	差压传感器 2 检测点 0606 相对静压，正确得 1 分，错误得 0 分，高低压口连接错误扣 0.5 分	1	
	差压传感器 3 接皮托管，检测点 0905 动压，正确得 0.5 分，错误得 0 分。高低压口连接错误扣 0.3 分	0.5	
	打开测压环上与差压传感器相连的小球阀，未开 1 处扣 0.1 分，扣完为止	0.4	
	橡皮塞开孔尺寸合适，无破裂	0.1	

6.6 粉尘采样系统安装连接

6.6.1 技能要求

参赛选手根据系统监测点分布图（图 6.5.1）、粉尘采样安装连接示意图（图 6.6.1）以及提供的采样枪、滤筒、采样仪和压力传感器等相关配件及工具，完成粉尘采样系统安装连接，使之能从管道中进行粉尘采样。

6.6.2 任务指引

参赛选手根据相关图纸和任务书要求，利用给定的耗材、器件和工具，完成胶塞开孔、器件安装、软管连接和采样测试等实践操作。

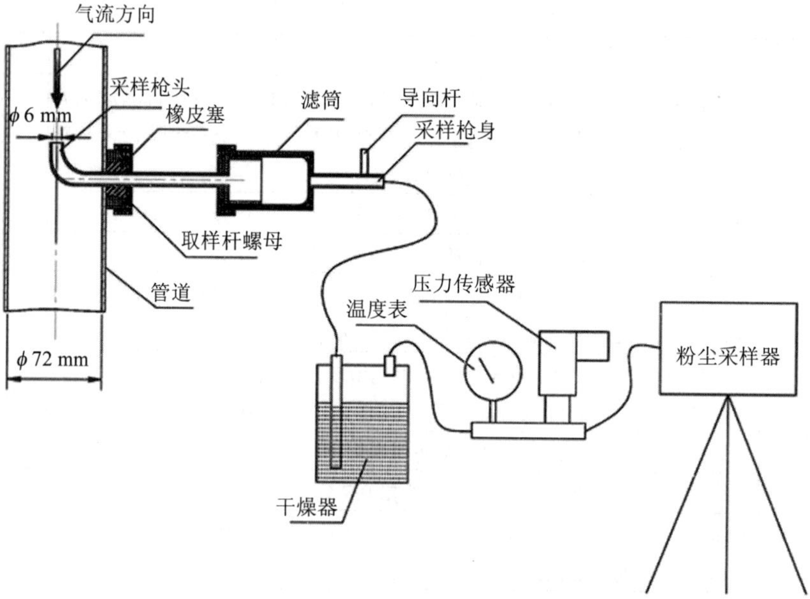

图 6.6.1 粉尘采样安装连接示意图

1）在橡胶塞上开出孔径合适的安装孔。

2）将采样枪装于点 0906 处。要求安装正确、牢固、密封性好，采样枪取样头的轴线与管道中心线重合且对着流体流动的方向（可通过导向杆判断枪口的朝向，其中导向杆要求与枪口朝向一致），其偏差不得大于 5°。滤筒取放要用镊子并且不能破裂。

3）安装压力传感器，并用 $\Phi9$ 硅胶管完成采样系统连接，要求安装位置正确、牢固，无漏气现象，接线正确。

6.6.3 评价体系

评分表如表 6.6.1 所示。

表 6.6.1 粉尘采样系统安装连接评价表

考核技能点	评分标准	分值	备注
粉尘采样系统安装连接	皮托管装于点 0905 处，正确得 0.5 分，错误得 0 分，皮托管测量头的轴线与管道中心线未重合，且偏差大于 5°，扣 0.2 分，全压测量口未对着流体流动的方向，且偏差大于 5°，扣 0.2 分	0.5	
	橡皮塞开孔尺寸合适，无破裂	0.1	
	用 $\Phi9$ 硅胶管完成采样系统连接，连接正确牢固，无漏气现象，得 0.4 分，错误扣 0.2 分	0.4	

7 烟气处理系统电源线路设计与连接

7.1 PLC 端口定义查抄与插线

7.1.1 技能要求

根据任务书给定的 PLC 控制程序和端口定义表，利用实验导线，完成 PLC 端口定义查抄与插线，完善电气控制系统，确保正常运行。

7.1.2 任务指引

参赛选手根据任务书要求，利用现场提供的程序、导线及工具等，完成程序解读、表格完善、导线插拔和插线检查等实践操作。

1）解读现场提供的 PLC 程序并完善 PLC 端口定义表（表 7.1.1）。

2）根据 PLC 端口定义表完成电气控制柜的线路连接。要求：导线颜色与插座颜色一致，选取导线长度适中。

表 7.1.1　PLC 端口定义表

数字量输入定义		数字量输出定义	
I0.0	无定义	Q0.0	
I0.1	无定义	Q0.1	
I0.2	无定义	Q0.2	
I0.3	无定义	Q0.3	
I0.4	无定义	Q0.4	
I0.5	无定义	Q0.5	
I0.6	无定义	Q0.6	
I0.7	无定义	Q0.7	

模拟量输入定义		模拟量输出定义	
AI1+		AO1+	
AI1−		AO1−	
AI2+		AO2+	
AI2−		AO2−	
AI3+			
AI3−			
AI4+			
AI4−			
AI5+			
AI5−			
AI6+			
AI6−			
AI7+			
AI7−			
AI8+	无定义		
AI8−	无定义		

7.1.3 评价体系

1. 评分表（表 7.1.2）

表 7.1.2 PLC 端口定义查抄与插线评分表

考核技能点	评分标准	分值	备注
PLC 端口定义查抄与插线	PLC 端口定义表填写正确，共 26 个点，错 1 处扣 0.1 分，共 2.6 分，扣完为止	2.6	
	导线连接完成，导线连接要正确，错 1 处扣 0.1 分，扣完为止	2.4	
	导线颜色与插座颜色连接要求一致，错 1 处扣 0.05 分，扣完为止	0.2	

2. 参考答案

表 7.1.3 PLC 端口定义表

数字量输入定义		数字量输出定义	
I0.0	无定义	Q0.0	补气泵
I0.1	无定义	Q0.1	振动电机
I0.2	无定义	Q0.2	炉灯
I0.3	无定义	Q0.3	喷淋泵 1
I0.4	无定义	Q0.4	喷淋泵 2
I0.5	无定义	Q0.5	清洗泵
I0.6	无定义	Q0.6	电磁阀 YV1
I0.7	无定义	Q0.7	电磁阀 YV2
模拟量输入定义		模拟量输出定义	
AI1+	二氧化硫传感器 1+	AO1+	调节信号+
AI1−	二氧化硫传感器 1−	AO1−	调节信号−
AI2+	二氧化硫传感器 2+	AO2+	阀控信号+
AI2−	二氧化硫传感器 2−	AO2−	阀控信号−
AI3+	二氧化碳传感器+		
AI3−	二氧化碳传感器−		
AI4+	一氧化碳传感器+		
AI4−	一氧化碳传感器−		
AI5+	氮氧化物传感器+		
AI5−	氮氧化物传感器−		
AI6+	氧传感器+		
AI6−	氧传感器−		
AI7+	颗粒物传感器+		
AI7−	颗粒物传感器−		
AI8+	无定义		
AI8−	无定义		

7.2 器件接线

7.2.1 技能要求

根据任务书的要求，利用给定的电源线、网线和电工工具，完成设备器件接线，确保监控系统正常运行。

7.2.2 任务指引

参赛选手根据任务书要求，利用现场提供的导线与工具，完成设备接线、仪表接线和通信连线等实践操作。

1）完成电磁阀的电源连接，要求拧紧螺丝，压牢接头。

2）完成设备疏松电机和发尘电机的接线，要求编号清晰，压接牢固，无漏铜现象。

3）完成在线式 pH 仪的接线，要求电极线过孔连接。

4）完成风速传感器、温湿度传感器、二氧化硫传感器的连接，要求编号清晰，压接牢固，无漏铜现象。

5）完成电气控制柜与监控中心的通信连接，并按照 MCGS 工程的设备属性设置上显示的本地 IP 地址来设置监控中心的 IP 地址。要求通信正常且网线应过孔连接。

7.2.3 评价体系

1. 评分表

表 7.2.1 器件接线评分表

考核技能点	评分标准	分值	备注
器件接线	电磁阀接线头安装正确得 0.2 分，错误得 0 分。螺丝未拧紧，1 处扣 0.05 分	0.2	
	疏松电机的接线正确得 0.2 分，错误得 0 分。接线盒未扣好、压接不牢固、编号不清晰，1 处扣 0.05 分	0.2	
	发尘电机的接线正确得 0.2 分，错误得 0 分。接线盒未扣好、压接不牢固、编号不清晰，1 处扣 0.05 分	0.2	
	pH 在线监测仪连线正确得 0.2 分，错误得 0 分，未过穿线孔扣 0.1 分	0.2	
	风速传感器的接线共两组，每组正确均可得 0.2 分，错误得 0 分。盖子未扣好、压接不牢固、编号不清晰，1 处扣 0.05 分	0.4	
	温湿度传感器的接线共两组，每组正确均可得 0.2 分，错误得 0 分。盖子未扣好、压接不牢固、编号不清晰，1 处扣 0.05 分	0.4	
	二氧化硫传感器的接线正确可得 0.2 分，错误得 0 分。盖子未扣好、压接不牢固、编号不清晰，1 处扣 0.05 分	0.2	
	连接正确、牢固得 0.2 分，错误得 0 分。未过穿线孔扣 0.1 分	0.2	
	监控中心的 IP 地址设为 192.168.2.11，错误得 0 分	0.1	

2. 参考答案

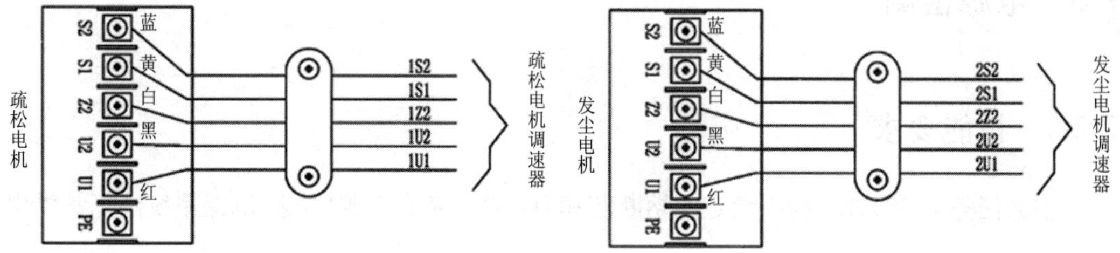

图 7.2.1　电机接线图

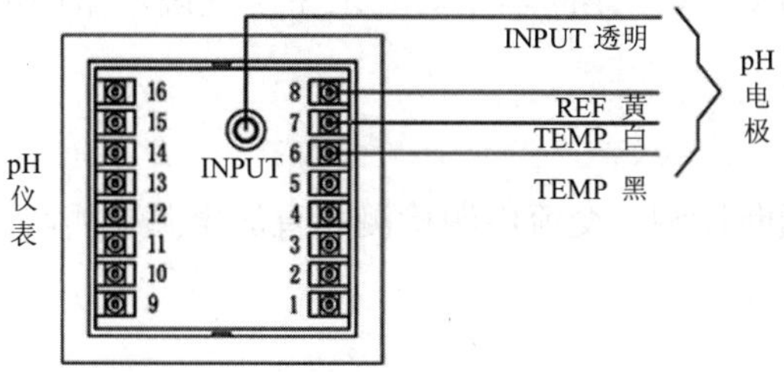

图 7.2.2　pH 在线监测仪接线图

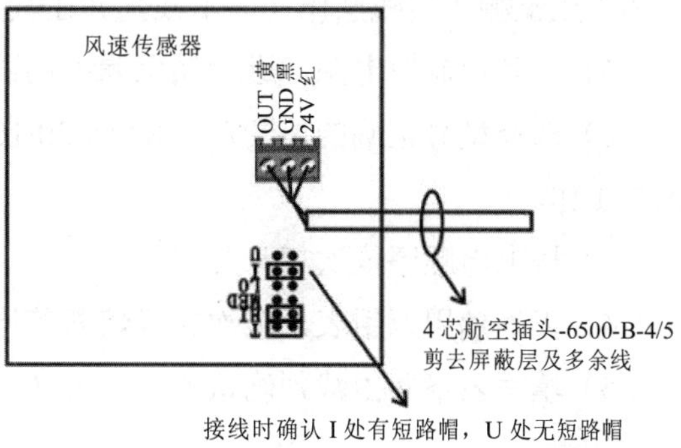

图 7.2.3　风速传感器接线图

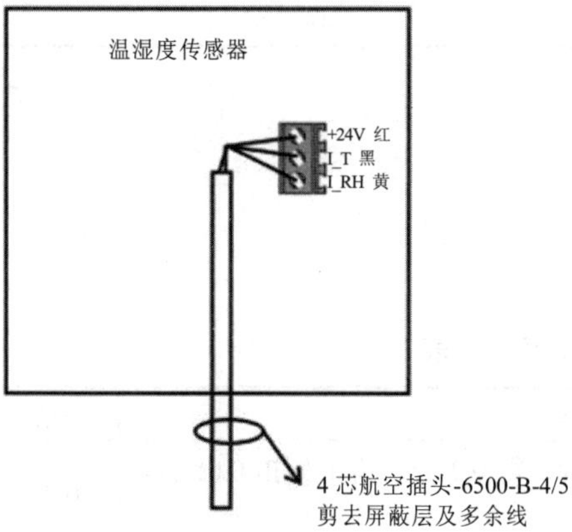

图 7.2.4　温湿度传感器接线图

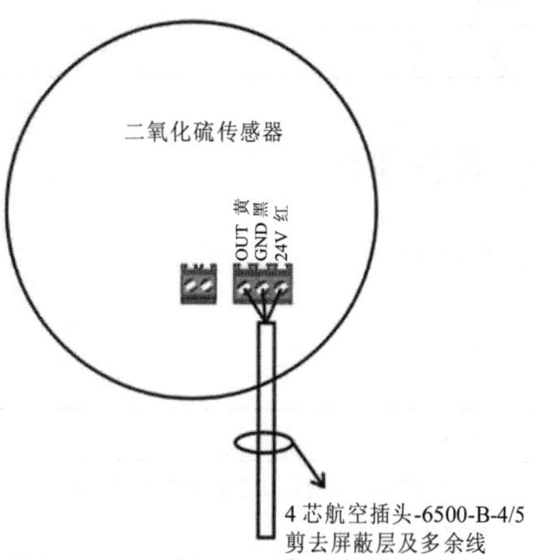

图 7.2.5　二氧化硫传感器接线图

7.3 电源检测

7.3.1 技能要求

根据任务书的要求，利用给定的熔断芯和万用表，完成电源检测，确保系统能正常供电。

7.3.2 任务指引

参赛选手根据任务书要求，利用现场提供的器件与工具，完成熔断芯选型、漏电测试和电压检测等实践操作（请示裁判并在裁判的监督下完成以下操作）。

1）打开控制柜电源，进行漏保漏电测试，确保其性能正常。

2）选择型号正确的熔断芯（RT14-20/10A）装于熔断器中。要求型号正确，器件可正常工作。

3）按上电顺序依次打开开关。

4）正确使用万用表，依次完成熔断芯通断检测、交流电源检测和直流电源检测。

5）填写表格并由裁判确认签字（表 7.3.1）。

表 7.3.1 技能操作过程记录表

项目	漏电测试	熔断芯检测	AC220 V 检测	DC24 V 检测
实测数据	正常□；不正常□	通□；不通□		
签字	选手签字：		裁判签字：	

7.3.3 评价体系

1. 评分表

表 7.3.2 电源检测评分表

考核技能点	评分标准	分值	备注
电源检测	熔断芯（RT14-20/10A）选型、安装正确，得 0.2 分，错 1 处扣 0.05 分。不装，不得分	0.2	
	漏电测试，操作规范得 1 分。详见表 7.3.3 第 1 项（未签字，不得分）	0.8	
	熔断芯检测，操作规范得 0.5 分。详见表 7.3.3 第 2 项（未签字，不得分）	0.5	
	AC220V 检测，操作规范得 0.5 分。详见表 7.3.3 第 3 项（未签字，不得分）	0.5	
	DC24V 检测，操作规范得 0.5 分。详见表 7.3.3 第 4 项（未签字，不得分）	0.5	
	按上电顺序依次打开开关。顺序正确得 0.2 分，错误不得分	0.2	

2. 参考答案

表 7.3.3 技能操作过程记录评分表

项目	漏电测试	熔断芯检测	AC 220 V 检测	DC 24 V 检测
实测数据	正常☑；不正常□	通☑；不通□	210～230 V	22～26 V
分值	0.8	0.5	0.5	0.5
得分				
合计：（未签字，不得分）				

8　烟气处理控制系统调试

8.1　搅拌器控制系统调试

8.1.1　技能要求

完善赛场提供的 PLC 程序，完善后的程序保存在 U 盘“场次+工位号”的文件夹内，并将保存后的程序下载到 PLC 中。

8.1.2　任务指引

在 MAIN 程序中网络 6 补充程序，程序要求：启动标志接通后，启动搅拌器并置位 M1.0；停止标志接通后，调用关机子程序并置位 M3.0。

注意：根据程序前后内容，正确选中定时器号 T 和中间变量 M。

备注：如参赛选手无法完成，举手示意裁判放弃该任务并在放弃操作记录表（表 8.1.1）中签字，裁判确认后，由裁判长提供完整程序。

表 8.1.1　放弃操作记录表

序号	项目	参赛选手签字确认	裁判确认签字
1	无法完成，放弃		

8.1.3　评价体系

1. 评分表

表 8.1.2　程序完善评分表

重点检查内容	评分标准	配分	得分	备注
系统程序完善	安装要求完成系统程序的设计工作，全部完成正确得分 3.0 分，完成一半得分 1.0 分，放弃得 0 分	3.0		
	另存在 U 盘“场次+工位号”的文件夹内	0.2		

2. 参考答案

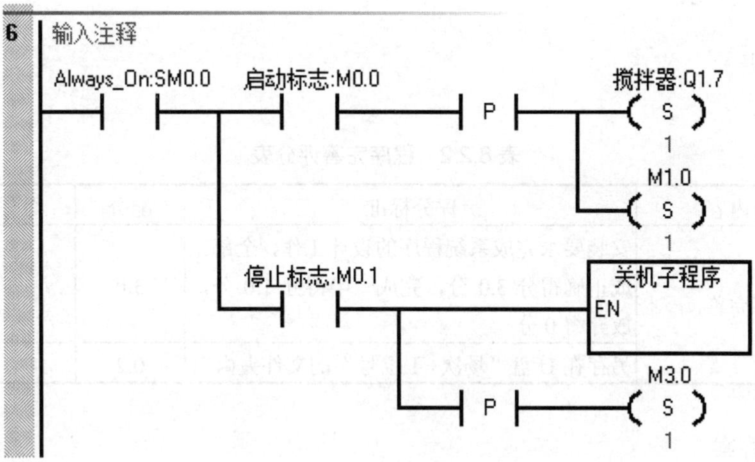

图 8.1.1 程序完善参考答案

8.2 喷淋泵、调节阀控制系统调试

8.2.1 技能要求

完善赛场提供的 PLC 程序，完善后的程序保存在 U 盘“场次+工位号”的文件夹内，并将保存后的程序下载到 PLC 中。

8.2.2 任务指引

在 MAIN 程序中网络 8 补充程序，程序要求：启动喷淋泵 2，延时 5 s 后启动调节阀自动控制，再延时 10 s。

注意：根据程序前后内容，正确选中定时器号 T 和中间变量 M。

备注：如参赛选手无法完成，举手示意裁判放弃该任务并在放弃操作记录表（表 8.2.1）中签字，裁判确认后，由裁判长提供完整程序。

表 8.2.1 放弃操作记录表

序号	项目	参赛选手签字确认	裁判确认签字
1	无法完成，放弃		

8.2.3 评价体系

1. 评分表

表 8.2.2 程序完善评分表

重点检查内容	评分标准	配分	得分	备注
系统程序完善	安装要求完成系统程序的设计工作，全部完成正确得分 3.0 分，完成一半得分 1.0 分，放弃得 0 分	3.0		
	另存在 U 盘“场次+工位号”的文件夹内	0.2		

2. 参考答案

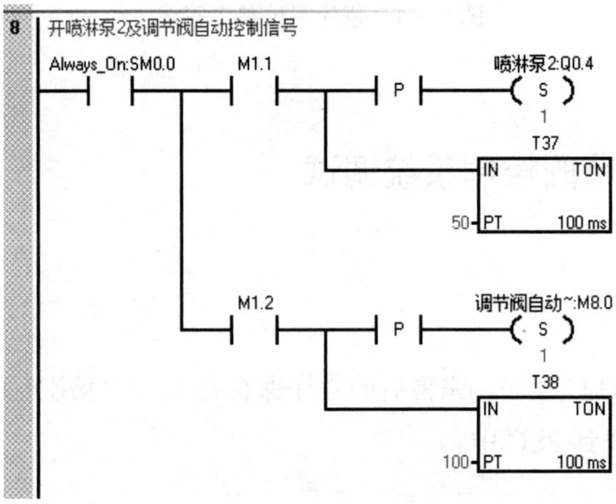

图 8.2.1 程序完善参考答案

8.3 补气泵、炉灯控制系统调试

8.3.1 技能要求

完善赛场提供的 PLC 程序，完善后的程序保存在 U 盘“场次+工位号”的文件夹内，并将保存后的程序下载到 PLC 中。

8.3.2 任务指引

在 MAIN 程序中网络 10 补充程序，程序要求：启动补气泵，延时 5 s 后启动炉灯，再延时 5 s。

注意：根据程序前后内容，正确选中定时器号 T 和中间变量 M。

备注：如参赛选手无法完成，举手示意裁判放弃该任务并在放弃操作记录表（表 8.3.1）中签字，裁判确认后，由裁判长提供完整程序。

表 8.3.1　放弃操作记录表

序号	项目	参赛选手签字确认	裁判确认签字
1	无法完成，放弃		

8.3.3　评价体系

1. 评分表

表 8.3.2　程序完善评分表

重点检查内容	评分标准	配分	得分	备注
系统程序完善	安装要求完成系统程序的设计工作，全部完成正确得分 3.0 分，完成一半得分 1.0 分，放弃得 0 分	3.0		
	另存在 U 盘“场次+工位号”的文件夹内	0.2		

2. 参考答案

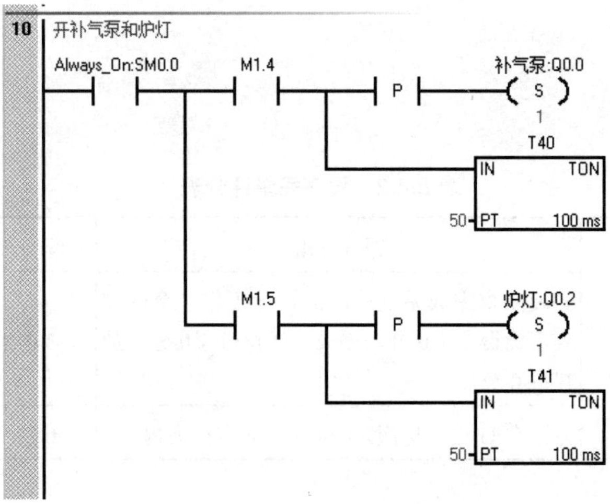

图 8.3.1　程序完善参考答案

8.4 疏松器控制系统调试

8.4.1 技能要求

完善赛场提供的 PLC 程序，完善后的程序保存在 U 盘“场次+工位号”的文件夹内，并将保存后的程序下载到 PLC 中。

8.4.2 任务指引

在 MAIN 程序中网络 16 补充程序，程序要求：启动疏松器，颗粒物浓度达到设定值后关闭疏松器，再延时 1 s。

注意：根据程序前后内容，正确选中定时器号 T 和中间变量 M。

备注：如参赛选手无法完成，举手示意裁判放弃该任务并在放弃操作记录表（表 8.4.1）中签字，裁判确认后，由裁判长提供完整程序。

表 8.4.1 放弃操作记录表

序号	项目	参赛选手签字确认	裁判确认签字
1	无法完成，放弃		

8.4.3 评价体系

1. 评分表

表 8.4.2 程序完善评分表

重点检查内容	评分标准	配分	得分	备注
系统程序完善	安装要求完成系统程序的设计工作，全部完成正确得分 3.0 分，完成一半得分 1.0 分，放弃得 0 分	3.0		
	另存在 U 盘“场次+工位号”的文件夹内	0.2		

2. 参考答案（图 8.4.1）

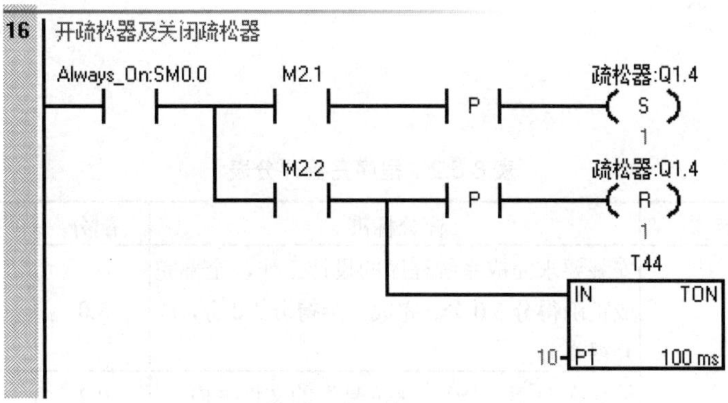

图 8.4.1 程序完善参考答案

8.5 二氧化硫浓度控制系统调试

8.5.1 技能要求

完善赛场提供的 PLC 程序，完善后的程序保存在 U 盘“场次+工位号”的文件夹内，并将保存后的程序下载到 PLC 中。

8.5.2 任务指引

在 MAIN 程序中网络 18 补充程序，程序要求：系统启动标志启动后，当起始二氧化硫浓度≥25.0 时，启动喷淋泵 1。当起始二氧化硫浓度≤20.0 时，关闭喷淋泵 1。

注意：根据程序前后内容，正确选中定时器号 T 和中间变量 M。

备注：如参赛选手无法完成，举手示意裁判放弃该任务并在放弃操作记录表（表 8.5.1）中签字，裁判确认后，由裁判长提供完整程序。

表 8.5.1 放弃操作记录表

序号	项目	参赛选手签字确认	裁判确认签字
1	无法完成，放弃		

8.5.3 评价体系

1. 评分表

表 8.5.2 程序完善评分表

重点检查内容	评分标准	配分	得分	备注
系统程序完善	安装要求完成系统程序的设计工作，全部完成正确得分 3.0 分，完成一半得分 1.0 分，放弃得 0 分	3.0		
	另存在 U 盘“场次+工位号”的文件夹内	0.2		

2. 参考答案

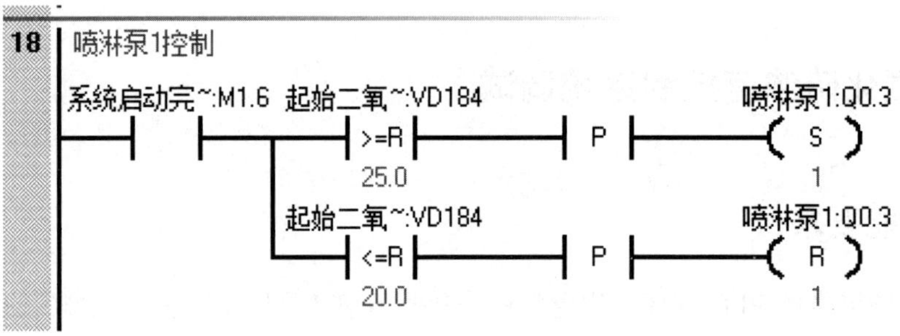

图 8.5.1 程序完善参考答案

8.6 监控中心控制系统调试

8.6.1 技能要求

完善赛场提供的 PLC 程序，完善后的程序保存在 U 盘“场次+工位号”的文件夹内，并将保存后的程序下载到 PLC 中。

8.6.2 任务指引

在手动调试程序中网络 1 补充程序，程序要求：编写 PLC 端口定义表中 Q0.0～Q0.7 对应设备的手动调试程序，使监控中心的旋钮开关可控制对应设备。

注意：根据程序前后内容，正确选中定时器号 T 和中间变量 M。

备注：如参赛选手无法完成，举手示意裁判放弃该任务并在放弃操作记录表（表 8.6.1）中签字，裁判确认后，由裁判长提供完整程序。

表 8.6.1 放弃操作记录表

序号	项目	参赛选手签字确认	裁判确认签字
1	无法完成，放弃		

8.6.3 评价体系

1. 评分表

表 8.6.2 程序完善评分表

重点检查内容	评分标准	配分	得分	备注
系统程序完善	安装要求完成系统程序的设计工作，全部完成正确得分 3.0 分，完成一半得分 1.0 分，放弃得 0 分	3.0		
	另存在 U 盘“场次+工位号”的文件夹内	0.2		

2. 参考答案

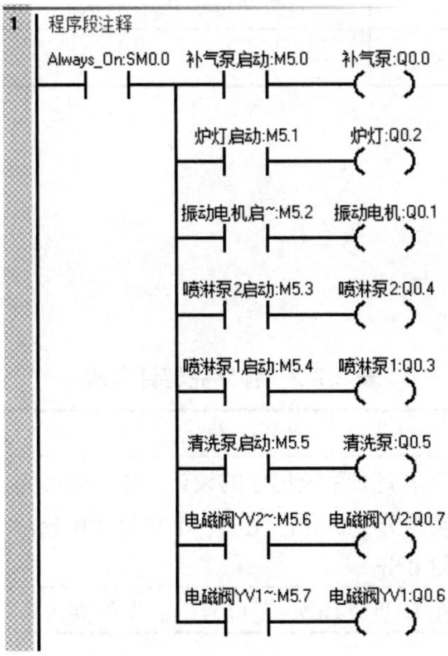

图 8.6.1 程序完善参考答案

8.7 清洗泵控制系统调试

8.7.1 技能要求

完善赛场提供的 PLC 程序，完善后的程序保存在 U 盘“场次+工位号”的文件夹内，并将保存后的程序下载到 PLC 中。

8.7.2 任务指引

在关机子程序中网络 2 补充程序，程序要求：关闭炉灯、疏松器、清洗泵、电磁阀 YV2 和二氧化硫自动控制，延时 1 s。

注意：根据程序前后内容，正确选中定时器号 T 和中间变量 M。

备注：如参赛选手无法完成，举手示意裁判放弃该任务并在放弃操作记录表（表 8.7.1）中签字，裁判确认后，由裁判长提供完整程序。

表 8.7.1 放弃操作记录表

序号	项目	参赛选手签字确认	裁判确认签字
1	无法完成，放弃		

8.7.3 评价体系

1. 评分表

表 8.7.2 程序完善评分表

重点检查内容	评分标准	配分	得分	备注
系统程序完善	安装要求完成系统程序的设计工作，全部完成正确得分 3.0 分，完成一半得分 1.0 分，放弃得 0 分	3.0		
	另存在 U 盘“场次+工位号”的文件夹内	0.2		

2. 参考答案

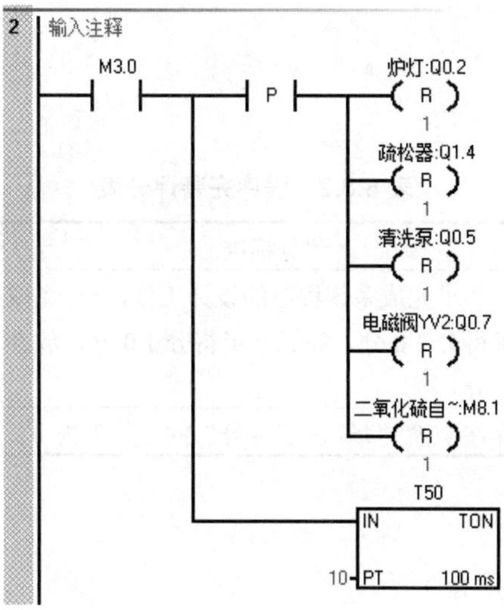

图 8.7.1 程序完善参考答案

8.8 发尘器控制系统调试

8.8.1 技能要求

完善赛场提供的 PLC 程序，完善后的程序保存在 U 盘“场次+工位号”的文件夹内，并将保存后的程序下载到 PLC 中。

8.8.2 任务指引

在关机子程序中网络 3 补充程序，程序要求：关闭发尘器，延时 5 s 后关闭补气泵和炉灯，再延时 1 s。

注意：根据程序前后内容，正确选中定时器号 T 和中间变量 M。

备注：如参赛选手无法完成，举手示意裁判放弃该任务并在放弃操作记录表（表 8.8.1）中签字，裁判确认后，由裁判长提供完整程序。

表 8.8.1 放弃操作记录表

序号	项目	参赛选手签字确认	裁判确认签字
1	无法完成，放弃		

8.8.3 评价体系

1. 评分表

表 8.8.2 程序完善评分表

重点检查内容	评分标准	配分	得分	备注
系统程序完善	安装要求完成系统程序的设计工作，全部完成正确得分 3.0 分，完成一半得分 1.0 分，放弃得 0 分	3.0		
	另存在 U 盘“场次+工位号”的文件夹内	0.2		

2. 参考答案

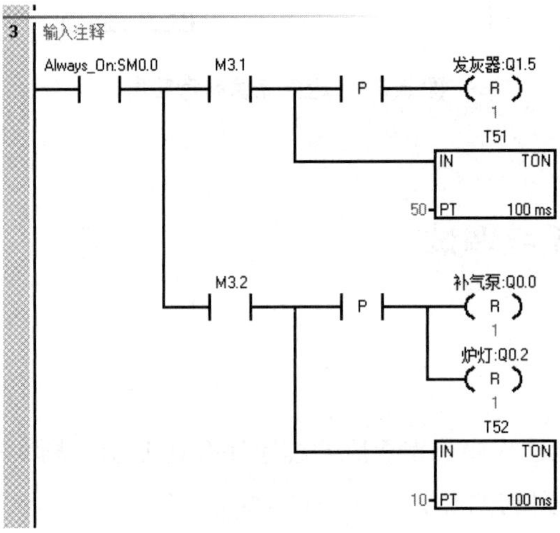

图 8.8.1 程序完善参考答案

8.9 振动电机控制系统调试

8.9.1 技能要求

完善赛场提供的 PLC 程序，完善后的程序保存在 U 盘“场次+工位号”的文件夹内，并将保存后的程序下载到 PLC 中。

8.9.2 任务指引

在关机子程序中网络 5 补充程序，程序要求：关闭喷淋泵 1、喷淋泵 2 和搅拌器，打开振动电机；延时 2 s 关闭振动电机，再延时 10 s。

注意：根据程序前后内容，正确选中定时器号 T 和中间变量 M。

备注：如参赛选手无法完成，举手示意裁判放弃该任务并在放弃操作记录表（表 8.9.1）中签字，裁判确认后，由裁判长提供完整程序。

表 8.9.1　放弃操作记录表

序号	项目	参赛选手签字确认	裁判确认签字
1	无法完成，放弃		

8.9.3　评价体系

1. 评分表

表 8.9.2　程序完善评分表

重点检查内容	评分标准	配分	得分	备注
系统程序完善	安装要求完成系统程序的设计工作，全部完成正确得分 3.0 分，完成一半得分 1.0 分，放弃得 0 分	3.0		
	另存在 U 盘“场次+工位号”的文件夹内	0.2		

2. 参考答案

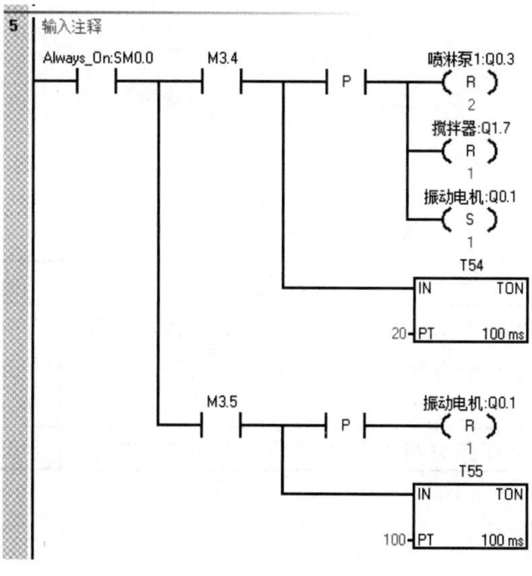

图 8.9.1　程序完善参考答案

8.10 调节阀控制系统调试

8.10.1 技能要求

完善赛场提供的 PLC 程序，完善后的程序保存在 U 盘“场次+工位号”的文件夹内，并将保存后的程序下载到 PLC 中。

8.10.2 任务指引

在 MAIN 程序网络 3 中补充程序，程序要求：上位机手动、自动切换开关未接通时调用手动调试程序，并复位调节阀自动控制和二氧化硫自动控制。

在 MAIN 程序网络 4 中补充程序，程序要求：上位机手动、自动切换开关接通后，按下上位机启动按钮，置位启动标志，复位停止标志。

注意：根据程序前后内容，正确选中定时器号 T 和中间变量 M。

备注：如参赛选手无法完成，举手示意裁判放弃该任务并在放弃操作记录表（表 8.10.1）中签字，裁判确认后，由裁判长提供完整程序。

表 8.10.1 放弃操作记录表

序号	项目	参赛选手签字确认	裁判确认签字
1	无法完成，放弃		

8.10.3 评价体系

1. 评分表

表 8.10.2 程序完善评分表

重点检查内容	评分标准	配分	得分	备注
系统程序完善	安装要求完成系统程序的设计工作，全部完成正确得分 3.0 分，完成一半得分 1.0 分，放弃得 0 分	3.0		
	另存在 U 盘“场次+工位号”的文件夹内	0.2		

2. 参考答案

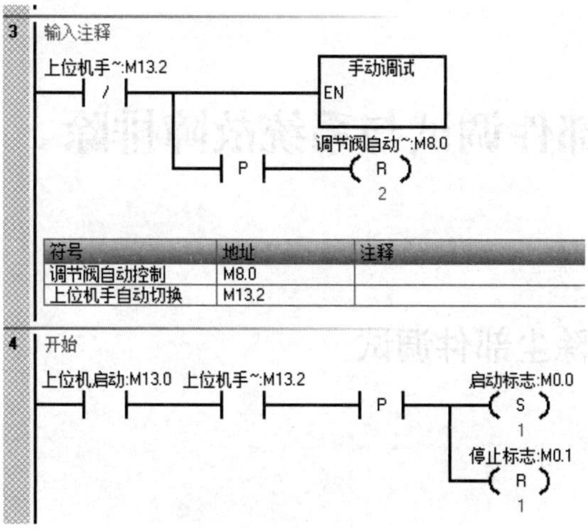

图 8.10.1 程序完善参考答案

9 烟气处理部件调试与系统故障排除

9.1 旋流、布袋除尘部件调试

9.1.1 技能要求

参赛选手根据现场竞赛设备和任务书要求，利用提供的器件与工具，完成旋流、布袋除尘部件调试。

9.1.2 任务指引

1）按照污染源→旋流除尘→布袋除尘→洗涤脱硫→吸附脱硫→烟囱的流程，正确地开关阀门。

2）打开 MCGS 工程（计算机 D：\考试程序\MCGS 工程），下载并进入运行环境。

3）旋流除尘器入口风速的最佳范围是 16～22 m/s，为使其在自动条件下能高效工作，将其入口风速为 17.5 m/s 时的流量，填入弹出的烟气流量控制界面（旋流除尘器的入口尺寸是：27 mm×57 mm）。

4）按照监测点分布，在传感器位置选择界面选择正确的安装位置（注意：测压降的差压传感器不用选位置）。截屏并保存在 U 盘“场次+工位号”的文件夹内，命名为“传感器位置选择”。

5）按照正确流程，在系统总图界面点击相应阀门图标，完成阀门切换。截屏并保存在 U 盘“场次+工位号”的文件夹内，命名为“阀门切换”。

6）在系统调试界面完成设备的单机调试：设置电动调节阀的开度为 76%，并检查器件的运行状况（注意风机转向和水泵气蚀）。截屏并保存在 U 盘“场次+工位号”的文件夹内，命名为“调节阀开度”。

7）调节稀释风量为 3.2 m^3/h；调节氧化风量为 0 m^3/h；调节喷淋泵 1 和喷淋泵 2 的喷淋量为 4.0 L/min；吸收塔的反冲流量为 3.5 L/min。调节前请裁判评判并在表 9.1.1 中进行记录。

表 9.1.1 操作记录表

序号	任务内容	数据计算与记录
1	设置烟气流量/（m^3/h）	
2	手动调试	进行□，未进行□
3	调节稀释风量/（m^3/h）	
4	调节氧化风量/（m^3/h）	
5	调节喷淋泵 1 的喷淋量/（L/min）	
6	调节喷淋泵 2 的喷淋量/（L/min）	
7	调节吸收塔的反冲流量/（L/min）	
8	吸收塔整体液气比/（L/m^3）	
选手签字：	裁判签字：	

9.1.3 评价体系

表 9.1.2 系统调试评分表

考核技能点	评分标准		分值	得分
系统调试	按流程调试，开关阀门	完全打开锅炉进风盖板，得 0.1 分	0.1	
		完全打开碱液回流阀，得 0.1 分	0.1	
		打开管道蝶阀，共 5 处，每处 0.1 分	0.5	
	打开 MCGS 工程，进入运行环境，得 0.1 分		0.1	
	控制流量确定	计算烟气控制流量，正常得 0.5 分。详见表 9.1.3 第 1 项	0.5	
		数据填入对话框，得 0.1 分	0.1	
	传感器安装位置选择，共 5 处，每处 0.1 分		0.5	
	截屏并保存在 U 盘“场次+工位号”的文件夹内，命名为“传感器位置选择”		0.05	
	在系统总图界面，完成阀门切换，共 3 处，每处 0.05 分		0.15	
	截屏并保存在 U 盘“场次+工位号”的文件夹内，命名为“阀门切换”		0.05	
	在系统调试界面完成设备的单机调试，操作规范得 1 分，详见表 9.1.3 第 2 项（未签字，不得分）		1	
	截屏并保存在 U 盘“场次+工位号”的文件夹内，命名为“调节阀开度”。共 0.05 分，开度不为 76%，不得分		0.05	
	流体流量调节，共 5 处，每处 0.2 分，详见表 9.1.3 第 3～7 项（未签字，不得分）		1	
	吸收塔整体液气比计算正确，得 0.2 分，详见表 9.1.3 第 8 项		0.2	

表 9.1.3　技能操作过程记录评分表

序号	任务内容	参考答案	分值	得分
1	设置烟气流量/（m^3/h）	96～97	0.5	
2	手动调试	进行☑，未进行□	1	
3	调节稀释风量/（m^3/h）	3.2±0.2	0.2	
4	调节氧化风量/（m^3/h）	0	0.2	
5	调节喷淋泵 1 的喷淋量/（L/min）	4±0.2	0.2	
6	调节喷淋泵 2 的喷淋量/（L/min）	4±0.2	0.2	
7	调节吸收塔的反冲流量/（L/min）	3.5±0.2	0.2	
8	吸收塔整体液气比/（L/m^3）	（4.9～5）：1	0.2	
合计：（未签字，不得分）				

9.2　机械、过滤除尘部件调试

9.2.1　技能要求

参赛选手根据现场竞赛设备和任务书要求，利用提供的器件与工具，完成机械、过滤除尘部件调试。

9.2.2　任务指引

1）按照污染源→机械除尘→过滤除尘→洗涤脱硫→吸附脱硫→烟囱的流程，正确地开关阀门。

2）打开 MCGS 工程（计算机 D：\考试程序\MCGS 工程），下载并进入运行环境。

3）填料吸收塔的最佳空塔速度为 0.3～1 m/s，为使其在自动条件下能高效工作，将其空速为 0.56 m/s 时的流量，填入弹出的烟气流量控制界面（填料吸收塔的内径尺寸是：ϕ247 mm）。

4）按照监测点分布，在传感器位置选择界面选择正确的安装位置（注意：测压降的差压传感器不用选位置）。截屏并保存在 U 盘“场次+工位号”的文件夹内，命名为“传感器位置选择”。

5）按照正确流程，在系统总图界面点击相应阀门图标，完成阀门切换。截屏并保存在 U 盘“场次+工位号”的文件夹内，命名为“阀门切换”。

6）在系统调试界面完成设备的单机调试：设置电动调节阀的开度为 75%，并检查器件的运行状况（注意风机转向和水泵气蚀）。截屏并保存在 U 盘“场次+工位号”的文件夹内，命名为“调节阀开度”。

7）调节稀释风量为 3.0 m^3/h；调节氧化风量为 0 m^3/h；调节喷淋泵 1 和喷淋泵 2 的喷淋量为 4.0 L/min；吸收塔的反冲流量为 3.0 L/min。调节前请裁判评判并在表 9.2.1 中进行记录。

表 9.2.1 操作记录表

序号	任务内容	数据计算与记录
1	设置烟气流量/（m^3/h）	
2	手动调试	进行□，未进行□
3	调节稀释风量/（m^3/h）	
4	调节氧化风量/（m^3/h）	
5	调节喷淋泵 1 的喷淋量/（L/min）	
6	调节喷淋泵 2 的喷淋量/（L/min）	
7	调节吸收塔的反冲流量/（L/min）	
8	吸收塔整体液气比/（L/m^3）	
选手签字：	裁判签字：	

9.2.3 评价体系

评分表见表 9.2.2、表 9.2.3。

表 9.2.2 系统调试评分表

考核技能点	评分标准		分值	得分
系统调试	按流程调试，开关阀门	完全打开锅炉进风盖板，得 0.1 分	0.1	
		完全打开碱液回流阀，得 0.1 分	0.1	
		打开管道蝶阀，共 5 处，每处 0.1 分	0.5	
	打开 MCGS 工程，进入运行环境，得 0.1 分		0.1	
	控制流量确定	计算烟气控制流量，正常得 0.5 分。详见表 9.2.3 第 1 项	0.5	
		数据填入对话框，得 0.1 分	0.1	
	传感器安装位置选择，共 5 处，每处 0.1 分		0.5	
	截屏并保存在 U 盘“场次+工位号”的文件夹内，命名为“传感器位置选择”		0.05	
	在系统总图界面，完成阀门切换，共 3 处，每处 0.05 分		0.15	
	截屏并保存在 U 盘“场次+工位号”的文件夹内，命名为“阀门切换”		0.05	
	在系统调试界面完成设备的单机调试，操作规范得 1 分，详见表 9.2.3 第 2 项（未签字，不得分）		1	
	截屏并保存在 U 盘“场次+工位号”的文件夹内，命名为“调节阀开度”。共 0.05 分，开度不为 75%，不得分		0.05	
	流体流量调节，共 5 处，每处 0.2 分，详见表 9.2.3 第 3～7 项（未签字，不得分）		1	
	吸收塔整体液气比计算正确，得 0.2 分，详见表 9.2.3 第 8 项		0.2	

表 9.2.3 技能操作过程记录评分表

序号	任务内容	参考答案	分值	得分
1	设置烟气流量/（m^3/h）	96～97	0.5	
2	手动调试	进行☑，未进行□	1	
3	调节稀释风量/（m^3/h）	3.0±0.2	0.2	
4	调节氧化风量/（m^3/h）	0	0.2	
5	调节喷淋泵 1 的喷淋量/（L/min）	4±0.2	0.2	
6	调节喷淋泵 2 的喷淋量/（L/min）	4±0.2	0.2	
7	调节吸收塔的反冲流量/（L/min）	3.0±0.2	0.2	
8	吸收塔整体液气比/（L/m^3）	（4.9～5.0）：1	0.2	
合计：（未签字，不得分）				

9.3 烟气处理系统综合调试（一）

9.3.1 技能要求

参赛选手根据现场竞赛设备和任务书要求，利用提供的器件与工具，完成烟气处理系统综合调试。

9.3.2 任务指引

1）按照污染源→机械除尘→过滤除尘→洗涤脱硫→吸附脱硫→烟囱的流程，正确地开关阀门。

2）打开 MCGS 工程（计算机 D：\考试程序\MCGS 工程），下载并进入运行环境。

3）活性炭吸附塔的最佳空塔速度为 0.05～0.5 m/s，为使其在自动条件下能高效工作，将其空速为 0.39 m/s 时的流量，填入弹出的烟气流量控制界面（活性炭吸附塔的内径尺寸是：Φ297 mm）。

4）按照监测点分布，在传感器位置选择界面选择正确的安装位置（注意：测压降的差压传感器不用选位置）。截屏并保存在 U 盘“场次+工位号”的文件夹内，命名为“传感器位置选择”。

5）按照正确流程，在系统总图界面点击相应阀门图标，完成阀门切换。截屏并保存在 U 盘“场次+工位号”的文件夹内，命名为“阀门切换”。

6）在系统调试界面完成设备的单机调试：设置电动调节阀的开度为 77%，并检查器件的运行状况（注意风机转向和水泵气蚀）。截屏并保存在 U 盘“场次+工位号”的文件夹内，命名为“调节阀开度”。

7）调节稀释风量为 3.6 m^3/h；调节氧化风量为 0 m^3/h；调节喷淋泵 1 和喷淋泵 2 的喷淋量为 3.5 L/min；吸收塔的反冲流量为 3.0 L/min。调节前请裁判评判并在表 9.3.1 中进行记录。

表 9.3.1 操作记录表

序号	任务内容	数据计算与记录
1	设置烟气流量/（m^3/h）	
2	手动调试	进行□，未进行□
3	调节稀释风量/（m^3/h）	
4	调节氧化风量/（m^3/h）	
5	调节喷淋泵 1 的喷淋量/（L/min）	
6	调节喷淋泵 2 的喷淋量/（L/min）	
7	调节吸收塔的反冲流量/（L/min）	
8	吸收塔整体液气比/（L/m^3）	
选手签字：	裁判签字：	

9.3.3 评价体系

评分表如表 9.3.2、表 9.3.3 所示。

表 9.3.2 系统调试评分表

<table>
<tr><th>考核技能点</th><th colspan="2">评分标准</th><th>分值</th><th>得分</th></tr>
<tr><td rowspan="14">系统调试</td><td rowspan="3">按流程调试，开关阀门</td><td>完全打开锅炉进风盖板，得 0.1 分</td><td>0.1</td><td></td></tr>
<tr><td>完全打开碱液回流阀，得 0.1 分</td><td>0.1</td><td></td></tr>
<tr><td>打开管道蝶阀，共 5 处，每处 0.1 分</td><td>0.5</td><td></td></tr>
<tr><td colspan="2">打开 MCGS 工程，进入运行环境，得 0.1 分</td><td>0.1</td><td></td></tr>
<tr><td rowspan="2">控制流量确定</td><td>计算烟气控制流量，正常得 0.5 分。详见表 9.3.3 第 1 项</td><td>0.5</td><td></td></tr>
<tr><td>数据填入对话框，得 0.1 分</td><td>0.1</td><td></td></tr>
<tr><td colspan="2">传感器安装位置选择，共 5 处，每处 0.1 分</td><td>0.5</td><td></td></tr>
<tr><td colspan="2">截屏并保存在 U 盘“场次+工位号”的文件夹内，命名为“传感器位置选择”</td><td>0.05</td><td></td></tr>
<tr><td colspan="2">在系统总图界面，完成阀门切换，共 3 处，每处 0.05 分</td><td>0.15</td><td></td></tr>
<tr><td colspan="2">截屏并保存在 U 盘“场次+工位号”的文件夹内，命名为“阀门切换”</td><td>0.05</td><td></td></tr>
<tr><td colspan="2">在系统调试界面完成设备的单机调试，操作规范得 1 分，详见表 9.3.3 第 2 项（未签字，不得分）</td><td>1</td><td></td></tr>
<tr><td colspan="2">截屏并保存在 U 盘“场次+工位号”的文件夹内，命名为“调节阀开度”。共 0.05 分，开度不为 77%，不得分</td><td>0.05</td><td></td></tr>
<tr><td colspan="2">流体流量调节，共 5 处，每处 0.2 分，详见表 9.3.3 第 3～7 项（未签字，不得分）</td><td>1</td><td></td></tr>
<tr><td colspan="2">吸收塔整体液气比计算正确，得 0.2 分，详见表 9.3.3 第 8 项</td><td>0.2</td><td></td></tr>
</table>

表 9.3.3 技能操作过程记录评分表

序号	任务内容	参考答案	分值	得分
1	设置烟气流量/（m^3/h）	97～98	0.5	
2	手动调试	进行☑，未进行□	1	
3	调节稀释风量/（m^3/h）	3.6±0.2	0.2	
4	调节氧化风量/（m^3/h）	0	0.2	
5	调节喷淋泵 1 的喷淋量/（L/min）	3.5±0.2	0.2	
6	调节喷淋泵 2 的喷淋量/（L/min）	3.5±0.2	0.2	
7	调节吸收塔的反冲流量/（L/min）	3.0±0.2	0.2	
8	吸收塔整体液气比/（L/m^3）	（4.2～4.4）：1	0.2	
合计：（未签字，不得分）				

9.4 烟气处理系统综合调试（二）

9.4.1 技能要求

参赛选手根据现场竞赛设备和任务书要求，利用提供的器件与工具，完成烟气处理系统综合调试。

9.4.2 任务指引

1）按照污染源→机械除尘→过滤除尘→洗涤脱硫→吸附脱硫→烟囱的流程，正确地开关阀门。

2）打开 MCGS 工程（计算机 D：\考试程序\MCGS 工程），下载并进入运行环境。

3）机械振动清灰的布袋除尘器处理含滑石粉的粉尘的最佳过滤风速 0.5～1.0 m/min，经综合考虑，现取过滤风速为 0.95 m/min 来计算处理风量，并填入弹出的烟气流量控制界面（单个涤纶针刺袋的有效过滤面积为 0.282 6 m^2）。

4）按照监测点分布，在传感器位置选择界面选择正确的安装位置（注意：测压降的差压传感器不用选位置）。截屏并保存在 U 盘“场次+工位号”的文件夹内，命名为“传感器位置选择”。

5）按照正确流程，在系统总图界面点击相应阀门图标，完成阀门切换。截屏并保存在 U 盘“场次+工位号”的文件夹内，命名为“阀门切换”。

6）在系统调试界面完成设备的单机调试：设置电动调节阀的开度为 74%，并检查器件的运行状况（注意风机转向和水泵气蚀）。截屏并保存在 U 盘“场次+工位号”的文件夹内，命名为“调节阀开度”。

7）调节稀释风量为 2.8 m^3/h；调节氧化风量为 0 m^3/h；调节喷淋泵 1 和喷淋泵 2 的喷淋量为 4.0 L/min；吸收塔的反冲流量为 4.0 L/min。

8）将相关数据填写在表 9.4.1 中。

表 9.4.1 操作记录表

序号	任务内容	数据计算与记录
1	设置烟气流量/（m^3/h）	
2	手动调试	进行□，未进行□
3	调节稀释风量/（m^3/h）	
4	调节氧化风量/（m^3/h）	
5	调节喷淋泵 1 的喷淋量/（L/min）	
6	调节喷淋泵 2 的喷淋量/（L/min）	
7	调节吸收塔的反冲流量/（L/min）	
8	吸收塔整体液气比/（L/m^3）	
选手签字：	裁判签字：	

9.4.3 评价体系

评分表如表 9.4.2、表 9.4.3 所示。

表 9.4.2 系统调试评分表

<table>
<tr><th>考核技能点</th><th colspan="2">评分标准</th><th>分值</th><th>得分</th></tr>
<tr><td rowspan="15">系统调试</td><td rowspan="3">按流程调试，开关阀门</td><td>完全打开锅炉进风盖板，得 0.1 分</td><td>0.1</td><td></td></tr>
<tr><td>完全打开碱液回流阀，得 0.1 分</td><td>0.1</td><td></td></tr>
<tr><td>打开管道蝶阀，共 5 处，每处 0.1 分</td><td>0.5</td><td></td></tr>
<tr><td colspan="2">打开 MCGS 工程，进入运行环境，得 0.1 分</td><td>0.1</td><td></td></tr>
<tr><td rowspan="2">控制流量确定</td><td>计算烟气控制流量，正常得 0.5 分。详见表 9.4.3 第 1 项</td><td>0.5</td><td></td></tr>
<tr><td>数据填入对话框，得 0.1 分</td><td>0.1</td><td></td></tr>
<tr><td colspan="2">传感器安装位置选择，共 5 处，每处 0.1 分</td><td>0.5</td><td></td></tr>
<tr><td colspan="2">截屏并保存在 U 盘“场次+工位号”的文件夹内，命名为“传感器位置选择”</td><td>0.05</td><td></td></tr>
<tr><td colspan="2">在系统总图界面，完成阀门切换，共 3 处，每处 0.05 分</td><td>0.15</td><td></td></tr>
<tr><td colspan="2">截屏并保存在 U 盘“场次+工位号”的文件夹内，命名为“阀门切换”</td><td>0.05</td><td></td></tr>
<tr><td colspan="2">在系统调试界面完成设备的单机调试。操作规范得 1 分，详见表 9.4.3 第 2 项（未签字，不得分）</td><td>1</td><td></td></tr>
<tr><td colspan="2">截屏并保存在 U 盘“场次+工位号”的文件夹内，命名为“调节阀开度”。共 0.05 分，开度不为 74%，不得分</td><td>0.05</td><td></td></tr>
<tr><td colspan="2">流体流量调节，共 5 处，每处 0.2 分，详见表 9.4.3 第 3～7 项（未签字，不得分）</td><td>1</td><td></td></tr>
<tr><td colspan="2">吸收塔整体液气比计算正确，得 0.2 分，详见表 9.4.3 第 8 项</td><td>0.2</td><td></td></tr>
</table>

表 9.4.3 技能操作过程记录评分表

序号	任务内容	参考答案	分值	得分
1	设置烟气流量/（m^3/h）	96～97	0.5	
2	手动调试	进行☑，未进行□	1	
3	调节稀释风量/（m^3/h）	2.8±0.2	0.2	
4	调节氧化风量/（m^3/h）	0	0.2	
5	调节喷淋泵 1 的喷淋量/（L/min）	4±0.2	0.2	
6	调节喷淋泵 2 的喷淋量/（L/min）	4±0.2	0.2	
7	调节吸收塔的反冲流量/（L/min）	4±0.2	0.2	
8	吸收塔整体液气比/（L/m^3）	（4.9～5）：1	0.2	
合计：（未签字，不得分）				

9.5 烟气处理系统综合调试（三）

9.5.1 技能要求

参赛选手根据现场竞赛设备和任务书要求，利用提供的器件与工具，完成烟气处理系统综合调试。

9.5.2 任务指引

1）按照污染源→机械除尘→过滤除尘→洗涤脱硫→吸附脱硫→烟囱的流程，正确地开关阀门。

2）打开 MCGS 工程（计算机 D：\考试程序\MCGS 工程），下载并进入运行环境。

3）含轻质低浓度粉尘的气体的管内推荐流速为 10～12 m/s，综合各方面考虑，现将除尘系统的管内废气流速定为 10.9 m/s，计算其流量并填入弹出的烟气流量控制界面（除尘系统的管道内径尺寸是：Φ56 mm）。

4）按照监测点分布，在传感器位置选择界面选择正确的安装位置（注意：测压降的差压传感器不用选位置）。截屏并保存在 U 盘“场次+工位号”的文件夹内，命名为“传感器位置选择”。

5）按照正确流程，在系统总图界面点击相应阀门图标，完成阀门切换。截屏并保存在 U 盘“场次+工位号”的文件夹内，命名为“阀门切换”。

6）在系统调试界面完成设备的单机调试：设置电动调节阀的开度为 66%，并检查器件的运行状况（注意风机转向和水泵气蚀）。截屏并保存在 U 盘“场次+工位号”的文件夹内，命名为“调节阀开度”。

7）调节稀释风量为 3.6 m^3/h；调节氧化风量为 0 m^3/h；调节喷淋泵 1 的喷淋量为 3.5 L/min；调节喷淋泵 2 的喷淋量为 4.0 L/min；吸收塔的反冲流量为 3.0 L/min。调节前请裁判评判，并在表 9.5.1 中进行记录。

表 9.5.1 操作记录表

序号	任务内容	数据计算与记录
1	设置烟气流量/（m^3/h）	
2	手动调试	进行□，未进行□
3	调节稀释风量/（m^3/h）	
4	调节氧化风量/（m^3/h）	
5	调节喷淋泵 1 的喷淋量/（L/min）	
6	调节喷淋泵 2 的喷淋量/（L/min）	
7	调节吸收塔的反冲流量/（L/min）	
8	吸收塔整体液气比/（L/m^3）	
选手签字：	裁判签字：	

9.5.3 评价体系

评分表如表 9.5.2、表 9.5.3 所示。

表 9.5.2 系统调试评分表

考核技能点	评分标准		分值	得分
系统调试	按流程调试，开关阀门	完全打开锅炉进风盖板，得 0.1 分	0.1	
		完全打开碱液回流阀，得 0.1 分	0.1	
		打开管道蝶阀，共 5 处，每处 0.1 分	0.5	
	打开 MCGS 工程，进入运行环境，得 0.1 分		0.1	
	控制流量确定	计算烟气控制流量，正常得 0.5 分。详见表 9.5.3 第 1 项	0.5	
		数据填入对话框，得 0.1 分	0.1	
	传感器安装位置选择，共 5 处，每处 0.1 分		0.5	
	截屏并保存在 U 盘“场次+工位号”的文件夹内，命名为“传感器位置选择”		0.05	
	在系统总图界面，完成阀门切换，共 3 处，每处 0.05 分		0.15	
	截屏并保存在 U 盘“场次+工位号”的文件夹内，命名为“阀门切换”		0.05	
	在系统调试界面完成设备的单机调试。操作规范得 1 分，详见表 9.5.3 第 2 项（未签字，不得分）		1	
	截屏并保存在 U 盘“场次+工位号”的文件夹内，命名为“调节阀开度”。共 0.05 分，开度不为 66%，不得分		0.05	
	流体流量调节，共 5 处，每处 0.2 分，详见表 9.5.3 第 3～7 项（未签字，不得分）		1	
	吸收塔整体液气比计算正确，得 0.2 分，详见表 9.5.3 第 8 项		0.2	

表 9.5.3 技能操作过程记录评分表

序号	任务内容	参考答案	分值	得分
1	设置烟气流量/（m^3/h）	96～97	0.5	
2	手动调试	进行☑，未进行□	1	
3	调节稀释风量/（m^3/h）	3.6±0.2	0.2	
4	调节氧化风量/（m^3/h）	0	0.2	
5	调节喷淋泵 1 的喷淋量/（L/min）	3.5±0.2	0.2	
6	调节喷淋泵 2 的喷淋量/（L/min）	4±0.2	0.2	
7	调节吸收塔的反冲流量/（L/min）	3.0±0.2	0.2	
8	吸收塔整体液气比/（L/m^3）	（4.6～4.7）：1	0.2	
合计：（未签字，不得分）				

9.6 系统故障排除

9.6.1 技能要求

参赛选手根据现场竞赛设备和任务书要求，利用提供的器件与工具，完成烟气处理系统的日常维护及故障检修。

9.6.2 任务指引

找出 4 处隐藏故障点，排除故障，完成调试，并填写设备日常维护记录单（表 9.6.1）（如若放弃某项故障排查，应在放弃确认列的相应格子内填“放弃”二字并签字）。

表 9.6.1 设备日常维护记录单

序号	故障点位置	故障现象	解决方案	放弃确认
1				
2				
3				
4				
选手签字：		裁判签字：		

9.6.3 评价体系

评分表如表 9.6.2、表 9.6.3 所示。

表 9.6.2 系统调试评分表

考核技能点	评分标准	分值	得分
设备日常维护	排除故障，维护设备。4 处故障，共 12 个空格。单个空格，每处 0.2 分。若有放弃项，则直接扣完该处故障的全部 0.6 分。答案详见表 9.6.3（4 处故障排序不分先后）	2.4	

表 9.6.3 设备日常维护记录单评分表

序号	故障点位置	故障现象	解决方案	分值	得分
1	搅拌器	不运行	参数 F-03 改为 3	0.6	
2	控制柜内变频器	按键无效	解锁	0.6	
3	$1^{\#}$差压传感器	传感器数据显示不正常，无法调零	连接被断开的接头	0.6	
4	控制柜电源导线	短路，不通电	更换导线	0.6	

10 烟气处理系统整体运行

10.1 在线 pH 仪标定

10.1.1 技能要求

根据任务书的要求，利用给定的缓冲试剂、蒸馏水和实验仪器，完成仪表标定与校零，确保仪器的正常使用。

10.1.2 任务指引

参赛选手根据任务书要求，利用现场提供的药剂和仪器，完成电极极化、缓冲液配制和 pH 仪标定等实践操作（请示裁判并在裁判的监督下完成以下操作）。

1）将在线 pH 仪通电预热 30 min，预热前和结束后，举手示意裁判，记录开始时间和结束时间并签字。

2）配制 pH 分别为 6.86 和 4.01 的标准缓冲液：将相应 pH 缓冲剂粉末倒入 250 mL 容量瓶中，配制成标准溶液，待用。

3）在线 pH 仪标定：

① 将电极用蒸馏水清洗干净并用滤纸吸干，然后将电极插入标准缓冲液 pH 6.86 中进行零点标定。待 BUFFER1 界面的电压数稳定，举手示意裁判，进行记录签字后，存入仪表。

② 将电极从标准缓冲液 pH 6.86 中取出，清洗干净并用滤纸吸干，然后将电极插入标准缓冲液 pH 4.01 中进行斜率标定。待 BUFFER2 界面的电压数稳定，举手示意裁判，进行记录签字后，存入仪表。

③ 将电极用蒸馏水清洗干净并用滤纸吸干，然后将电极插入标准缓冲液 pH 6.86 中进行回测，确认性能正常。

④ 将电极悬挂于水箱角落，使得电极测量头浸入液体中（尾部出线处切不可浸入液体中）。

⑤ 在线 pH 仪标定技能操作过程记入表 10.1.1 中。

表 10.1.1 在线 pH 仪标定操作过程记录表

<table>
<tr><td>项目</td><td colspan="2">预热起止时间</td><td>零点标定电压值</td><td>斜率标定电压值</td><td>回测 pH</td></tr>
<tr><td>pH 仪标定</td><td>起：</td><td>止：</td><td></td><td></td><td></td></tr>
<tr><td>签字</td><td colspan="2">选手签字：</td><td colspan="3">裁判签字：</td></tr>
</table>

10.1.3 评价体系

1. 评分表

表 10.1.2 在线 pH 仪标定评分表

<table>
<tr><td>序号</td><td>考核技能点</td><td>评分标准</td><td>分值</td><td>备注</td></tr>
<tr><td rowspan="6">1</td><td rowspan="6">在线 pH 仪标定</td><td>仪器预热共 1 分，时间不足 30 min（即终止时间−起始时间＜30 min）扣 0.5 分，没有预热不得分。详见表 10.1.3（未签字，不得分）</td><td>1</td><td></td></tr>
<tr><td>容量瓶上未贴标签，1 处扣 0.2 分</td><td>0.4</td><td></td></tr>
<tr><td>定容操作规范得 0.5 分，合格得 0.3 分，不合格得 0 分</td><td>0.5</td><td></td></tr>
<tr><td>传感器与仪表之间标定零点和斜率，未标定扣 1.5 分，标定操作不正确（斜率电压值−零点电压值＜50），扣 1 分。详见表 10.1.3（未签字，不得分）</td><td>1.5</td><td></td></tr>
<tr><td>回测值测试共 1 分，其值不在 6.86±0.2 之内，扣 0.5 分。详见表 10.1.3（未签字，不得分）</td><td>1</td><td></td></tr>
<tr><td>电极悬挂于水箱角落电极测量头浸入液体中，得分 0.2，尾部出线处浸入液体中得 0 分</td><td>0.2</td><td></td></tr>
<tr><td>2</td><td colspan="3">总分</td><td></td></tr>
</table>

2. 参考答案

表 10.1.3 在线 pH 仪标定操作过程评分表

<table>
<tr><td>项目</td><td colspan="2">预热起止时间</td><td>零点标定电压值</td><td>斜率标定电压值</td><td>回测 pH</td></tr>
<tr><td rowspan="2">参考答案</td><td>起：实测</td><td>止：实测</td><td>实测</td><td>实测</td><td rowspan="2">6.86±0.2</td></tr>
<tr><td colspan="2">止−起≥30 min</td><td colspan="2">斜率电压值−零点电压值≥50</td></tr>
<tr><td>分值</td><td colspan="2">1</td><td colspan="2">1.5</td><td>1</td></tr>
<tr><td>得分</td><td colspan="2"></td><td colspan="2"></td><td></td></tr>
<tr><td>合计：</td><td colspan="5">（未签字，不得分）</td></tr>
</table>

10.2 差压传感器调零

10.2.1 技能要求

根据任务书的要求，利用给定的差压传感器，完成仪表标定与校零，确保差压传感器的正常使用。

10.2.2 任务指引

参赛选手根据任务书要求，利用现场提供的仪器和工具，完成仪器调零和截图保存等实践操作。

1）确保差压传感器处于通电和零压力受压状态。

2）对照系统调试界面上的监控数据，检查差压传感器的数值是否在–0.5～0.8。

3）将不符合要求的仪器进行调零处理：同时按住 S 键和 Z 键 5 s 以上，然后同时释放。

4）在系统调试界面截屏并保存在 U 盘“场次+工位号”的文件夹内，命名为“原始数据”。

5）填写表 10.2.1 并请示裁判确认签字。

表 10.2.1 传感器调零确认表

序号	传感器名称	零点值
1	1#差压传感器	
2	2#差压传感器	
3	3#差压传感器	
选手确认：	裁判确认：	

10.2.3 评价体系

1. 评分表

表 10.2.2 差压传感器调零评分表

序号	考核技能点	评分标准	分值	备注
1	差压传感器调零	传感器调零设置，每个参数值 0.4 分，共 1.2 分。具体见表 10.2.3（未签字，不得分）	1.2	
		截图并保存在 U 盘“场次+工位号”的文件夹内，命名为“原始数据”	0.3	
2	总分			

2. 参考答案

表 10.2.3 差压传感器调零确认评分表

传感器名称	零点值（范围）	分值	得分
1#差压传感器	−0.2～0.8	0.4	
2#差压传感器	−0.2～0.8	0.4	
3#差压传感器	−0.2～0.8	0.4	
合计（未签字，不得分）			

10.3 在线 pH 仪参数设置

10.3.1 技能要求

根据任务书的要求，完成在线 pH 仪参数设置，确保 pH 仪的正常使用。

10.3.2 任务指引

参赛选手根据任务书要求，在指定的在线 pH 仪上，完成参数更改和保存等实践操作。

1）按表 10.3.1，完成在线 pH 仪的运行参数设置：

表 10.3.1 在线 pH 仪的运行参数设置表

编号	项目		需设的参数
1	测量模式（Mode）		酸碱度（pH）
2	测温方式（Temperature）		自动测温（ATC）
3	报警设置	Relay-1	打开功能（AUTO），低位报警（LO），限值为 7.5，迟滞值为 0.2
4		Relay-2	关闭功能（OFF）
5	电流输出（Current）		打开功能（AUTO），4 mA 对应 pH 为 0，20 mA 对应 pH 为 14

2）按表 10.3.2，完成在线 pH 仪的运行参数设置：

表 10.3.2 在线 pH 仪的运行参数设置表

编号	项目		需设的参数
1	测量模式（Mode）		酸碱度（pH）
2	测温方式（Temperature）		自动测温（ATC）
3	报警设置	Relay-1	关闭功能（OFF）
4		Relay-2	打开功能（AUTO），低位报警（LO），限值为 7.4，迟滞值为 0.2
5	电流输出（Current）		打开功能（AUTO），4 mA 对应 pH 为 0，20 mA 对应 pH 为 14

3）按表 10.3.3，完成在线 pH 仪的运行参数设置：

表 10.3.3　在线 pH 仪的运行参数设置表

编号	项目		需设的参数
1	测量模式（Mode）		酸碱度（pH）
2	测温方式（Temperature）		自动测温（ATC）
3	报警设置	Relay-1	打开功能（AUTO），高位报警（Hi），限值为 13.5，迟滞值为 0.1
4		Relay-2	打开功能（AUTO），低位报警（LO），限值为 7.6，迟滞值为 0.2
5	电流输出（Current）		打开功能（AUTO），4 mA 对应 pH 为 0，20 mA 对应 pH 为 14

10.3.3　评价体系

1. 评分表

表 10.3.4　在线 pH 仪的运行参数设置评分表

序号	考核技能点	评分标准	分值	备注
1	在线 pH 仪的运行参数设置	在线 pH 仪的运行参数设置，共 1.4 分。详见表 10.3.5～表 10.3.7	1.4	
2	总分			

2. 参考答案

表 10.3.5　在线 pH 仪的运行参数设置配分表

编号	项目		需设的参数	分值	得分
1	测量模式（Mode）		酸碱度（pH）	0.2	
2	测温方式（Temperature）		自动测温（ATC）	0.2	
3	报警设置	Relay-1	打开功能（AUTO），低位报警（LO），限值为 7.5，迟滞值为 0.2	0.4	
4		Relay-2	关闭功能（OFF）	0.2	
5	电流输出（Current）		打开功能（AUTO），4 mA 对应 pH 为 0，20 mA 对应 pH 为 14	0.4	
6	合计：				

表 10.3.6　在线 pH 仪的运行参数设置配分表

<table>
<tr><th>编号</th><th colspan="2">项目</th><th>需设的参数</th><th>分值</th><th>得分</th></tr>
<tr><td>1</td><td colspan="2">测量模式（Mode）</td><td>酸碱度（pH）</td><td>0.2</td><td></td></tr>
<tr><td>2</td><td colspan="2">测温方式（Temperature）</td><td>自动测温（ATC）</td><td>0.2</td><td></td></tr>
<tr><td>3</td><td rowspan="2">报警设置</td><td>Relay-1</td><td>关闭功能（OFF）</td><td>0.2</td><td></td></tr>
<tr><td>4</td><td>Relay-2</td><td>打开功能（AUTO），低位报警（LO），限值为 7.4，迟滞值为 0.2</td><td>0.4</td><td></td></tr>
<tr><td>5</td><td colspan="2">电流输出（Current）</td><td>打开功能（AUTO），4 mA 对应 pH 为 0，20 mA 对应 pH 为 14</td><td>0.4</td><td></td></tr>
<tr><td>6</td><td colspan="4">合计：</td><td></td></tr>
</table>

表 10.3.7　在线 pH 仪的运行参数设置配分表

<table>
<tr><th>编号</th><th colspan="2">项目</th><th>需设的参数</th><th>分值</th><th>得分</th></tr>
<tr><td>1</td><td colspan="2">测量模式（Mode）</td><td>酸碱度（pH）</td><td>0.2</td><td></td></tr>
<tr><td>2</td><td colspan="2">测温方式（Temperature）</td><td>自动测温（ATC）</td><td>0.2</td><td></td></tr>
<tr><td>3</td><td rowspan="2">报警设置</td><td>Relay-1</td><td>打开功能（AUTO），高位报警（Hi），限值为 13.5，迟滞值为 0.1</td><td>0.3</td><td></td></tr>
<tr><td>4</td><td>Relay-2</td><td>打开功能（AUTO），低位报警（LO），限值为 7.6，迟滞值为 0.2</td><td>0.3</td><td></td></tr>
<tr><td>5</td><td colspan="2">电流输出（Current）</td><td>打开功能（AUTO），4 mA 对应 pH 为 0，20 mA 对应 pH 为 14</td><td>0.4</td><td></td></tr>
<tr><td>6</td><td colspan="4">合计：</td><td></td></tr>
</table>

10.4　变频器参数设置

10.4.1　技能要求

根据任务书的要求，完成变频器参数设置，确保变频器的正常使用。

10.4.2　任务指引

参赛选手根据任务书要求，在指定的变频器上，完成表格填写、参数更改和数据保存等实践操作。

（1）完善变频器参数表 10.4.1，并完成变频器相关参数设置：

表 10.4.1 变频器参数表

序号	参数	参数名称	设置值	备注
1	P1	上限频率（Hz）		
2	P8	减速时间	40	
3	P9	电机的额定电流（A）		
4	P124	有无 CR/LF 选择	0	
5	P549	协议选择	1	

（2）完善变频器参数表 10.4.2，并完成变频器相关参数设置：

表 10.4.2 变频器参数表

序号	参数	参数名称	设置值	备注
1	P1	上限频率（Hz）		
2	P3	电机的额定频率（Hz）		
3	P117	PU 通信站号	3	
4	P121	PU 通信再试次数	9999	
5	P549	协议选择	1	

（3）完善变频器参数表 10.4.3，并完成变频器相关参数设置：

表 10.4.3 变频器参数表

序号	参数	参数名称	设置值	备注
1	P3	电机额定频率（Hz）		
2	P9	电机的额定电流（A）		
3	P117	PU 通信站号	3	
4	P339	通信速率指令权	2	
5	P340	通信启动模式选择	1	

10.4.3 评价体系

1. 评分表

表 10.4.4 变频器参数设置评分表

序号	考核技能点	评分标准	分值	备注
1	变频器参数设置	变频器参数设置，参数值填写每个 0.25 分，参数设置共 0.5 分。具体见表 10.4.5～表 10.4.7	3	
2	总分			

2. 参考答案

表 10.4.5 变频器参数设置配分表

序号	参数	参数名称	设置值	分值	得分	备注
1	P1	上限频率（Hz）	50	0.75		填写 0.25 分，设置 0.5 分
2	P8	减速时间	40	0.5		
3	P9	电机的额定电流（A）	3.4	0.75		填写 0.25 分，设置 0.5 分
4	P124	有无 CR/LF 选择	0	0.5		
5	P594	协议选择	1	0.5		
合计						

表 10.4.6 变频器参数设置配分表

序号	参数	参数名称	设置值	分值	得分	备注
1	P1	上限频率（Hz）	50	0.75		填写 0.25 分，设置 0.5 分
2	P3	电机的额定频率（Hz）	50	0.75		填写 0.25 分，设置 0.5 分
3	P117	PU 通信站号	3	0.5		
4	P121	PU 通信再试次数	9 999	0.5		
5	P549	协议选择	1	0.5		
合计						

表 10.4.7 变频器参数设置配分表

序号	参数	参数名称	设置值	分值	得分	备注
1	P3	电机额定频率	50	0.75		填写 0.25 分，设置 0.5 分
2	P9	电机的额定电流	3.4	0.75		填写 0.25 分，设置 0.5 分
3	P117	PU 通信站号	3	0.5		
4	P339	通信速率指令权	2	0.5		
5	P340	通信启动模式选择	1	0.5		
合计						

10.5 电机调速器参数设置

10.5.1 技能要求

根据任务书的要求，完成电机调速器参数设置，确保电机的正常使用。

10.5.2　任务指引

参赛选手根据任务书要求，在指定的电机调速器上，完成表格填写、参数更改和数据保存等实践操作。

1）完善电机调速器参数表 10.5.1，并完成调速器相关参数设置：

表 10.5.1　调速器参数表

序号	参数码	参数功能	修改值		备注
			疏松器调速	搅拌器调速	
1	F-01	显示内容			显示实际转速
2	F-02	倍率设定			
3	F-03	运行控制方式			外接开关控制，面板 STOP 有效

2）完善电机调速器参数表 10.5.2，并完成调速器相关参数设置：

表 10.5.2　调速器参数表

序号	参数码	参数功能	修改值		备注
			输送器调速	搅拌器调速	
1	F-01	显示内容			显示实际转速
2	F-02	倍率设定			
3	F-03	运行控制方式			外接开关控制，面板 STOP 有效

3）完善电机调速器参数表 10.5.3，并完成调速器相关参数设置：

表 10.5.3　调速器参数表

序号	参数码	参数功能	修改值		备注
			发尘器调速	输送器调速	
1	F-01	显示内容			显示实际转速
2	F-02	倍率设定			
3	F-03	运行控制方式			外接开关控制，面板 STOP 有效

10.5.3 评价体系

1. 评分表

表 10.5.4 电机调速器参数设置评分表

序号	考核技能点	评分标准	分值	备注
1	变频器参数设置	调速器参数设置，每个参数值 0.5 分，共 3 分。具体见表 10.5.5～表 10.5.7	3	
2	总分			

2. 参考答案

表 10.5.5 电机调速器参数设置配分表

序号	参数码	参数功能	修改值		分值	得分
			疏松器调速	搅拌器调速		
1	F-01	显示内容	2	2	1	
2	F-02	倍率设定	60	5	1	
3	F-03	运行控制方式	3	3	1	
合计						

表 10.5.6 电机调速器参数设置配分表

序号	参数码	参数功能	修改值		分值	得分
			输送器调速	搅拌器调速		
1	F-01	显示内容	2	2	1	
2	F-02	倍率设定	15	5	1	
3	F-03	运行控制方式	3	3	1	
合计						

表 10.5.7 电机调速器参数设置配分表

序号	参数码	参数功能	修改值		分值	得分
			发尘器调速	输送器调速		
1	F-01	显示内容	2	2	1	
2	F-02	倍率设定	50	15	1	
3	F-03	运行控制方式	3	3	1	
合计						

10.6 模拟污染源的设置

10.6.1 技能要求

根据任务书要求，利用发尘系统和二氧化硫发生系统，完成模拟污染源的配制，使之产生同时含有颗粒污染物和气体污染物的烟气。

10.6.2 任务指引

参赛选手根据任务书要求，利用提供的耗材和设备，完成粉剂添加、转速调节和气钢瓶启闭等实践操作。

1）往粉尘罐中加入两漏斗的滑石粉，要求足量且无大量撒落。

2）依照监控中心上系统总图界面里显示的电机转速，调节各个调速器，使两者转速达到一致。误差控制在±0.2 r/min。

3）微微打开 SO_2 气钢瓶的瓶阀，慢慢顶紧安全阀，使得出口压力为（0.05±0.01）MPa。

4）填写表 10.6.1，请示裁判确认签字后，关闭气钢瓶安全阀和瓶阀。

表 10.6.1 模拟污染源配制记录表

序号	任务内容	实调数据记录
1	粉尘罐加料次数/次	
2	设置疏松器运行数值/（r/min）	
3	设置发尘器运行数值/（r/min）	
4	设置输送器运行数值/（r/min）	
5	设置搅拌器运行数值/（r/min）	
6	调节安全阀出口压力/MPa	

选手签字：　　　　　　　　　　过程裁判签字：

10.6.3 评价体系

1. 评分表

表 10.6.2 模拟污染源配制评分表

序号	考核技能点	评分标准	分值	备注
1	模拟污染源配制	往粉尘罐中加入两漏斗的滑石粉，保证足量，无撒落，完成得分 1 分，少一斗扣 0.5 分。详见表 10.6.3（未签字，不得分）	1	
		电机调速面板上的控制转速与系统总图界面里显示一致，共 4 处，得 2 分，错 1 处扣 0.5 分。详见表 10.6.3	2	
		调节 SO_2 气钢瓶安全阀出口压力为（0.05±0.01）MPa，完成得分 1 分，错误得 0 分。详见表 10.6.3（未签字，不得分）	1	
2	总分			

2. 参考答案

表 10.6.3 模拟污染源配制配分表

序号	任务内容	参考答案	分值	得分
1	粉尘罐加料次数/次	2	1	
2	设置疏松器运行数值/（r/min）	4±0.2	0.5	
3	设置发尘器运行数值/（r/min）	8±0.2	0.5	
4	设置输送器运行数值/（r/min）	35±0.2	0.5	
5	设置搅拌器运行数值/（r/min）	100±0.2	0.5	
6	调节安全阀出口压力/MPa	（0.05±0.01）MPa	1	
合计：（未签字，不得分）				

10.7 脱硫碱液配制

10.7.1 技能要求

根据任务书要求，利用 NaOH、电子天平、实验仪器和在线 pH 仪，完成脱硫碱液的配制。

10.7.2　任务指引

参赛选手根据任务书要求，利用提供的耗材和仪器，完成数据计算、药剂称量和搅拌制药等实践操作。

（1）配制 0.05%的 NaOH 溶液

1）观察在线物位计的数值并记录在表 10.7.1 中（物位仪的数值精确到小数点后两位）。

2）通过给定的药品试剂和水样数据，在碱液箱内配制 0.05%的 NaOH 溶液。

3）用在线 pH 仪测定碱液 pH，并记录在表 10.7.1 中（pH 精确到小数点后一位）。

表 10.7.1　碱液配制记录表

<table>
<tr><th>序号</th><th colspan="3">项目</th><th colspan="2">数值</th></tr>
<tr><td>1</td><td colspan="3">碱液箱内部底面尺寸/mm</td><td>长：540</td><td>宽：400</td></tr>
<tr><td>2</td><td colspan="3">水样深度/m</td><td colspan="2"></td></tr>
<tr><td>3</td><td colspan="3">水样体积/L</td><td colspan="2"></td></tr>
<tr><td>4</td><td colspan="3">药剂量/g</td><td colspan="2"></td></tr>
<tr><td rowspan="2">5</td><td colspan="2" rowspan="2">碱液 pH 值</td><td>理论值</td><td colspan="2"></td></tr>
<tr><td>实际值</td><td colspan="2"></td></tr>
<tr><td>6</td><td>确认签字</td><td colspan="2">参赛选手：</td><td colspan="2">裁判员：</td></tr>
</table>

（2）配制 0.012 mol/L 的 NaOH 溶液

1）观察在线物位计的数值并记录在表 10.7.2 中（物位仪的数值精确到小数点后两位）。

2）通过给定的药品试剂和水样数据，在碱液箱内配制 0.012 mol/L 的 NaOH 溶液。

3）用在线 pH 仪测定碱液 pH，并记录在表 10.7.2 中（pH 精确到小数点后一位）。

表 10.7.2　碱液配制记录表

<table>
<tr><th>序号</th><th colspan="3">项目</th><th colspan="2">数值</th></tr>
<tr><td>1</td><td colspan="3">碱液箱内部底面尺寸/mm</td><td>长：540</td><td>宽：400</td></tr>
<tr><td>2</td><td colspan="3">水样深度/m</td><td colspan="2"></td></tr>
<tr><td>3</td><td colspan="3">水样体积/L</td><td colspan="2"></td></tr>
<tr><td>4</td><td colspan="3">药剂量/g</td><td colspan="2"></td></tr>
<tr><td rowspan="2">5</td><td colspan="2" rowspan="2">碱液 pH</td><td>理论值</td><td colspan="2"></td></tr>
<tr><td>实际值</td><td colspan="2"></td></tr>
<tr><td>6</td><td>确认签字</td><td colspan="2">参赛选手：</td><td colspan="2">裁判员：</td></tr>
</table>

10.7.3 评价体系

1. 评分表

表 10.7.3 碱液配制评分表

序号	考核技能点	评分标准	分值	备注
1	脱硫碱液配制	每个数值 0.5 分，共 2.5 分。具体见表 10.7.4 和表 10.7.5（未签字，不得分）	2.5	
2	总分			

2. 参考答案

表 10.7.4 碱液配制配分表

序号	项目		数值		分值	得分
1	碱液箱内部底面尺寸/mm		长：540	宽：400		
2	水样深度/m		0.24～0.26		0.5	
3	水样体积/L		51.84～56.16		0.5	
4	药剂量/g		25.93～28.10		0.5	
5	碱液 pH	理论值	12.1±0.05		0.5	
		实际值	实测 10.8～12.2		0.5	
合计（未签字，不得分）						

表 10.7.5 碱液配制配分表

序号	项目		数值		分值	得分
1	碱液箱内部底面尺寸/mm		长：540	宽：400		
2	水样深度/m		0.24～0.26		0.5	
3	水样体积/L		51.84～56.16		0.5	
4	药剂量/g		24.88～26.96		0.5	
5	碱液 pH	理论值	12～12.1		0.5	
		实际值	实测 10.8～12.4		0.5	
合计（未签字，不得分）						

10.8 整机运行

10.8.1 技能要求

根据任务书要求，启动自动运行模式，完成整套系统的整机联动运行。

10.8.2 任务指引

参赛选手根据任务书要求，通过监控中心的系统调试界面开启自动运行模式，完成整套系统的自动运行操作。

1）再次检测相关阀门、设备是否处于待运行状态。

2）请示裁判，确认自动运行开始时间。

3）自动运行设备。其间，时刻注意系统调试界面上各个监测数据的变化情况，以便及时发现不良状况。

4）自动运行结束后，及时请示裁判确认签字（表 10.8.1）。

表 10.8.1 整机运行确认表

开始时间		选手签字		裁判签字	
结束时间		选手签字		裁判签字	

10.8.3 评价体系

1. 评分表

表 10.8.2 整机运行评分表

考核技能点	评分标准	分值	备注
整机运行	通过监控中心的系统调试界面开启自动运行模式，能正常启动运行并完成（结束时间–开始时间≥30 min）得分 4 分；完成一半（10≤结束时间–开始时间＜30 min）得 2 分；完成小部分（0＜结束时间–开始时间＜10 min）得 1 分。评分方法详见表 10.8.3（未签字，不得分）	4	

2. 参考答案

表 10.8.3 整机运行配分表

开始时间	实测	得分要求	分值	得分（未签字，不得分）
结束时间	实测	结束时间–开始时间≥30 min	4	

10.9 综合素质

10.9.1 技能要求

扣分项包括操作不当损坏工具，工作台面遗留工具、零件，操作结束工具未能整体摆放，不尊重考场裁判和工作人员，违反竞赛规则。

10.9.2 任务指引

1. 设备操作规范性

1）按顺序开停机。

2）按照安装—调试—运行的流程进行操作。

3）电极线过孔连接。

4）电极需经标定，方可投入使用。

2. 节能减耗，提高利用率

1）用完万用表后需关闭。

2）记号笔使用后及时盖帽。

3）节约水、电，不浪费。

4）节约耗材，不额外添加。

3. 工具、仪器、仪表的正确使用

1）用 PPR 管子剪刀裁 $\Phi16$ PU 管。

2）用复合管割刀裁复合管。

3）正确使用卷尺测量长度。

4）正确操作万用表。

4. 现场安全、文明情况

1）用水、用电安全，无满溢。

2）合理穿戴劳保用品。

3）合理摆放工具，避免安全隐患。

4）整理、整洁现场，爱护环境。

5. 团队分工协作

1）分工协作、团结进取。

2）无喧哗吵闹现象。

10.9.3　评价体系

1. 综合素质

表 10.9.1　综合素质评分表

序号	考核项目	知识点（技能点）	评分标准	分值	小计
1	综合素质	设备操作规范性	按顺序开停机	0.25	
			按照安装—调试—运行的流程进行操作	0.25	
			电极线过孔连接	0.25	
			电极需经标定，方可投入使用	0.25	
		节能减耗，提高利用率	用完万用表后需关闭	0.15	
			记号笔使用后及时盖帽	0.15	
			节约水、电，不浪费	良好 0.5 一般 0.25 差 0.1	
			节约耗材，不额外添加	0.2	
		工具、仪器、仪表的正确使用	用 PPR 管子剪刀裁 Φ16 PU 管	0.25	
			用复合管割刀裁复合管	0.25	
			正确使用卷尺测量长度	0.25	
			正确操作万用表	0.25	
		现场安全、文明情况	用气、用水、用电安全，无泄漏	0.2	
			合理穿戴劳保用品	0.15	
			合理摆放工具，避免安全隐患	0.15	
			整理、整洁现场，爱护环境	良好 0.5 一般 0.25 差 0.1	
		团队分工协作	分工协作、团结进取	良好 0.5 一般 0.25 差 0.1	
			无喧哗吵闹现象	0.5	
2	合计				

2. 重大失误

表 10.9.2 重大失误扣分表

<table>
<tr><th>考核项目</th><th colspan="2">重大失误描述</th><th>扣分值</th><th>小计</th></tr>
<tr><td rowspan="7">正确操作</td><td colspan="2">误判器件故障</td><td>2 分/次</td><td></td></tr>
<tr><td rowspan="4">带电操作</td><td>未断开电源，进行器件安装</td><td rowspan="4">5 分/次</td><td rowspan="4"></td></tr>
<tr><td>未断开电源，进行管路连接</td></tr>
<tr><td>未断开电源，进行漏水、漏气修复</td></tr>
<tr><td>未断开电源，进行下载及通信线连接</td></tr>
<tr><td colspan="2">选手误操作，导致设备中的水泄漏，气体外泄</td><td>10 分/次</td><td></td></tr>
<tr><td colspan="2">利用水桶直接注水</td><td>5 分/次</td><td></td></tr>
</table>

11　烟道气压力、流速监测及流量计算

11.1　压力监测

11.1.1　技能要求

根据任务书要求，在系统运行趋于稳定后，从系统调试界面读取相关压力值，了解设备的运行状况。

11.1.2　任务指引

参赛选手根据任务书要求，利用差压传感器的实时监测数据，完成测点静压检测和设备压降检 测等实践操作（自动运行时间超过 5 min，系统趋于稳定后，所测的值方为有效数据）。

1. 在系统调试界面读取点 0606 的相对静压数值和布袋除尘器的压降数值，截屏并保存在 U 盘“场次+工位号”的文件夹内，命名为“压力监测”，并记录在表 11.1.1 中。

表 11.1.1　压力监测记录表

序号	项目名称	记录时间	数值	
			读取值	实际值
1	测点静压			
2	设备压降			

2. 在系统调试界面读取点 0604 的相对静压数值和吸附塔的压降数值，截屏并保存在 U 盘“场次+工位号”的文件夹内，命名为“压力监测”，并记录在表 11.1.2 中。

表 11.1.2　压力监测记录表

序号	项目名称	记录时间	数值	
			读取值	实际值
1	测点静压			
2	设备压降			

3. 在系统调试界面读取点 0601 的相对静压数值和洗涤塔的压降数值，截屏并存在 U 盘“场次+工位号”的文件夹内，命名为“压力监测”，并记录在表 11.1.3 中。

表 11.1.3 压力监测记录表

序号	项目名称	记录时间	数值	
			读取值	实际值
1	测点静压			
2	设备压降			

11.1.3 评价体系

1. 评分表

表 11.1.4 压力监测评分表

序号	考核技能点	评分标准	分值	备注
1	压力监测	压力监测数据记录每个数据 0.6 分，共 3 分。评分细则见表 11.1.5～表 11.1.7	3	
		截图保存在 U 盘“场次+工位号”的文件夹内，命名为“压力监测”	0.1	
2	总分			

2. 参考答案

表 11.1.5 压力监测配分表

序号	项目名称	记录时间	数值	
			读取值	实际值
1	测点静压	实测（记录时间–自动开始时间≥5 min）	280～800	280～800
2	设备压降		20～200	20～200
3	分值	0.6	1.2	1.2
4	得分			
5	合计			

表 11.1.6 压力监测配分表

序号	项目名称	记录时间	数值	
			读取值	实际值
1	测点静压	实测（记录时间–自动开始时间≥5 min）	700～1800	–1 800～–700
2	设备压降		40～300	40～300
3	分值	0.6	1.2	1.2
4	得分			
5	合计			

表 10.1.7 压力监测配分表

序号	项目名称	记录时间	数值	
			读取值	实际值
1	测点静压	实测（记录时间–自动开始时间≥5 min）	100～500	–500～–100
2	设备压降		40～250	40～250
3	分值	0.6	1.2	1.2
4	得分			
5	合计			

11.2 风速监测及流量计算

11.2.1 技能要求

根据任务书要求，利用从空盒气压表和系统调试界面读取相关数据，进行一系列的风速和流量计算。

11.2.2 任务指引

参赛选手根据任务书要求，利用从仪表和监控屏上得到的相关数据，进行风速、工况流量和标杆流量的计算（自动运行时间超过 5 min，系统趋于稳定后，所测的值方为有效数据）。

1）在指定地点，从空盒气压表上读取大气压 B_a。

2）利用温湿度 2，测定采样点温度 t_s。系统调试界面截屏并保存在 U 盘“场次+工位号”的文件夹内，命名为“采样点温度 2”。

3）利用差压传感器 3，检测皮托管静压侧与大气的压差，得到采样点的相对静压 Ps。系统调试界面截屏并保存在 U 盘“场次+工位号”的文件夹内，命名为“相对静压 2”。

4）利用差压传感器 3，检测皮托管静压侧与全压侧的压差，得到采样点的动压 P_{di}，并根据公式做相关计算（备注：毕托管修正系数 Kp 取 1）。系统调试界面截屏并保存在 U 盘“场次+工位号”的文件夹内，命名为“采样点动压”。

5）以上数据填入表 11.2.1 中。

表 11.2.1　流量计算记录表

项目	当地气压/Pa	气体含湿量/%	采样点温度/℃	采样点相对静压/Pa	采样点动压/Pa	采样点风速/（m/s）	工况流量/（m^3/h）	标干流量/（Nm^3 干/h）
时间记录								
数据记录		4.6						

11.2.3　计算公式

1. 烟气流速

烟气的流速可由风速传感器直接测得，也可利用皮托管测得的动压来计算。动压计算烟气流速的公式见 11.2.1：

$$V_{si}=K_p\sqrt{\frac{2P_{di}}{\rho_s}}=128.9K_p\sqrt{\frac{(273+t_s)P_{di}}{M_s(B_a+P_s)}} \tag{11.2.1}$$

当干排气成分与空气近似，排气露点温度在 35～55℃、排气的绝对压力在 97～103 kPa，V_{si} 可按式（11.2.2）计算：

$$V_{si}=0.076K_p\sqrt{(273+t_s)}\times\sqrt{P_{di}} \tag{11.2.2}$$

对于接近常温、常压条件下（t_s=20℃，B_a+P_s=101 300 Pa），通风管道的空气流速 V_{si} 按式（11.2.3）计算：

$$V_s=1.29K_p\sqrt{P_{di}} \tag{11.2.3}$$

式中：V_{si} —— 测量点流速，m/s；

V_s —— 常温常压下通风管道的空气流速，m/s；

B_a —— 大气压力，Pa；

K_p —— 皮托管修正系数；

P_{di} —— 测定点烟气动压，Pa；

P_s —— 测定点烟气静压，Pa；

ρ_s —— 管道内湿气密度，kg/m^{3}湿烟气；

M_s —— 湿排气的分子量，kg/kmol；

t_s —— 排气温度，℃。

2. 烟气流量

1）在测定工况下烟气流量的计算见式（11.2.4）：

$$Q = 3\,600 \times F \times \overline{V}_s \quad (11.2.4)$$

式中：Q —— 测量工况下烟气的流量，m^{3}湿烟气/h；

F —— 测定断面面积，m^2；

$\overline{V}_s$ —— 测定断面烟气平均流速，m/s；

2）标准状态下湿烟气流量的计算见式（11.2.5）：

$$Q_N = 3\,600 \times F \times \overline{V}_s \times \frac{B_a + P_s}{101\,325} \times \frac{273}{t_s + 273} \quad (11.2.5)$$

式中：Q_N —— 标准状态下烟气的流量，m^{3}湿烟气/h；

F —— 测定断面面积，m^2；

$\overline{V}_s$ —— 测定断面烟气平均流速，m/s；

B_a —— 测量状态下，烟气所承受的大气压力，Pa；

P_s —— 测定断面烟气静压，Pa；

t_s —— 测定断面烟气的平均温度，℃。

3）标准状态下干烟气流量的计算见式（11.2.6）：

$$Q'_N = Q_N \times (1 - X_{sw}) \quad (11.2.6)$$

式中：Q'_N —— 标准状态下干烟气的流量，Nm^{3}干烟气/h；

Q_N —— 标准状态下烟气的流量，Nm^{3}湿烟气/h；

X_{sw} —— 烟气含湿量，%。

4）常温常压条件下，通风管道中的空气流量按式（11.2.7）计算：

$$Q_a = 3\,600 \times F \times \overline{V}_a \quad (11.2.7)$$

式中：Q_a —— 通风管道中的空气流量，m^3/h。

11.2.4 评价体系

1. 评分表

表 11.2.2 流量计算评分表

序号	考核技能点	评分标准	分值	备注
1	流量计算	截屏并存在U盘“场次+工位号”的文件夹内，命名为“采样点温度2”	0.1	
		截屏并存在U盘“场次+工位号”的文件夹内，命名为“相对静压2”	0.1	
		截屏并存在U盘“场次+工位号”的文件夹内，命名为“采样点动压”	0.1	
		填写流量监测数据记录表，共3.4分，其中时间格每个0.2分，剩余每个0.4分。其评分细则见表11.2.3	3.4	
2	总分			

2. 参考答案

表 11.2.3 流量计算配分表

项目	当地气压/Pa	气体含湿量/%	采样点温度/℃	采样点相对静压/Pa	采样点动压/Pa	采样点风速/（m/s）	工况流量/（m^3/h）	标干流量/（Nm^3干/h）
时间记录			实测	实测	实测			
			要求：记录的时间要和截屏上的一致，同时必须比自动开始时间大5 min					
数据记录	100 325～101 600	4.6	室温	140～600	21.6～30.3	6.0～7.1	90～102	77～90
分值	0.4		0.6	0.6	0.6	0.4	0.4	0.4
得分								
合计								

12 粉尘采样分析

12.1 采样流量计算

12.1.1 技能要求

根据任务书要求，利用从空盒气压表、双金属温度计和系统调试界面读取相关数据，计算出平行等速采样法所需的采样流量。

12.1.2 任务指引

参赛选手根据任务书要求，利用从仪表和监控屏上得到的相关数据，进行风道内粉尘采样所需采样流量的计算（自动运行时间超过 5 min，系统趋于稳定后，所测的值方为有效数据）。

1）在指定地点，从空盒气压表上读取大气压 B_a。

2）利用温湿度 1 测定采样点温度 t_s。系统调试界面截屏并保存在 U 盘“场次+工位号”的文件夹内，命名为“采样点温度 1”。

3）利用压力传感器，检测采样点的相对静压 P_s。系统调试界面截屏并保存在 U 盘“场次+工位号”的文件夹内，命名为“相对静压 1”。

4）利用风速传感器 1，检测采样点风速 V_{si}。系统调试界面截屏并保存在 U 盘“场次+工位号”的文件夹内，命名为“采样点风速”。

5）关闭测点 0302 的阀门，将压力传感器移装到粉尘采样组件的短柄球阀上，并打开短柄球阀。分别由压力传感器测得的流量计前压力 P_r 和双金属温度计测得的流量计前温度 tr，利用公式计算采样流量 Q_r'。系统调试界面截屏并保存在 U 盘“场次+工位号”的文件夹内，命名为“表前压力”。

6）以上数据填入表 12.1.1 中。

表 12.1.1 采样流量计算记录表

项目名称	当地气压/Pa	气体含湿量/%	采样点温度/℃	采样点相对静压/Pa	采样点风速/（m/s）	流量计前压力/Pa	流量计前温度/℃	采样流量/（L/min）
时间记录	＼	＼					＼	＼
数据记录		4.6						

12.1.3 计算公式

1）等速采样的流量计算见式（12.1.1）：

$$Q'_{\mathrm{r}} = 0.000\,47 \times d^2 \times V_{\mathrm{s}} \times \left(\frac{B_{\mathrm{a}} + P_{\mathrm{s}}}{273 + t_{\mathrm{s}}}\right) \times \left[\frac{M_{\mathrm{sd}}(273 + t_{\mathrm{r}})}{B_{\mathrm{a}} + P_{\mathrm{r}}}\right]^{1/2} (1 - X_{\mathrm{sw}}) \qquad (12.1.1)$$

式中：Q'_{r} —— 等速采样流量的转子流量计读数，L/min；

d —— 采样嘴直径，mm；

V_{s} —— 测点气体流速，m/s；

B_{a} —— 大气压力，Pa；

P_{s} —— 排气静压，Pa；

P_{r} —— 转子流量计前气体压力，Pa；

t_{s} —— 排气温度，℃；

t_{r} —— 转子流量计前气体温度，℃；

M_{sd} —— 干排气的分子量，kg/kmol；

X_{sw} —— 烟气含湿量，%。

当干排气成分和空气近似时，等速采样流量Q'_{r}按式（12.1.2）计算：

$$Q'_{\mathrm{r}} = 0.002\,5 d^2 \times V_{\mathrm{s}} \times \left(\frac{B_{\mathrm{a}} + P_{\mathrm{s}}}{273 + t_{\mathrm{s}}}\right) \times \left[\frac{273 + t_{\mathrm{r}}}{B_{\mathrm{a}} + P_{\mathrm{r}}}\right]^{1/2} \left(1 - X_{\mathrm{sw}}\right) \qquad (12.1.2)$$

当用普通型采样管采样器测定常温下管道颗粒物浓度时，气体的含湿量和气体成分可忽略不测，等速采样流量按式（12.1.3）简化公式计算：

$$Q'_{\mathrm{r}} = 0.047 \times V_{\mathrm{s}} \times d^2 \qquad (12.1.3)$$

2）将工况流量换算成标况流量，其计算公式见式（12.1.4）：

$$Q_{\mathrm{r}} = 0.05 \times Q'_{\mathrm{r}} \times \left[\frac{B_{\mathrm{a}} + P_{\mathrm{r}}}{273 + t_{\mathrm{r}}}\right]^{1/2} = 0.000\,127 d^2 \times V_{\mathrm{s}} \times \left(1 - X_{\mathrm{sw}}\right) \times \frac{B_{\mathrm{a}} + P_{\mathrm{s}}}{273 + t_{\mathrm{s}}} \qquad (12.1.4)$$

式中：Q_r —— 等速采样流量的标况流量，L/min；

Q_r' —— 等速采样流量的转子流量计读数，L/min；

d —— 采样嘴直径，mm；

V_s —— 测点气体流速，m/s；

B_a —— 大气压力，Pa；

P_s —— 排气静压，Pa；

P_r —— 转子流量计前气体压力，Pa；

t_s —— 排气温度，℃；

t_r —— 转子流量计前气体温度，℃；

X_{sw} —— 烟气含湿量，%。

12.1.4 评价体系

1. 评分表

表 12.1.2 采样流量计算评分表

序号	考核技能点	评分标准	分值	备注
1	流量计算	截屏并存在U盘“场次+工位号”的文件夹内，命名为“采样点温度1”	0.1	
		截屏并存在U盘“场次+工位号”的文件夹内，命名为“相对静压1”	0.1	
		截屏并存在U盘“场次+工位号”的文件夹内，命名为“采样点风速”	0.1	
		截屏并存在U盘“场次+工位号”的文件夹内，命名为“表前压力”	0.1	
		填写粉尘采样数据记录表，共3.6分，其中时间格每个0.2分，剩余每个0.4分。其评分细则见表12.1.3	3.6	
2	总分			

2. 参考答案

表 12.1.3 采样流量计算配分表

项目名称	当地气压/Pa	气体含湿量/%	采样点温度/℃	采样点相对静压/Pa	采样点风速/（m/s）	流量计前压力/Pa	流量计前温度/℃	采样流量/（L/min）
时间记录			实测	实测	实测	实测		
			要求：记录的时间要和截屏上的一致，同时必须比自动开始时间大5 min					
数据记录	100 325～101 600	4.6	室温	−4 000～−2 500	10.2～11.4	−6 000～−2 000	室温	17.2～19.3
分值	0.4		0.6	0.6	0.6	0.6	0.4	0.4
得分								
合计								

12.2 粉尘采样分析

12.2.1 技能要求

根据任务书要求，利用计算所得的采样流量，启动采样系统进行粉尘采样并计算粉尘浓度。

12.2.2 任务指引

参赛选手根据任务书要求，进行粉尘采样分析，完成滤筒夹取、烘干填装、定时采样和称量计算等工作。

1）用镊子选取滤筒，用记号笔写上工位号，并将其置于恒温箱中烘 10 min，取出称量后待用。

2）将滤筒无损地置于采样枪中，连接系统，并保证采样枪的密封性。

3）开启粉尘采样器，按照计算结果调节采样流量，并设置采样时间为 20 min。

4）无损地取出滤筒后，再次进行烘干称量，烘干时间为 10 min。

5）以上数据确定后示裁判，并填入表 12.2.1 中。

表 12.2.1 粉尘采样分析记录表

项目	采样前滤筒重量/g	镊子取放滤筒	采样前滤筒烘干起止时间	采样流量/（L/min）	采样时间设置/（20 min）	采样后滤筒烘干起止时间	采样后滤筒重量/g	烟尘浓度/（mg/m^3）	滤筒是否破坏
数据记录		放□	起：		是□	起：			是□
		取□	止：		否□	止：			否□
选手签字：					裁判签字：				

12.2.3 计算公式

采样滤筒的增重 $m=g_2-g_1$，则烟尘浓度为：

$$C=1000\times\frac{g_2-g_1}{\tau Q_r} \qquad (12.2.1)$$

式中：C —— 实测烟尘浓度，mg/m^3；

g_2 —— 滤筒采样后重量，mg；

g_1 —— 滤筒采样前重量，mg；

τ —— 采样时间，min；

Q_r —— 等速采样流量的标况流量，L/min。

12.2.4　评价体系

1. 评分表

表 12.2.2　粉尘采样分析评分表

序号	考核技能点	评分标准	分值	备注
1	粉尘采样分析	滤筒上用记号笔写上工位号	0.1	
		紧固螺母，保证气密性，共 2 处，每处 0.05 分	0.1	
		粉尘采样器安装需调水平（气泡居中）	0.1	
		填写粉尘采样器操作过程记录表，其评分细则见表 12.2.3	3.6	
2	总分			

2. 参考答案

表 12.2.3　粉尘采样分析配分表

项目	采样前滤筒重量/g	镊子取放滤筒	采样前滤筒烘干起止时间	采样流量/（L/min）	采样时间设置/（20 min）	采样后滤筒烘干起止时间	采样后滤筒重量/g	烟尘浓度/（mg/m^3）	滤筒是否破坏
数据记录	1.0～1.6	放☑ 取☑	起：实测 止：实测 要求见备注 1	10～12.4	是☑ 否□	起：实测 止：实测 要求见备注 2	1.0～1.7	0～5	是□ 否☑
分值	0.4	0.4	0.4	0.4	0.4	0.4	0.4	0.4	0.4
得分									
合计									
备注	1. 采样前烘干结束时间–采样前烘干起始时间≥10 min 2. 采样后烘干起始时间–采样前烘干结束时间≥20 min；采样后烘干结束时间–采样后烘干起始时间≥10 min								

13 烟气排放监测与计算

13.1 系统总图监测

13.1.1 技能要求

根据任务书要求，利用系统总图给出的实时排放数据，完成排放监测数据报表。

13.1.2 任务指引

参赛选手根据任务书要求，利用系统总图上净烟气的排放数据，完成数据记录、转化和计算等工作。

1）系统自动运行 30 min 后，打开系统总图界面，截屏保留数据。

2）将截屏数据记录于表 13.1.1。

表 13.1.1 排放监测记录表

项目	数据记录时间	SO_2浓度	NO_x浓度	O_2浓度	CO_2浓度	CO浓度	颗粒物浓度	湿排气流量	湿排气温度	湿排气压力	湿排气含湿量
原始数据（带单位填写）											

3）将记录的数据按要求进行转化和计算，形成排放数据，填于表 13.1.2（备注：燃烧设备为燃油锅炉）。

表 13.1.2 烟气排放日报表

项目	日期	基准氧含量/%	颗粒物			SO_2			NO_x			标干流量/（Nm^3干/d）
			排放浓度/（mg/m^3）	折算浓度/（mg/m^3）	日排放量/（g/d）	排放浓度/（mg/m^3）	折算浓度/（mg/m^3）	日排放量/（g/d）	排放浓度/（mg/m^3）	折算浓度/（mg/m^3）	日排放量/（g/d）	
数据												

13.1.3 计算公式

1）各烟气成分的含量采用在线式气体传感器测定。由于部分传感器测定的数值为气体体积浓度（ppm），需转化为质量浓度（mg/m^3），按式（13.1.1）计算：

$$X=\frac{M}{22.4}\times C\times\frac{273}{273+T}\times\frac{B_a}{101325} \tag{13.1.1}$$

式中：X—— 污染物的质量浓度，mg/m^3；

M—— 污染物的分子量；

C—— 污染物的体积浓度，ppm；

B_a—— 大气压力，Pa；

T—— 排气温度，℃。

2）实测的锅炉烟气颗粒物、二氧化硫、氮氧化物、汞及其化合物的排放浓度，应执行《锅炉大气污染物排放标准》（GB 13271—2014）规定，按式（13.1.2）折算为基准含氧量排放浓度。各类燃烧设备的基准含氧量按表 13.1.3 的规定执行。

表 13.1.3 基准含氧量

编号	锅炉类型	基准含氧量（O_2）/%
1	燃煤锅炉	9
2	燃油、燃气锅炉	3.5

$$\rho=\rho'\times\frac{21-\varphi(O_2)}{21-\varphi'(O_2)} \tag{13.1.2}$$

式中：ρ—— 大气污染物基准含氧量排放浓度，mg/m^3；

ρ'—— 实测的大气污染物排放浓度，mg/m^3；

$\varphi(O_2)$—— 基准含氧量；

$\varphi'(O_2)$ —— 实测的含氧量。

13.1.4 评价体系

1. 评分表

表 13.1.4 系统总图监测评分表

序号	考核技能点	评分标准	分值	备注
1	系统总图监测	系统总图界面截屏并存在 U 盘“场次+工位号”的文件夹内，命名为“排放监测数据”	0.1	
		填写排放监测数据表，其评分细则见表 13.1.5。无单位或单位错误，则不得分	5.5	
		填写烟气排放监测日报表，其评分细则见表 13.1.6	6	
2	总分			

2. 参考答案

表 13.1.5 排放监测配分表

项目	数据记录时间	SO_2 浓度	NO_x 浓度	O_2 浓度	CO_2 浓度	CO 浓度	颗粒物浓度	湿排气流量	湿排气温度	湿排气压力	湿排气含湿量
原始数据	实测 要求见备注	0.5 ppm	0.2 ppm	7%	200～800 ppm	0.1 ppm	5～150 μg/m^3	90～102 m^3/h	室温	0.2 kPa	4.6%
分值	0.5	0.5	0.5	0.5	0.5	0.5	0.5	0.5	0.5	0.5	0.5
得分											
合计											
备注	记录的时间应与截屏的一致，同时必须比自动运行开始时间大 30 min										

表 13.1.6 烟气排放配分表

项目	日期	基准氧含量/%	颗粒物			SO_2			NO_x			标干流量/（Nm^3 干/d）
			排放浓度/（mg/m^3）	折算浓度/（mg/m^3）	日排放量/（g/d）	排放浓度/（mg/m^3）	折算浓度/（mg/m^3）	日排放量/（g/d）	排放浓度/（mg/m^3）	折算浓度/（mg/m^3）	日排放量/（g/d）	
数据	实测	3.5	0.005～0.15	0.006 2～0.19	0.011～0.41	1.19～1.39	1.48～1.74	2.75～3.70	0.13～0.33	0.16～0.42	0.29～0.90	1 860.75～2 110.86
分值	0.5	0.5	0.5	0.5	0.5	0.5	0.5	0.5	0.5	0.5	0.5	0.5
得分												
合计												

13.2 存盘数据监测

13.2.1 技能要求

根据任务书要求，利用数据存盘界面给出的实时排放数据，完成排放监测数据报表。

13.2.2 任务指引

参赛选手根据任务书要求，利用数据存盘界面的排放数据，完成数据记录、转化和计算等工作。

1）系统自动运行 30 min 后，打开数据存盘界面，截屏保留数据。

2）将截屏数据按要求进行转化和计算，形成排放数据，填于表 13.2.1。

备注：系统自动运行 5 min 后的数据方为有效数据（有效样本数即有效数据个数），同时燃烧设备为燃气锅炉。

表 13.2.1 排放监测日平均报表

排放源工位号：________ 监测日期：________ 基准含氧量：________

项目		最大值	最小值	平均值	有效样本数/个	日排放总量/（g/d）
颗粒物	排放浓度/（μg/m³）					
	折算浓度/（mg/m³）					
	时排放量/（g/h）					
SO_2	排放浓度/（ppm）					
	折算浓度/（mg/m³）					
	时排放量/（g/h）					
NO_x	排放浓度/（ppm）					
	折算浓度/（mg/m³）					
	时排放量/（g/h）					
工况流量/（m³湿/h）						
标干流量/（Nm³干/h）						

13.2.3 评价体系

1. 评分表

表 13.2.2 存盘数据监测评分表

序号	考核技能点	评分标准	分值	备注
1	存盘数据监测	数据存盘界面截屏并存在 U 盘“场次+工位号”的文件夹内，命名为“排放监测数据”	0.1	
		填写排放监测数据表，共 43 个空格，除日排放总量列的数据每个是 0.4 分外，其余的数据皆为每个 0.25 分。其评分细则见表 13.2.3	11.2	
2	总分			

2. 参考答案

表 13.2.3 排放监测日平均配分表

排放源工位号：<u>实测</u> 监测日期：<u>实测</u> 基准含氧量：<u>3.5%</u>

项目		最大值	最小值	平均值	有效样本数/个	日排放总量/(g/d)
颗粒物	排放浓度/（$\mu g/m^3$）	5～150	5～150	5～150	18～20	0.011～0.41
	折算浓度/（mg/m^3）	0.006 2～0.19	0.006 2～0.19	0.006 2～0.19		
	时排放量/（g/h）	0.000 4～0.017 1	0.000 4～0.017 1	0.000 4～0.017 1		
SO_2	排放浓度/ppm	0.5	0.5	0.5	18～20	2.75～3.70
	折算浓度/（mg/m^3）	1.48～1.74	1.48～1.74	1.48～1.74		
	时排放量/（g/h）	0.113～0.157	0.113～0.157	0.113～0.157		
NO_x	排放浓度/ppm	0.1	0.1	0.1	18～20	0.29～0.90
	折算浓度/（mg/m^3）	0.16～0.42	0.16～0.42	0.16～0.42		
	时排放量/（g/h）	0.012～0.038	0.012～0.038	0.012～0.038		
工况流量/（m^3 湿/h）		90～102	90～102	90～102	18～20	
标干流量/（Nm^3 干/h）		77～90	77～90	77～90		
分值		3	3	3	1	1.2
得分						
合计						

14 应用软件与在线监测设备操作

14.1 S7-200SMART

14.1.1 PLC

PLC（Programmable Logic Controller，可编程控制器），是一种专门为在工业环境下应用而设计的数字运算操作的电子装置。它采用可以编制程序的存储器，用来在其内部存储执行逻辑运算、顺序运算、计时、计数和算术运算等操作的指令，通过数字式或模拟式的输入和输出，控制各种类型的机械或生产过程。

1. PLC 的分类

（1）按产地分类

可分为日系、欧美系、韩系、中国台湾系列、中国大陆系列等。

日系具有代表性的为三菱、欧姆龙、松下、光洋等。

欧美系列具有代表性的为西门子、A-B、通用电气、德州仪表等。

韩系具有代表性的为 LG 等。

中国台湾系列具有代表性的有台达等。

中国大陆系列具有代表性的为合利时、浙江中控等。

（2）按点数分类

可分为大型机、中型机及小型机等。

大型机一般 I/O 点数＞2 048 点，具有多 CPU，16 位/32 位处理器，用户存储器容量 8～16 K，具有代表性的为西门子 S7－400 系列、通用公司的 GE－Ⅳ系列等。

中型机一般 I/O 点数为 256～2 048 点，单/双 CPU，用户存储器容量 2～8 K，具有代表性的为西门子 S7－300 系列、三菱 Q 系列等。

小型机一般 I/O 点数＜256 点，单 CPU，8 位或 16 位处理器，用户存储器容量 4 K 字以下，具有代表性的为西门子 S7-200 系列、三菱 FX 系列等。

（3）按结构分类

可分为整体式和模块式。

整体式 PLC 是将电源、CPU、I/O 接口等部件都集中装在一个机箱内，具有结构紧凑、体积小、价格低的特点；小型 PLC 一般采用这种整体式结构。

模块式 PLC 由不同 I/O 点数的基本单元（又称主机）和扩展单元组成。

基本单元内有 CPU、I/O 接口与 I/O 扩展单元相连的扩展口，以及与编程器或 EPROM 写入器相连的接口等；扩展单元内只有 I/O 和电源等，没有 CPU；基本单元和扩展单元之间一般用扁平电缆连接。

模块式 PLC 配置灵活，可根据需要选配不同规模的系统，装配方便，便于扩展和维修。大、中型 PLC 一般采用模块式结构。整体式 PLC 一般还可配备特殊功能单元，如模拟量单元、位置控制单元等，使其功能得以扩展。还有一些 PLC 将整体式和模块式的特点结合起来，构成所谓叠装式 PLC。

（4）按功能分类

可分为低档、中档、高档三类。

低档 PLC 具有逻辑运算、定时、计数、移位以及自诊断、监控等基本功能，还可有少量模拟量输入/输出、算术运算、数据传送和比较、通信等功能，主要用于逻辑控制、顺序控制或少量模拟量控制的单机控制系统。

中档 PLC 除具有低档 PLC 的功能外，还具有较强的模拟量输入/输出、算术运算、数据传送和比较、数制转换、远程 I/O、子程序、通信联网等功能，有些还可增设中断控制、PID 控制等功能，适用于复杂控制系统。

高档 PLC 除具有中档 PLC 的功能外，还增加了带符号算术运算、矩阵运算、位逻辑运算、平方根运算及其他特殊功能函数的运算、制表及表格传送功能等，高档 PLC 具有更强的通信联网功能，可用于大规模过程控制或构成分布式网络控制系统，实现工厂自动化。

2. PLC 的特点

（1）可靠性高，抗干扰能力强

高可靠性是电气控制设备的关键性能。PLC 由于采用现代大规模集成电路技术，采用严格的生产工艺制造，内部电路采取了先进的抗干扰技术，具有很高的可靠性。一些使用冗余 CPU 的 PLC 平均无故障工作时间则更长。

从 PLC 的机外电路来说，使用 PLC 构成控制系统和同等规模的继电接触器系统相比，电气接线及开关接点已减少到数百甚至数千分之一，故障也就大大降低。

PLC 带有硬件故障自我检测功能，出现故障时可及时发出警报信息。

在应用软件中，还可以编入外围器件的故障自诊断程序，使系统中除 PLC 以外的电路及设备也获得故障自诊断保护。

（2）配套齐全，功能完善，适用性强

具有大、中、小各种规模的系列化产品，用于各种规模的工业控制场合。逻辑处理功能、数据运算能力，可用于各种数字控制领域。

近年来 PLC 的功能单元大量涌现，使 PLC 渗透到了位置控制、温度控制、CNC 等各种工业控制中。加上 PLC 通信能力的增强及人机界面技术的发展，使用 PLC 组成各种控制系统变得非常容易。

（3）易学易用

PLC 作为通用工业控制计算机，是面向工矿企业的工控设备。它接口容易，编程语言易于为工程技术人员所接受。梯形图语言的图形符号与表达方式和继电器电路图相当接近，只用 PLC 的少量开关量逻辑控制指令就可以方便地实现继电器电路的功能。为不熟悉电子电路、不懂计算机原理和汇编语言的人使用计算机从事工业控制打开了方便之门。

（4）系统的设计、建造工作量小，维护方便，容易改造

PLC 用存储逻辑代替接线逻辑，大大减少了控制设备外部的接线，使控制系统设计及建造的周期大为缩短，维护简单。使同一设备经过改变程序改变生产过程成为可能。适合多品种、小批量的生产场合。

（5）体积小，重量轻，能耗低

以超小型 PLC 为例，底部尺寸小于 100 mm，重量小于 150 g，功耗仅数瓦。由于体积小，很容易装入机械内部，是实现机电一体化的理想控制设备。

3. PLC 的应用领域

PLC 广泛应用于钢铁、石油、化工、电力、建材、机械制造、汽车、轻纺、交通运输、环保及文化娱乐等行业。

（1）开关量的逻辑控制

应用最基本、最广泛，它取代传统的继电器电路，实现逻辑控制、顺序控制，既可用于单台设备的控制，也可用于多机群控及自动化流水线。如注塑机、印刷机、订书机械、组合机床、磨床、包装生产线、电镀流水线等。

（2）模拟量控制

在工业生产过程当中，有许多连续变化的量，如温度、压力、流量、液位和速度等都是模拟量。为了使可编程控制器处理模拟量，必须实现模拟量（Analog）和数字量（Digital）之间的 A/D 转换及 D/A 转换。PLC 厂家都生产配套的 A/D 和 D/A 转换模块，使可编程控制器用于模拟量控制。

（3）运动控制

PLC 可以用于圆周运动或直线运动的控制。从控制机构配置来说，早期直接用于开关量 I/O 模块连接位置传感器和执行机构，现在一般使用专用的运动控制模块。如可驱动步进电机或伺服电机的单轴或多轴位置控制模块。PLC 几乎都有运动控制功能，用于各种机械、机床、机器人、电梯等场合。

（4）过程控制

过程控制是指对温度、压力、流量等模拟量的闭环控制。作为工业控制计算机，PLC能编制各种控制算法程序，完成闭环控制。PID 调节是一般闭环控制系统中用得较多的调节方法。PID 处理一般是运行专用的 PID 子程序。过程控制用于冶金、化工、热处理、锅炉控制等场合。

（5）数据处理

PLC 具有数学运算（含矩阵运算、函数运算、逻辑运算）、数据传送、数据转换、排序、查表、位操作等功能，可以完成数据的采集、分析及处理。这些数据可以与存储在存储器中的参考值比较，完成一定的控制操作，也可以利用通信功能传送到别的智能装置或将它们打印制表。数据处理一般用于大型控制系统，如无人控制的柔性制造系统；也可用于过程控制系统，如造纸、冶金、食品工业中的一些大型控制系统。

（6）通信及联网

PLC 通信含 PLC 间的通信及 PLC 与其他智能设备间的通信。PLC 都具有通信接口，通信非常方便。

4. PLC 的结构

PLC 类型繁多，功能和指令系统不尽相同，但结构与工作原理则大同小异，通常由主机、输入/输出接口、电源、编程器扩展器接口和外部设备接口等几个主要部分组成。见图 14.1.1。

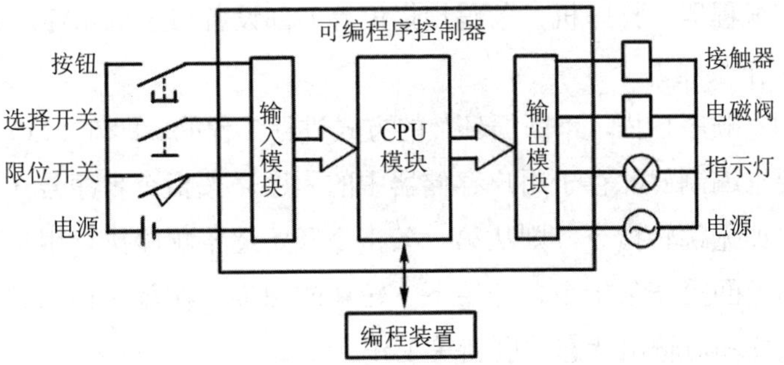

图 14.1.1 PLC 结构图

（1）主机

包括中央处理器（CPU）、系统程序存储器、用户程序及数据存储器。

CPU 是 PLC 的核心，用以运行用户程序、监控输入/输出接口状态、作出逻辑判断和进行数据处理，即读取输入变量、完成用户指令规定的各种操作，将结果送到输出端，响应外部设备（如编程器、电脑、打印机等）的请求以及进行各种内部判断等。

PLC 的内部存储器有两类，一类是系统程序存储器，主要存放系统管理和监控程序以及对用户程序作编译处理的程序，系统程序已由厂家固定，用户不能更改。另一类是用户程序及数据存储器，主要存放用户编制的应用程序及各种暂存数据和中间结果。

（2）输入/输出（I/O）接口

是 PLC 与输入/输出（I/O）设备连接的部件。输入接口接受输入设备（如按钮、传感器、触点、行程开关等）的控制信号。输出接口是将主机经处理后的结果通过功放电路去驱动输出设备（如接触器、电磁阀、指示灯等）。I/O 接口一般采用光电耦合电路，以便减少电磁干扰，提高可靠性。I/O 点数即输入/输出端子数，是 PLC 的一项主要技术指标，通常小型机有几十个点，中型机有几百个点，大型机将超过千点。

（3）电源

指为 CPU、存储器、I/O 接口等内部电子电路工作所配置的直流开关稳压电源，通常也为输入设备提供直流电源。

（4）编程器

是 PLC 的一种主要的外部设备，用于手持编程，用户可用以输入、检查、修改、调试程序或监视 PLC 的工作情况。除手持编程器外，还可通过适配器和专用电缆线将 PLC 与电脑连接，并利用专用的工具软件进行电脑编程和监控。

（5）输入/输出扩展单元

I/O 扩展接口用于连接扩充外部输入/输出端子数的扩展单元与基本单元（即主机）。

（6）外部设备接口

此接口可将编程器、打印机、条码扫描仪等外部设备与主机相连，完成相应操作。

5. PLC 的工作原理

PLC 是采用“顺序扫描，不断循环”的方式进行工作的。即在 PLC 运行时，CPU 根据用户按控制要求编制好并存于用户存储器中的程序，按指令步序号（或地址号）作周期性循环扫描，如无跳转指令，则从第一条指令开始逐条顺序执行用户程序，直至程序结束。然后重新返回第一条指令，开始下一轮新的扫描。在每次扫描过程中，还要完成对输入信号的采样和对输出状态的刷新等工作。

PLC 扫描一个周期必经输入采样、程序执行和输出刷新三个阶段。

（1）输入采样阶段

先以扫描方式按顺序将所有暂存在输入锁存器中的输入端子的通断状态或输入数据读入，并将其写入各对应的输入状态寄存器中，即刷新输入。随即关闭输入端口，进入程序执行阶段。

（2）程序执行阶段

按用户程序指令存放的先后顺序扫描执行每条指令，执行的结果再写入输出状态寄存器中，输出状态寄存器中所有的内容随着程序的执行而改变。

（3）输出刷新阶段

当所有指令执行完毕，输出状态寄存器的通断状态在输出刷新阶段送至输出锁存器中，并通过一定的方式（继电器、晶体管或晶闸管）输出，驱动相应输出设备工作。

14.1.2 S7-200 SMART 系统结构

1. CPU SR40 PLC 硬件结构

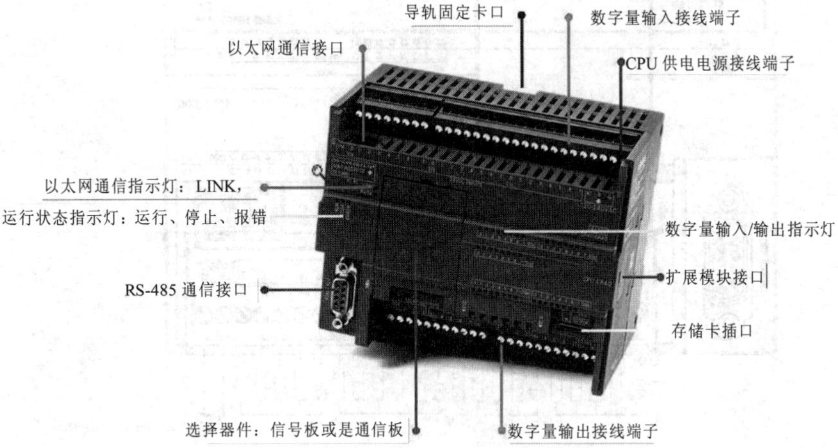

图 14.1.2 CPU 外形结构图

2. CPU SR40 主要参数

表 14.1.1 CPUSR40 主要参数表

说明	SR40
程序寄存器	24 kB
数据寄存器	16 kB
保持性寄存器	10 kB
板载数字量 I/O	24 点输入/16 点输出
过程映像输入寄存器	I0.0 到 I31.7
过程映像输出寄存器	Q0.0 到 Q31.7
模拟量输入	AIW0 到 AIW110
模拟量输出	AQW0 到 AQW110
变量储存器（V）	VB0 到 VB16383
局部储存器（L）	LB0 到 LB63
说明	SR40
位存储器（M）	M0.0 到 M31.7
特殊储存器（SM）	SM0.0 到 SM1535.7
	SM0.0 到 SM29.7
	SM1000.0 到 SM1535.7

3. 外部接线

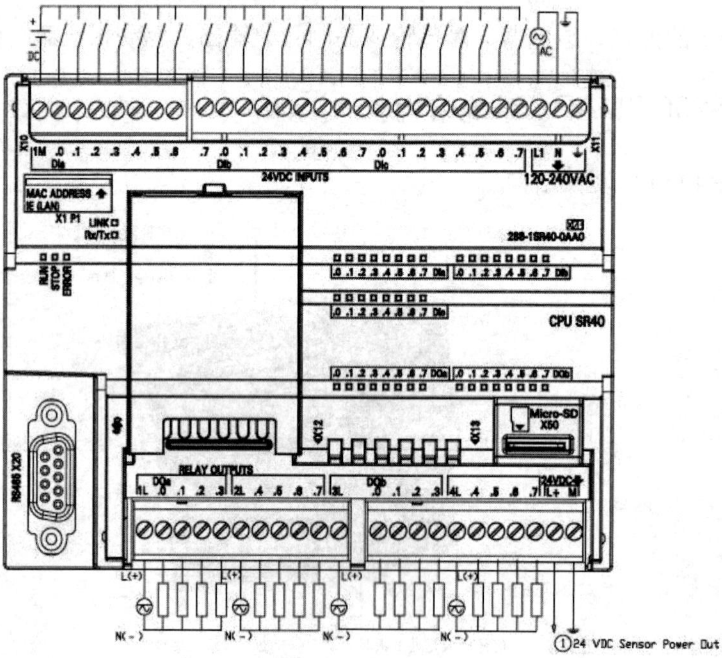

图 14.1.3 CPU 外部接线图

14.1.3 模拟量输入 EMAE04

1. 外部接线图

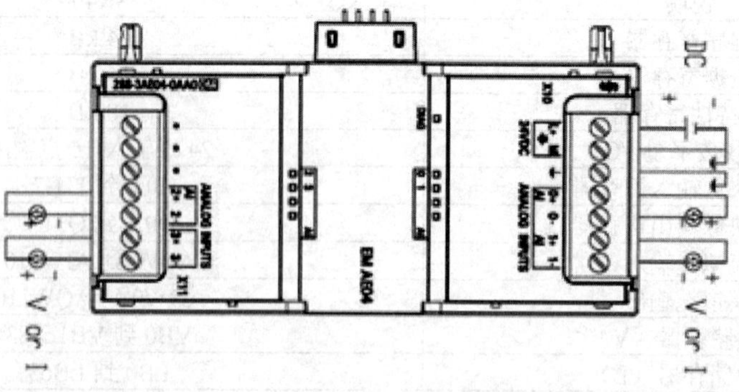

图 14.1.4 EMAE04 外部接线图

2. 模拟量输入模块组态

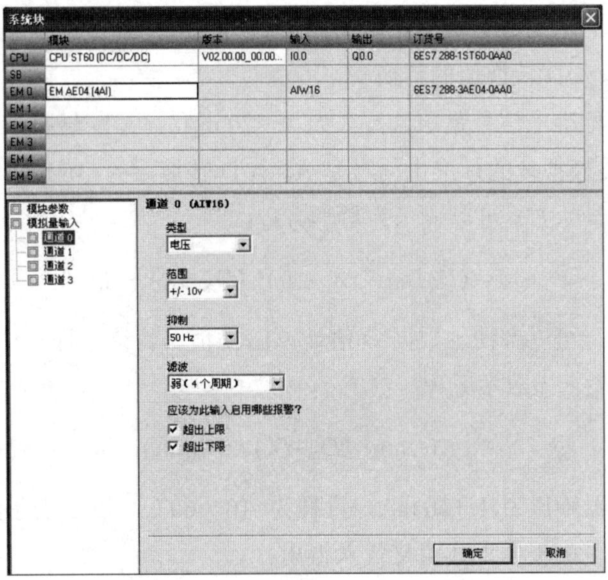

图 14.1.5 EMAE04 模块组态图

（1）模拟量类型组态

对于每条模拟量输入通道，都将类型组态为电压或电流。为偶数通道选择的类型也适用于奇数通道，即为通道 0 选择的类型也适用于通道 1，为通道 2 选择的类型也适用于通道 3。

（2）范围

组态通道的电压范围或电流范围，可选择以下取值范围之一：

- +/– 2.5 V
- +/– 5 V
- +/– 10 V
- 0～20 mA

（3）抑制

传感器的响应时间或传送模拟量信号至模块的信号线的长度和状况，也会引起模拟量输入值的波动。这种情况下，可能会因波动值变化太快而导致程序逻辑无法有效响应。用户可组态模块对信号进行抑制，进而消除或最小化频率点的噪声。

（4）平滑

可组态模块在组态的周期数内平滑模拟量输入信号，从而将一个平均值传送给程序逻辑。

（5）报警组态

可为所选模块的所选通道选择是启用还是禁用超出上限和超出下限报警。

3. 模拟量值和 A/D 转换值的转换

假设模拟量的标准电信号是 A_0–A_m（如 4～20 mA），A/D 转换后数值为 D_0–D_m（如 5 530～27 648），设模拟量的标准电信号是 A，A/D 转换后的相应数值为 D，由于是线性关系，函数关系 $A=f(D)$ 可以表示为数学方程：

$$A=(D-D_0)\times(A_m-A_0)/(D_m-D_0)+A_0$$

根据该方程式，可以方便地根据 D 值计算出 A 值。将该方程式逆变换，得出函数关系 $D=f(A)$ 可以表示为数学方程：

$$D=(A-A_0)\times(D_m-D_0)/(A_m-A_0)+D_0$$

如某温度传感器输出为 4～20 mA，量程为–10～60℃。以 T 表示温度值，AIW16 为 PLC 模拟量采样值，则根据上式直接代入得出：

$$T=70\times(\text{AIW16}-5\,530)/22\,118-10$$

又如某压力变送器，当压力达到满量程 5 MPa 时，压力变送器的输出电流是 20 mA，AIW0 的数值是 27 648。可见，每毫安对应的 A/D 值为 27 648/20，测得当压力为 0.1 MPa 时，压力变送器的电流应为 4 mA，A/D 值为（27 648/20）×4＝5 530。由此得出，AIW0 的数值转换为实际压力值（单位为 kPa）的计算公式为：

VW0 的值＝（AIW0 的值–5 530）（5 000–100）/（27 648–5 530）＋100（单位：kPa）

14.1.4 模拟量输入/输出 EM AM06

1. 外部接线图

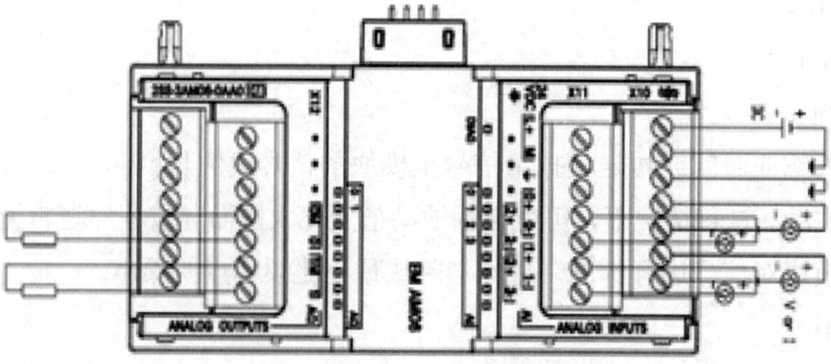

图 14.1.6 EM AM06 外部接线图

2. 模拟量输入/输出模块组态

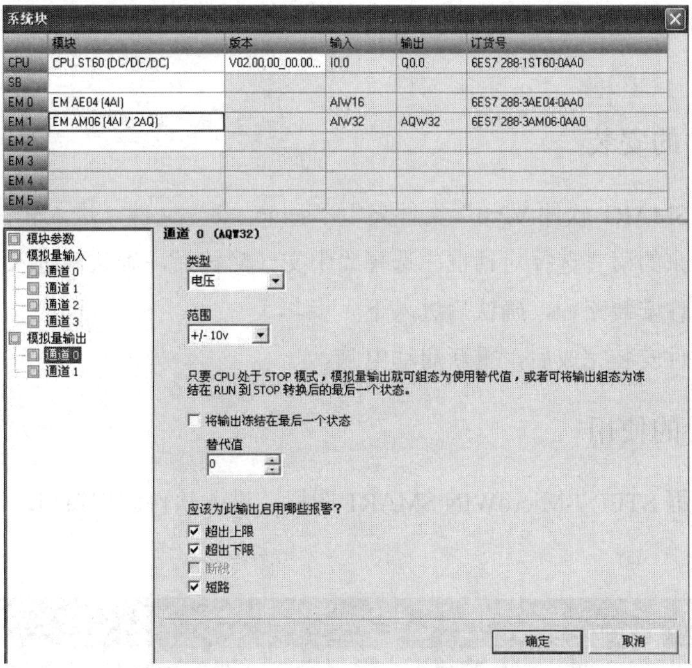

图 14.1.7 EM AM06 模块组态图

（1）模拟量类型组态

对于每条模拟量输出通道，都将类型组态为电压或电流。

（2）范围

然后组态通道的电压范围（–10～10 V）或电流范围（0～20 mA）。

（3）STOP 模式下的输出行为

当 CPU 处于 STOP 模式时，可将模拟量输出点设置为特定值，或者保持在切换到 STOP 模式之前存在的输出状态。

STOP 模式下，有两种方法可用于设置模拟量输出行为：

“将输出冻结在最后状态”：单击此复选框，就可在 PLC 进行 RUN 到 STOP 转换时将所有模拟量输出冻结在其最后值。

“替换值”：如果“将输出冻结在最后状态”复选框未选中，只要 CPU 处于 STOP 模式就可输入应用于输出的值（–32 512 到 32 511）。默认替换值为 0。

（4）报警组态

可为所选模块的所选通道选择是启用还是禁用报警，可选用超出上限、超出下限、“断路”（仅限电流通道）和“短路”（仅限电压通道）。

14.2 STEP7-MicroWIN SMART

14.2.1 软件的安装

1）双击“SMART 软件 V2.0”文件夹中“setup.exe”文件，进入软件安装界面。

2）在弹出来的语言选择对话框中选择“中文（简体）”，确认后进入下一步。

3）更改软件安装路径，确认后进入下一步。

4）等待软件安装完成后，重新启动电脑。

14.2.2 软件的使用

1）双击桌面 STEP 7-MicroWIN SMART 图标，进入软件编程窗口（图 14.2.1）。

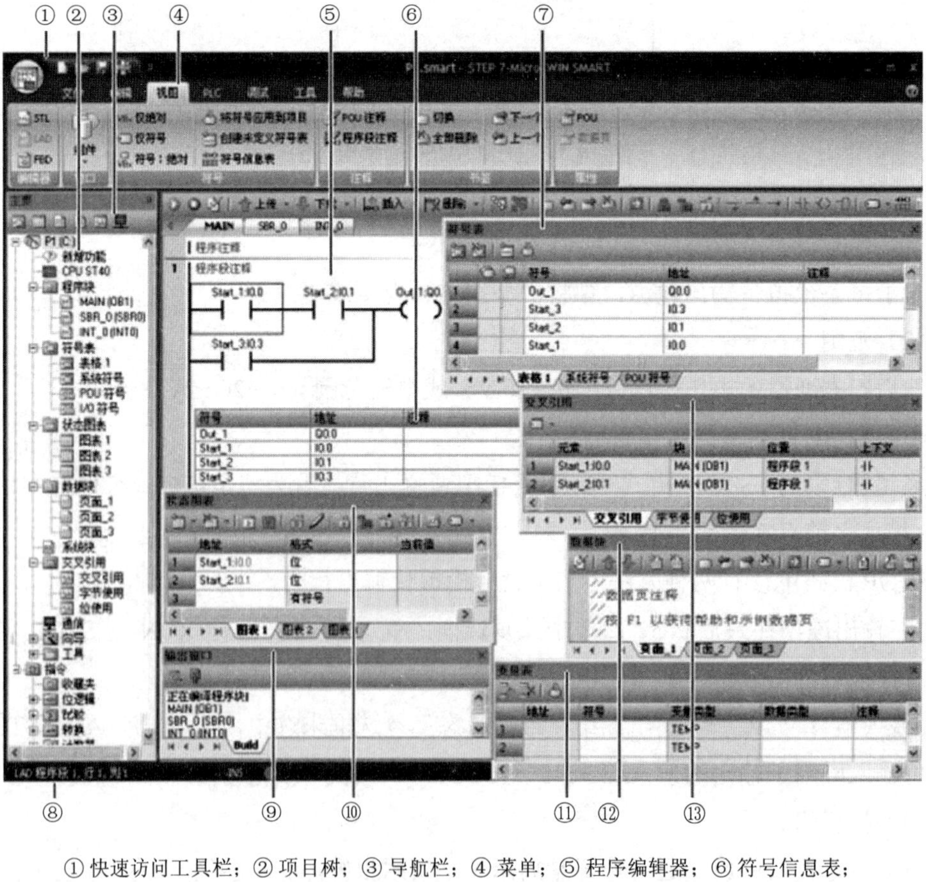

① 快速访问工具栏；② 项目树；③ 导航栏；④ 菜单；⑤ 程序编辑器；⑥ 符号信息表；

⑦ 符号表；⑧ 状态栏；⑨ 输出窗口；⑩ 状态图表；⑪变量表；⑫数据块；⑬交叉引用

图 14.2.1 SMART 软件编程窗口介绍图

2）快速访问帮助。选中所需帮助菜单或命令，按快捷键 F1 可弹出帮助文件。

14.2.3 创建工程

1. 打开窗口

1）在项目树中，双击图标“CPU ST40”，进入系统块编辑窗口。如图 14.2.2 所示。

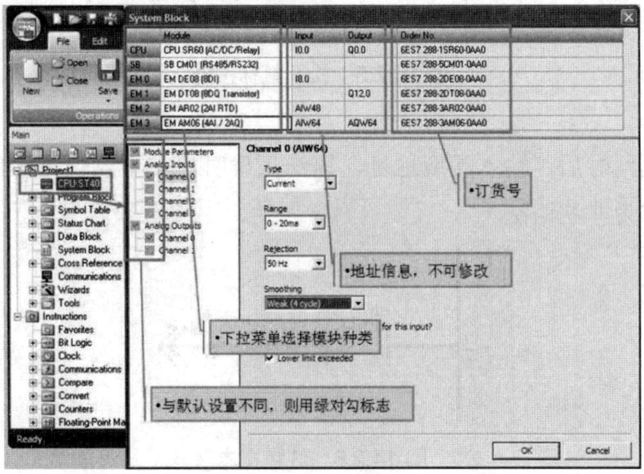

图 14.2.2 系统块编辑窗口介绍图

2）更改 CPU 主机内型，在 EM0 下添加其他扩展模块，注意地址信息。

3）点击 CPU 主机，将启动模式改为 CPU 启动后 RUN。

2. 程序编写

1）从项目树中选中要插入的指令。

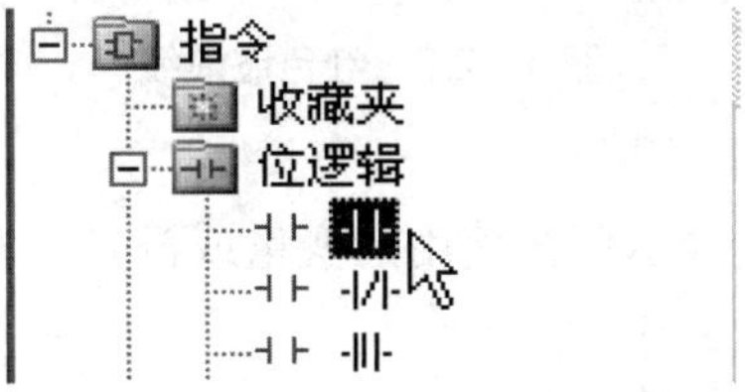

图 14.2.3 选中要插入的指令

2）在“程序编辑器”窗口中将指令拖动到程序段中所需位置。

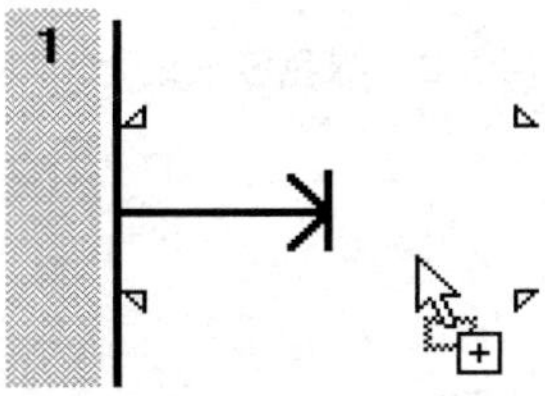

图 14.2.4 拖动指令到所需位置

STEP 7-MicroWIN SMART 显示可以放置指令的合法位置。

3）松开鼠标按键，将指令放置在所需位置。

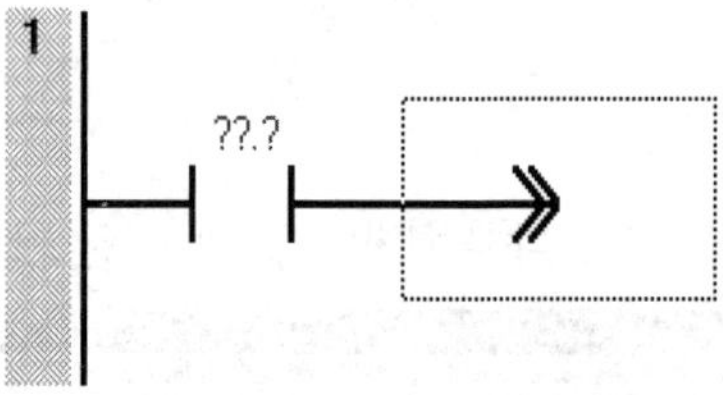

图 14.2.5　松开鼠标按键

4）点击红色问号后，输入相应地址。语法正确时，文本默认为黑色。

① 红色文本为非法语法。

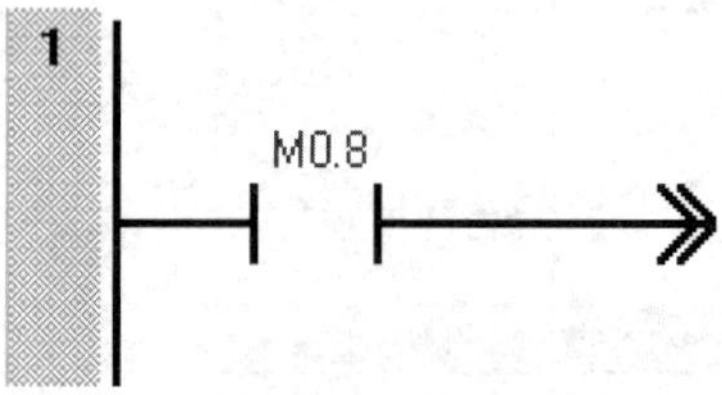

图 14.2.6　红色文本

② 值下方的红色波浪线表示值超出范围或对此类指令不正确。

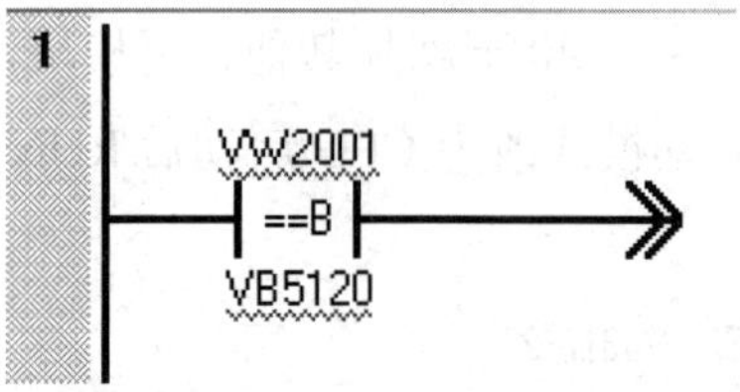

图 14.2.7　红色波浪线

③ 值下方的绿色波浪线表示正在使用的变量或符号尚未定义。

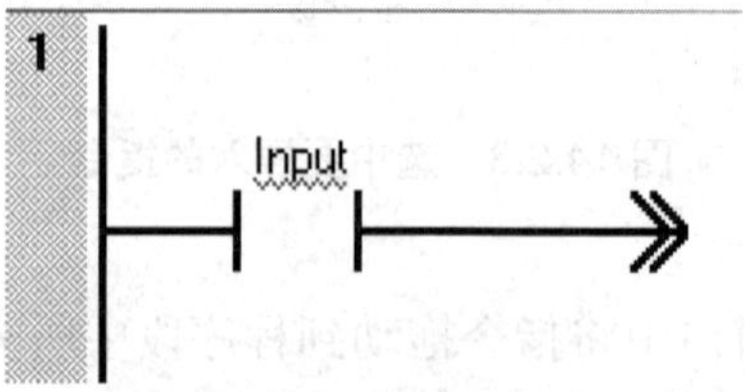

图 14.2.8　绿色波浪线

3. 工程的编译与保存

（1）编译

可使用以下方法之一编译项目组件：

1）在程序编辑器工具栏或数据块工具栏上，单击“编译”按钮“”。

2）在 PLC 菜单功能区的“操作” 区域单击“编译”按钮“”。

3）在项目树中右键单击项目名称（“程序块”、“数据块”或“系统块”），然后从上下文菜单中选择“全部编译”命令。

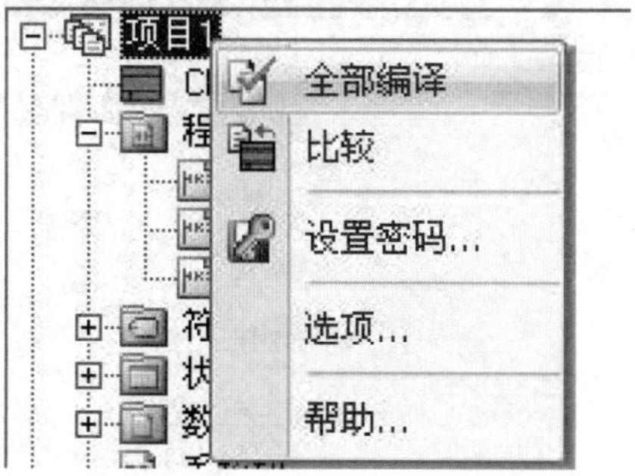

图 14.2.9 选择“全部编译”

编译时，输出窗口显示发生的所有编译器错误，并可根据位置以及错误类型标识错误。

（2）保存

使用“文件” 菜单功能区的“操作”区域中的“保存”按钮，或单击“保存”按钮下的向下箭头并从下拉菜单中选择“另存为”，均可保存工作。还可通过单击快速访问工具栏上的“保存”按钮来保存项目。

“保存”允许您快速保存对工作进行的任何改动。默认情况下，首次创建项目时，STEP7-Micro/WIN SMART 提供名称“Project1.smart”。首次保存项目时，您可接受该名称，也可以进行修改或变更位置。以后保存时，STEP7-Micro/WINSMART 不提示文件名或文件夹位置。

除非您更改，否则 STEP 7-Micro/WIN 会将项目保存到默认的项目位置。可通过“常规”选项设置的“默认设置”选项卡查看或更改项目默认保存位置。

“另存为”允许您修改当前项目的名称以及文件夹位置。

14.2.4 工程下载

1）在 STEP7-Micro/WINSMART 中，使用以下方法之一显示“通信”对话框，组态与 CPU 的通信。

① 在项目树中，双击“通信”节点。

② 单击导航栏中的“通信”按钮“”。

③ 在“视图”菜单功能区的“窗口”区域内，从“组件”下拉列表中选择“通信”。

2）网络接口卡更改为计算机网卡。

3）单击“查找 CPU”。

4）当出现 CPU 地址后点击确认。

注意：在与 PLC 通信前，请先将计算机的 IP 地址与 PLC 的 IP 地址设置在同一网段，例如：192.168.2.10。PLC 默认 IP 地址为 192.168.2.1，子网掩码为 255.255.255.0。

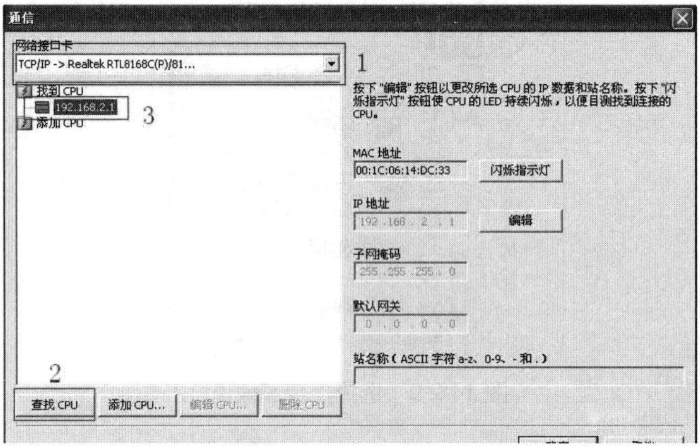

图 14.2.10　CPU 地址查找确认

5）与 CPU 建立通信之后，即可创建和下载示例程序。

要下载所有项目组件，在“文件”（File）或 PLC 菜单功能区的“传送”（Transfer）区域单击“下载”（Download）按钮“”，也可按快捷键组合“CTRL+D”。

弹出如下对话框后，点击下载。

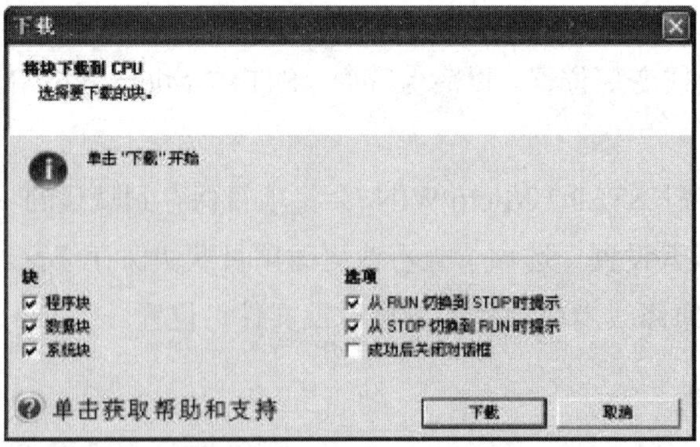

图 14.2.11　工程下载

14.2.5　程序监控与调试

1）在“调试”菜单功能区的“状态”区域单击“程序状态”按钮“”。

2）在弹出“时间戳不匹配”对话框中，点击“比较”按钮。在出现通过提示后点击继续按钮进入程序状态监控界面。

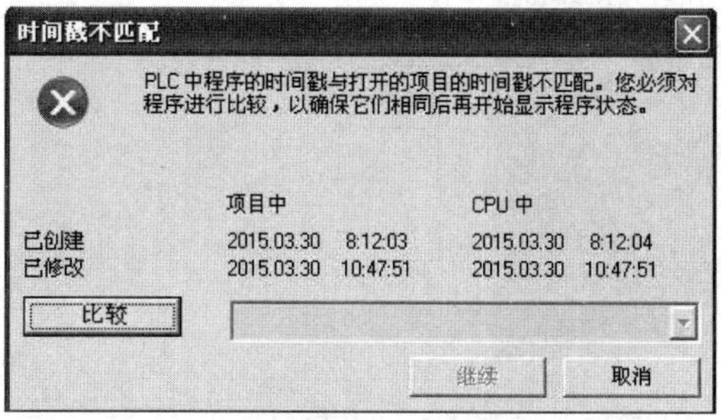

图 14.2.12 程序监控

3）右键单击指令地址，然后单击写入选项或强制选项。检查设备是否正确动作。在调试中，如果有强制动作，在结束调试时，请全部取消强制。

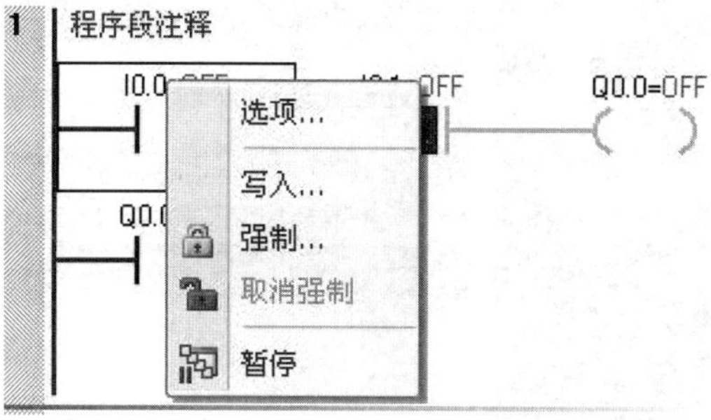

图 14.2.13 程序调试

14.3 MCGS 工控组态软件

14.3.1 软件安装

MCGS 通用版安装步骤如下：

1）打开发货光盘中 MCGS6.2 文件夹，打开：MCGS6.2\MCGS，双击 Setup.exe 进入程序安装界面。

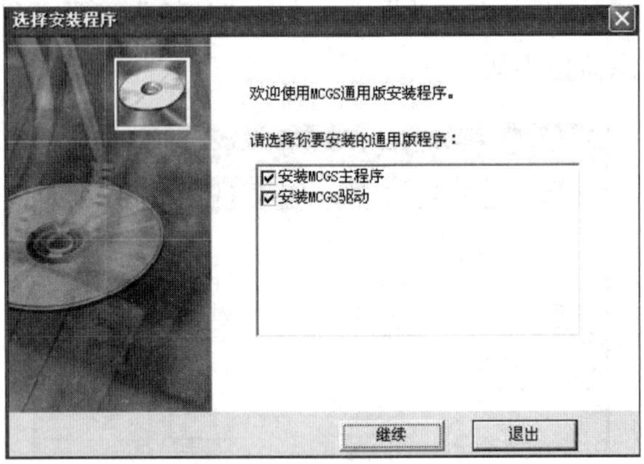

图 14.3.1　MCGS 程序安装界面

2）单击继续后，在弹出安装程序窗口，点击“下一步”，启动安装程序。

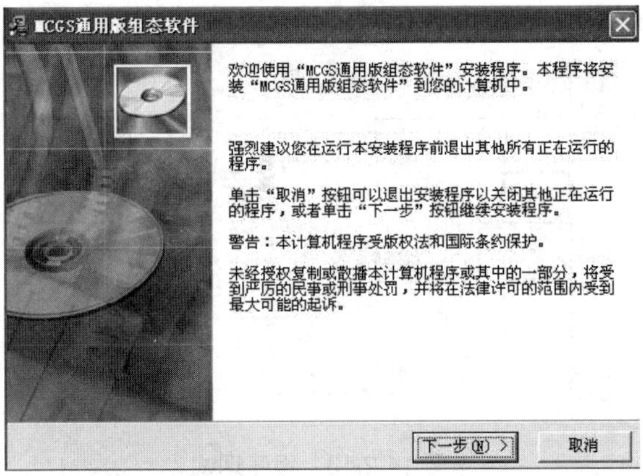

图 14.3.2　启动安装程序

3）安装程序将提示指定安装目录，用户根据实际情况更改安装路径。

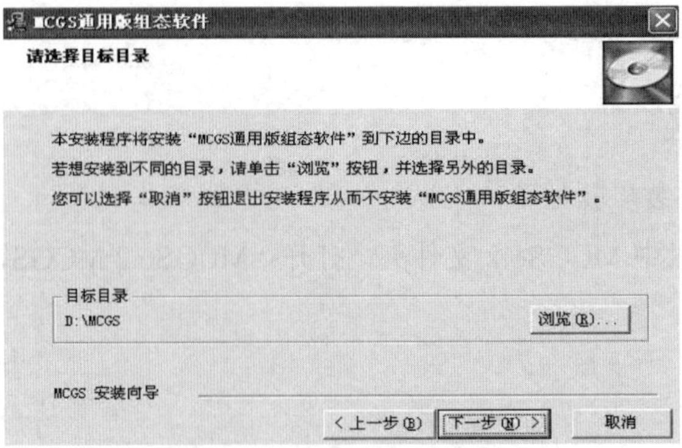

图 14.3.3　指定安装目录

4）等待一段时间后，弹出安装完成框口，点击完成后进入驱动安装窗口。

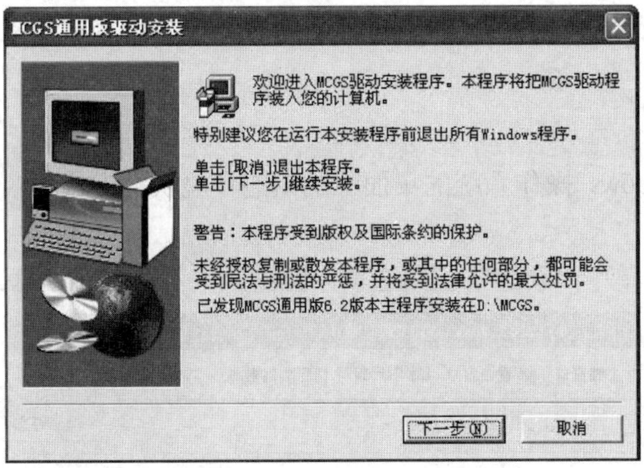

图 14.3.4　继续安装设备驱动

5）点击下一步，进入驱动安装程序，选择所有驱动，点击下一步进行安装。

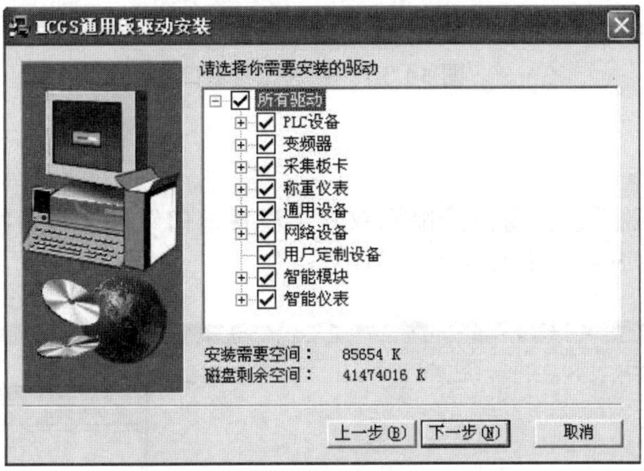

图 14.3.5　选择所有驱动

6）等待安装设备驱动，在弹出“文件拷贝错误”提示窗口后，点击“忽略”按钮。

7）安装过程完成后，系统将弹出对话框提示安装完成，选择立即重新启动计算机或稍后重新启动计算机。重新启动计算机后，完成安装。

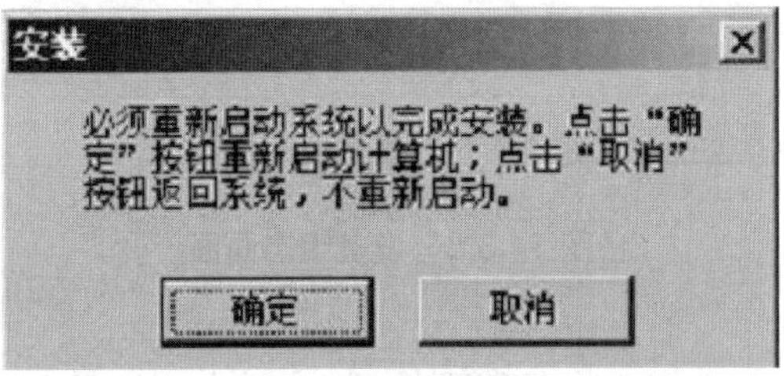

图 14.3.6　选择重新启动计算机完成安装

8）将发货光盘中 MCGS6.2 文件夹下 drivers 文件夹复制到 MCGS 安装目录下 Program 文件夹中，替换原来的 drivers 文件夹。

14.3.2　工程建立

鼠标双击 Windows 操作系统的桌面上的组态环境快捷方式“”，可打开通用版组态软件。

1）单击文件菜单中“新建工程”选项，弹出“工作台”对话框。

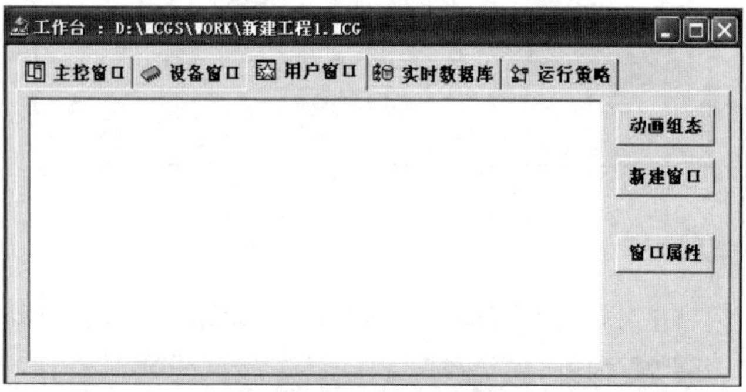

图 14.3.7　新建工程窗口

2）设备组态

① 在工作台中激活设备窗口，鼠标双击“设备窗口”进入设备组态画面，点击工具条中的“”打开“设备工具箱”。

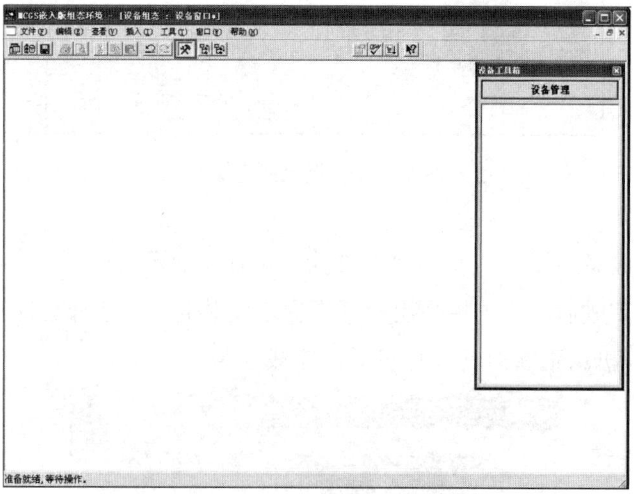

图 14.3.8　设备组态画面

② 在设备工具箱中，点击“设备管理按钮”，弹出“设备管理”对话框。

③ 在设备管理对话框中，依次在 PLC 设备—西门子—Smart200 下找到“西门子_Smart200”，点击“增加”按钮。在右侧窗口出现“西门子_Smart200”设备后，点击“确认”按钮。

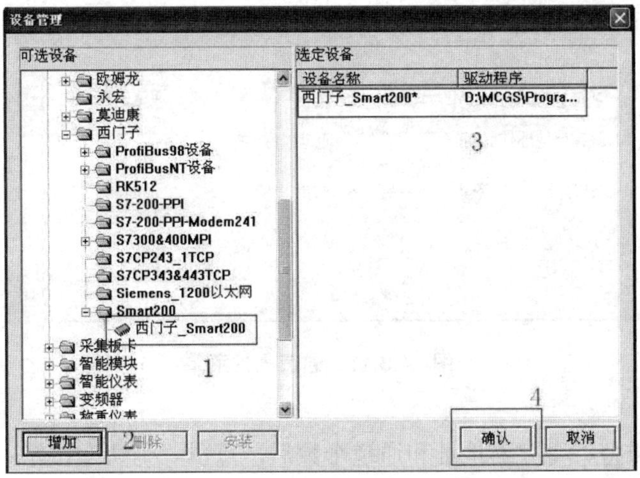

图 14.3.9 设备选定界面

④ 在设备工具箱中双击“西门子_Smart200”。

⑤ 双击设备组态窗口中的“设备 0—西门子_Smart200”，弹出“设备属性设置”对话框。

a. 更改本地 IP 地址和远程 IP 地址，如图 14.3.10：

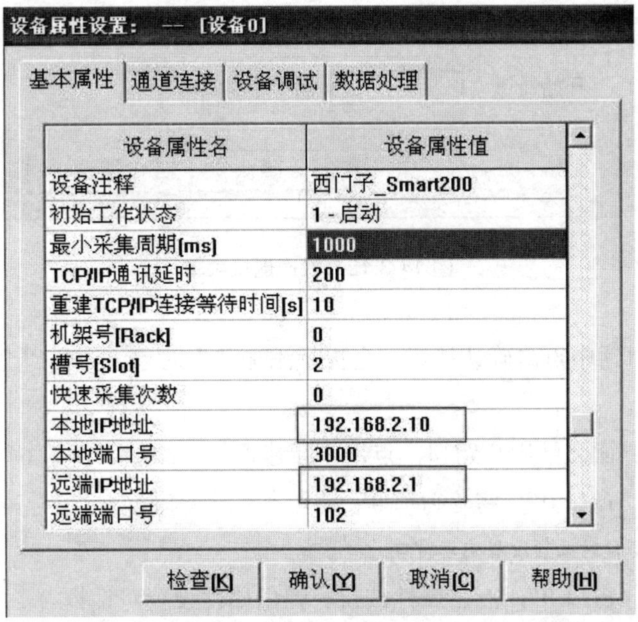

图 14.3.10 IP 地址更改窗口

注意：本地 IP 与计算机 IP 地址对应，远程 IP 地址与 PLC 主机地址对应。

b. 在“内部属性”栏中点击“设置设备内部属性”右侧按钮，进入“西门子_Smart200 通道属性设置”对话框，点击“增加通道”按钮。

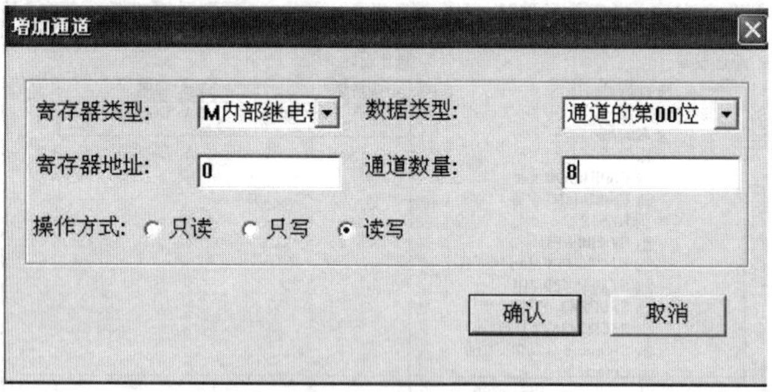

图 14.3.11　通道属性菜单

选择寄存器类型、寄存器地址和通道个数后，点击“确认”按钮。

c. 在“设备属性设置”对话框中，点击“通道连接”按钮。选中需要连接变量地址的起始位，点击“快速连接”按钮。弹出“快速连接”对话框，填写连接数据对象名称以及个数后点击确认。

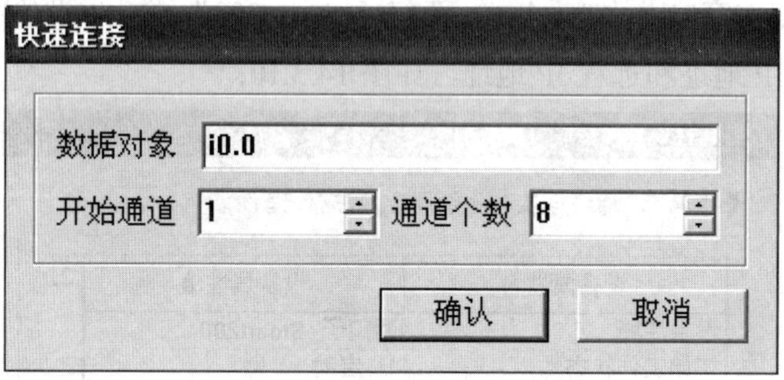

图 14.3.12　快速连接菜单

在通道连接对话中点击确认按钮，会提示添加数据对象，点击“全部添加”按钮。

3）窗口组态。

① 在工作台界面激活用户窗口，点击“新建窗口”添加“窗口 0”。

② 右键点击“窗口 0”，将“窗口 0”设置为启动窗口。

注意：在多个窗口时必须设置启动窗口。

③ 右键点击“窗口 0”，点击属性按钮。弹出属性设置对话框。

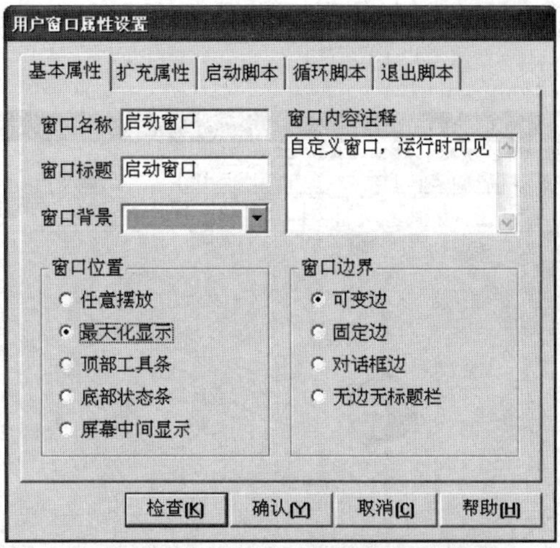

图 14.3.13 用户窗口属性设置

在属性设置对话框中，用户可根据要求设置窗口名称、窗口背景和窗口位置等相关属性。

④ 双击“窗口 0”进入窗口编辑界面。

a. 单击“工具”菜单，选中“对象元件库管理”或单击工具条中的“工具箱”按钮，则打开动画工具箱。

b. 在工具箱中点击“插入元件”按钮“”，打开“对象元件库管理”对话框。

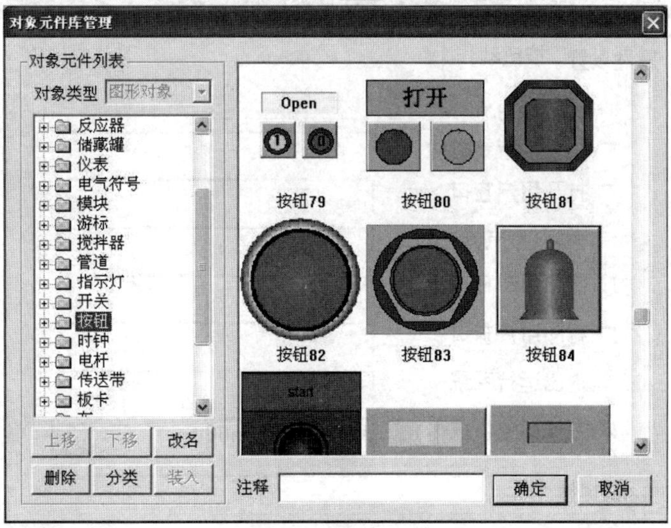

图 14.3.14 对象文件库管理

在对象元件库管理对话框中分别选择按钮和指示灯到框口画面。

c. 在编辑界面中将添加的按钮和指示灯放置在指定位置，并将其调整到合适大小。

d. 在“工具箱”中，点击“标签”按钮。给按钮和指示灯添加相应说明。双击该字符可修改字体大小等属性。

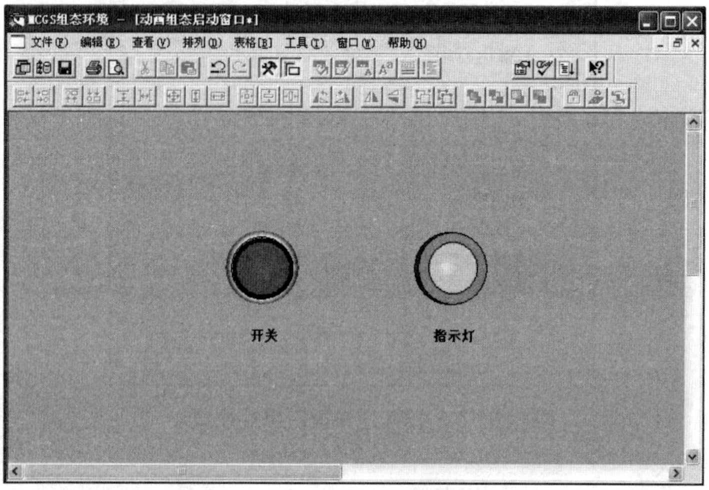

图 14.3.15 动画组态启动窗口

e. 双击画面中添加的按钮，弹出“单元属性设置”对话框。激活“动画连接”界面，选择“按钮输入”后在右侧出现“>”后，点击“>”进入“动画组态属性设置”对话框。设置数据对象操作值。

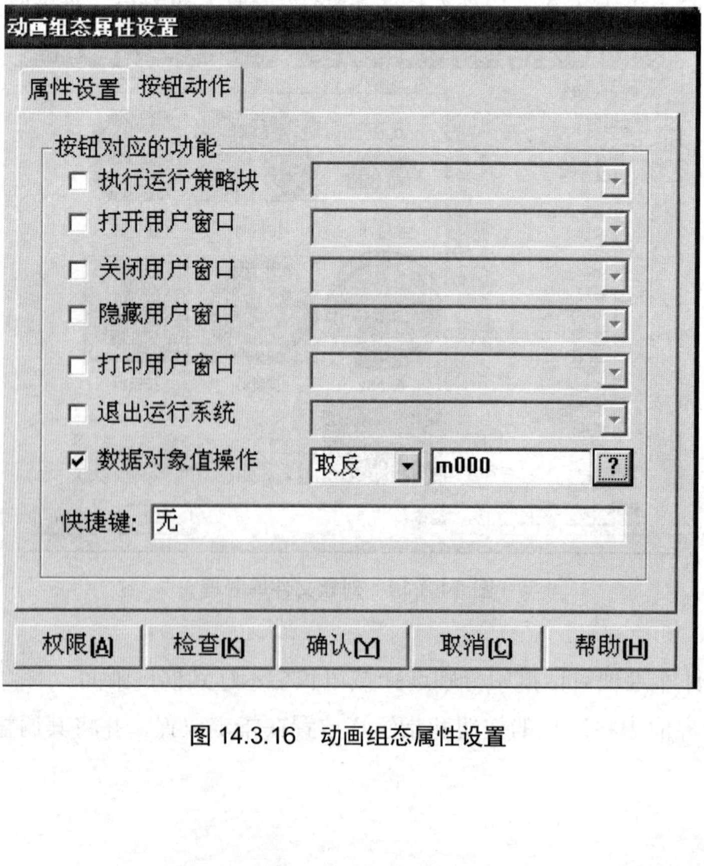

图 14.3.16 动画组态属性设置

f. 双击画面中添加的指示灯，弹出“单元属性设置”对话框。激活“动画连接”界面，选择“可见度”后在右侧出现“>”后，点击“>”进入“动画组态属性设置”对话框。“表达式”中连接数据变量，选中“对应图符不可见”。

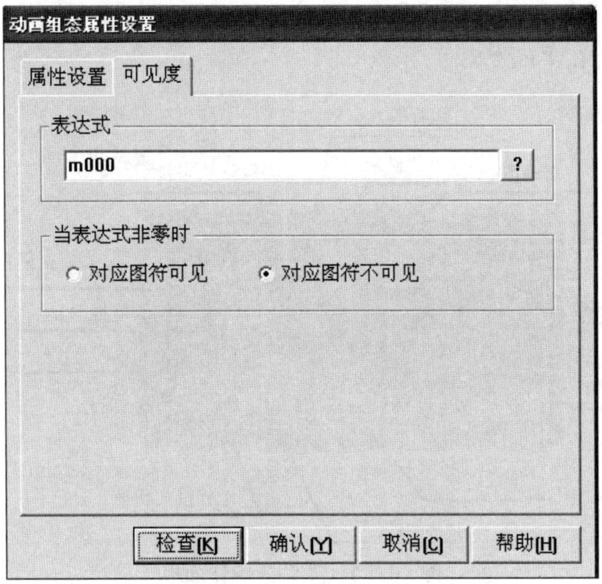

图 14.3.17 选择可见度界面

同样对另一图符连接数据变量，设置为“对应图符可见”。

g. 保存画面窗口后，点击工具栏中的进入运行环境按钮“”，在运行环境中模拟该工程是否满足设计要求。

在运行窗口中，点击开关按钮，观察“指示灯”颜色变化情况。再次点击开关按钮，观察“指示灯”颜色变化情况。

图 14.3.18 运行窗口

14.4 变频器

14.4.1 变频器操作面板

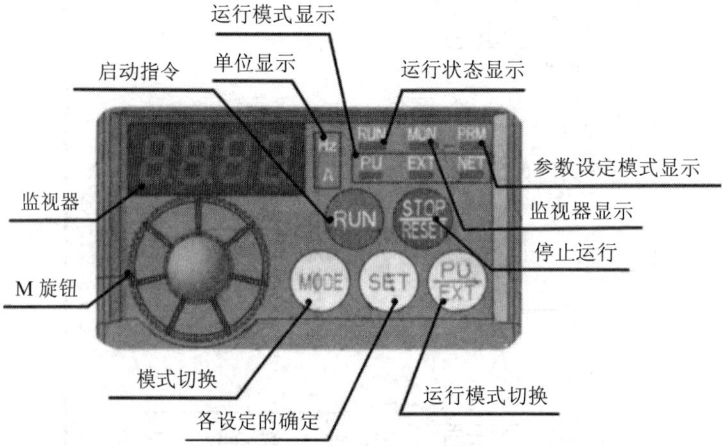

图 14.4.1 变频器操作面板

变频器操作面板功能见表 14.4.1。

表 14.4.1 变频器操作面板功能

序号	功能	模式
1	运行模式显示	PU：PU 运行模式时亮灯；EXT：外部运行模式时亮灯；NET：网络运行模式时亮灯
2	单位显示	H_Z：显示频率时亮灯；A：显示电流时亮灯（显示电压时熄灯，显示设定频率监视时闪烁）
3	监视器（4 位 LED）	显示频率、参数编号等
4	M 旋钮	用于变更频率设定、参数的设定值。按该按钮可显示以下内容：监视模式时的设定频率；校正时的当前设定值；错误历史模式时的顺序
5	模式切换	用于切换各设定模式。和“$\frac{\text{PU}}{\text{EXT}}$”键同时按下也可以用来切换运行模式。长按此键（2 s）可以锁定操作
6	各设定的确定	运行中按此键则监视器出现以下显示：运行频率→输出电流→输出电压
7	运行状态显示	变频器动作中亮灯/闪烁。亮灯：正转运行中，缓慢闪烁（1.4 s 循环）；反转运行中，快速闪烁（0.2 s 循环）（按“RUN”键或输入启动指令都无法运行时；有启动指令，频率指令在启动频率以下时；输入了 MRS 信号时）
8	参数设定模式显示	参数设定模式时亮灯
9	监视器显示	监视模式时亮灯
10	停止运行	也可以进行报警复位
11	运行模式切换	用于切换 PU 和外部运行模式。使用外部运行模式（通过另接的频率设定旋钮和启动信号启动的运行）时请按此键，使表示运行模式的“EXT”处于亮灯状态（切换至组合模式时，可同时按“MODE”键（0.5 s）或者变更参数 Pr.79）。PU：PU 运行模式；EXT：外部运行模式
12	启动指令	通过 Pr.40 的设定，可以选择旋转方向

14.4.2 端子接线操作说明

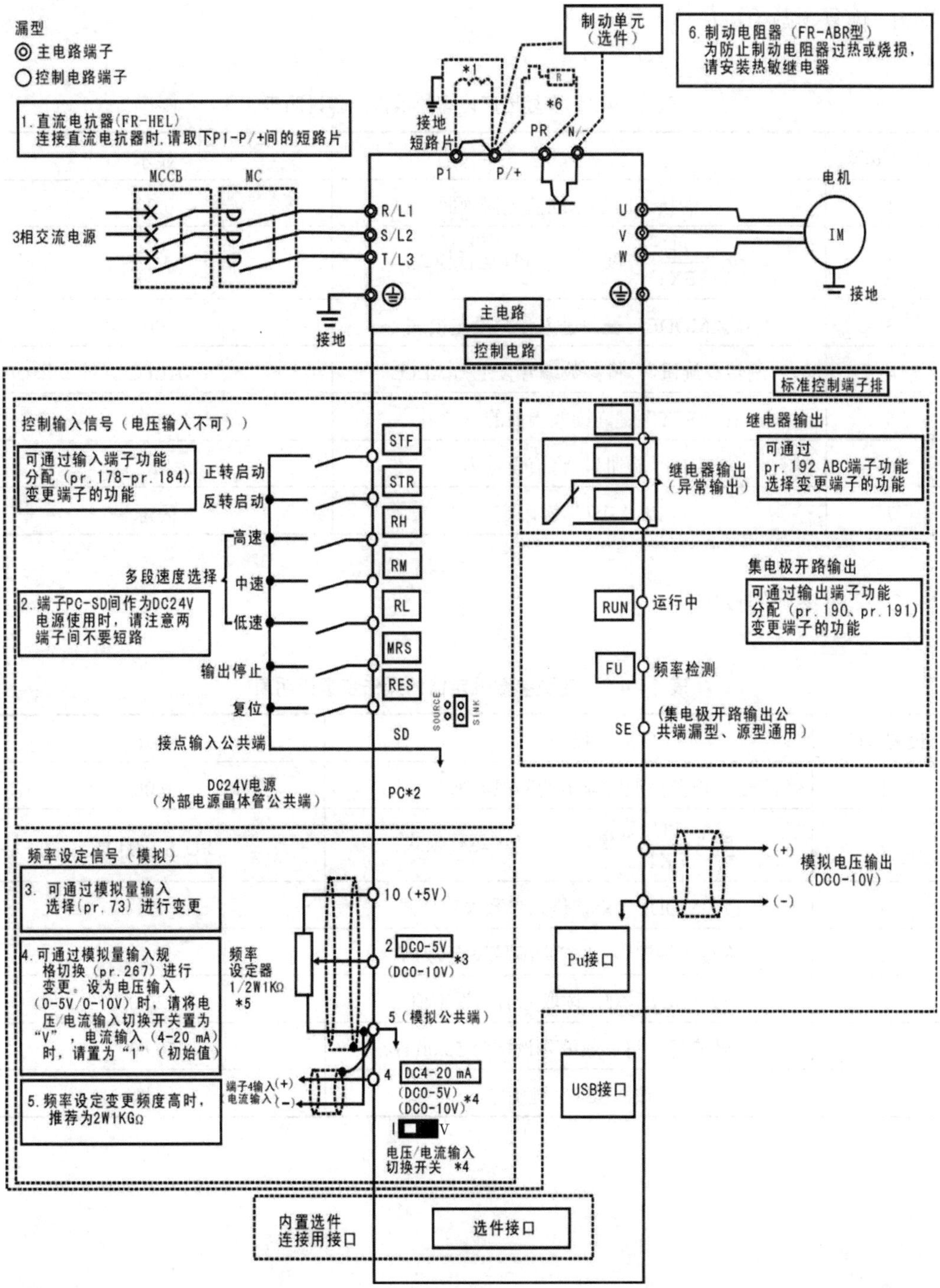

图 14.4.2 端子接线操作说明

14.4.3 参数设置方法

1. 恢复参数为出厂值

表 14.4.2 恢复出厂设置的操作步骤说明表

设置步骤	操作	显示
1	电源接通时显示的监视器画面	0.00
2	按“$\frac{\text{PU}}{\text{EXT}}$”键，进入 PU 运行模式	PU 显示灯亮
3	按“MODE”键，进入参数设定模式	P0
4	旋转“旋钮”，将参数编号设定为 ALLC	ALLC
5	按“SET”键，读取当前的设定值	0
6	旋转“旋钮”，将值设定为 1	1
7	按“SET”键确定	闪烁

2. 变更参数的设定值

表 14.4.3 变更参数设定值的操作步骤说明表

设置步骤	操作	显示
1	电源接通时显示的监视器画面	0.00
2	按“$\frac{\text{PU}}{\text{EXT}}$”键，进入 PU 运行模式	PU 显示灯亮
3	按“MODE”键，进入参数设定模式	P0
4	旋转“旋钮”，将参数编号设定为 P1	P1
5	按“SET”键，读取当前的设定值	120.0
6	旋转旋钮，将参数编号设定为 50.00 Hz	50.00
7	按“SET”键确定	闪烁

3. 主要参数设置

表 14.4.4 主要参数说明表

	参数代号	初始值	设置值	说明
1	Pr.1	120	50	上限频率（Hz）
2	Pr.2	0	0	下限频率（Hz）
3	Pr.3	50	50	电机额定频率
4	Pr.7	5	5	加速时间
5	Pr.8	5	40	减速时间
6	Pr.9	3.6	3.4	设定电机的额定电流
7	Pr.79	0	0	运行模式选择
8	Pr.117	0	3	PU 通信站号
9	Pr.118	192	192	PU 通信速率
10	Pr.119	1	0	PU 通信停止位长
11	Pr.120	2	2	PU 通信奇偶校验
12	Pr.121	1	9 999	PU 通信再试次数
13	Pr.122	0	9 999	PU 通信校验事件间隔
14	Pr.124	1	0	PU 通信有无 CR/LF 选择
15	Pr.549	0	1	协议选择
16	Pr.340	0	10	通信启动模式选择
17	Pr.339	0	2	通信速率指令权
18	Pr.192	99	4	输出的频率超过 Pr.42 设定的频率时输出

14.5 皮托管

14.5.1 测量原理和结构

1. 测量原理

皮托静压管（以下简称皮托管）是由一个垂直在支杆上的圆筒形流量头组成的管状装置。本装置在侧壁周围有一些静压孔，顶端有一个迎流的全压孔。它能测出差压，并根据差压确定流场中某处的流速，由流速与面积的乘积计算出流量。

皮托管的测量原理是基于伯努利方程在空气中应用的一个实例，如图 14.5.1 所示，当理想流体均匀的平行流向静止物体时，设想其中一条流线撞在物体上（即图 14.5.1 中的 A 点），在此处流体发生分岔，A 点称为滞止或驻点，A 点的流速为零，$V_A=0$。

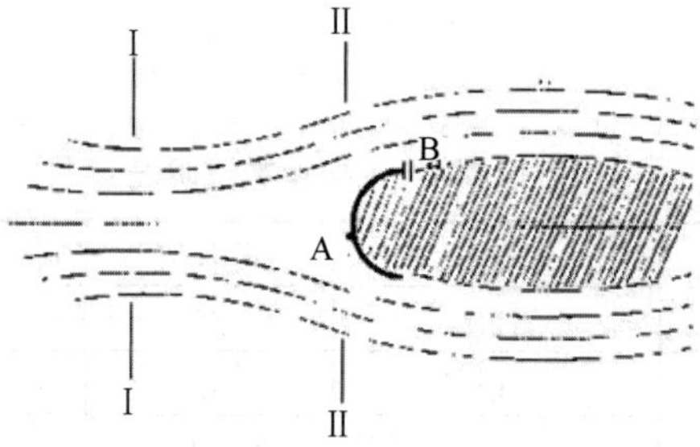

图 14.5.1 皮托管静压管原理结构图

如果我们选择两个截面 I－I 和II－II，I－I 截面流动没有受到任何的影响，流束是平行的，流速形成规则的速度分布，截面上各点的静压力相等。II－II 截面流动受到影响，流束密集，流速加快，静压降低。则两个面上的伯努利方程为式（14.5.1）。

$$\frac{P_1}{\rho_1}+K_1\frac{V_1^2}{2}=\frac{P_2}{\rho_2}+K_2\frac{V_2^2}{2}+\varsigma\frac{V_2^2}{2} \tag{14.5.1}$$

式中：ς—— I－I、II－II区间的流体阻力系数，这里可以不考虑，即：$\varsigma=0$；

ρ —— 流体密度，因为是均匀的 $\rho_1=\rho_2=\rho$；

K —— 速度分布不均匀系数，这里可设 $K_1=K_2=1$；

P —— 两个截面的静压力；

V —— 两个截面的流速，$V_2=V_A=0$。

整理得到公式为：

$$P_2-P_1=\frac{\rho V_1^2}{2} \tag{14.5.2}$$

式中：P_2 —— 总压力（因为动压为零）；

P_1 —— 静压力。

如图 14.5.1 所示，若在物体 B 点开一个孔，由于均匀流场中静压力相等，则 $P_1=P_B=P_0$；令 $P_2=P_1$，$V_1=V$，式（14.5.2）就变成为：

$$P-P_0=\frac{\rho V_1^2}{2} \tag{14.5.3}$$

$$V=\sqrt{\frac{2(P-P_0)}{\rho}} \tag{14.5.4}$$

式中：$P-P_0$ 实际上是流场中某一点流体的动压力 P。

2. 皮托管结构

皮托管分为 L 型（标准型）与 S 型（防堵型）。当一台差压计两端分别与总压管和静压管连接，这样差压计上就可以显示出动压值来。

1）L 型皮托管。L 型皮托管又称标准型皮托管，构造如图 14.5.2 所示。它是一个弯成 90°的双层同心圆管，前端呈半圆形，正前方有一开孔，与内管相通，用来测定全压。在距前端 6 倍直径处外管壁上开有一圈孔径为 1 mm 的小孔，通至后端的侧出口，用来测定排气静压。按照上述尺寸制作的皮托管其修正系数 K_p 为 0.99±0.01。L 型皮托管的测孔很小，当烟道内颗粒物浓度大时，易被堵塞。它适用于测量较清洁的排气。

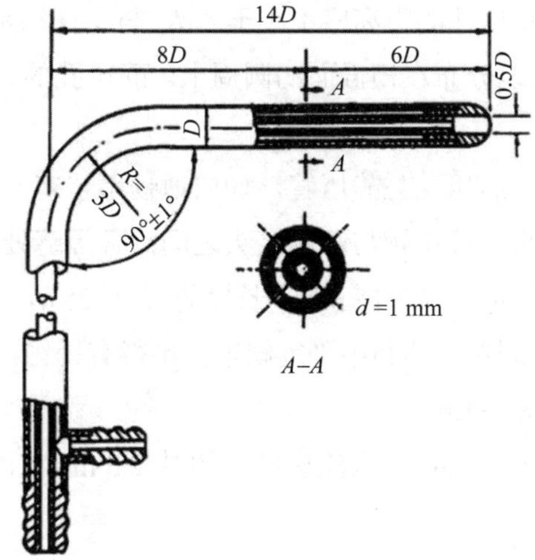

图 14.5.2　L 型皮托管

2）S 型皮托管。S 型皮托管又称防堵型皮托管，构造见图 14.5.3，它是由两根相同的金属管并联组成。测量端有方向相反的两个开口，测定时，面向气流的开口测得的压力为全压，背向气流的开口测得的压力小于静压。按图 14.5.3 设计制作的 S 型皮托管其修正系数 K_p 为 0.84±0.01。制作尺寸与上述要求有差别的 S 型皮托管的修正系数需进行校正。其正、反方向的修正系数相差应不大于 0.01。S 型皮托管的测压孔开口较大，不易被颗粒物堵塞，且便于在厚壁烟道中使用。

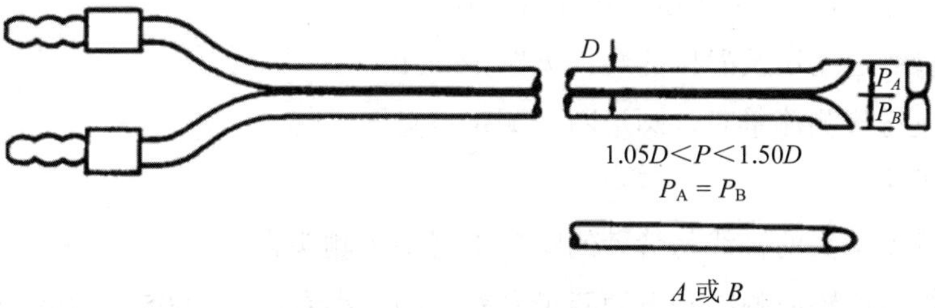

图 14.5.3　S 型皮托管

1）皮托管的支杆直径应与测头直径相同，其长度不能短于测头的长度；支杆尾端的定向杆应与测头平行。

2）测头与支杆的平角应为（90±2）°，弯折处的曲率半径为（2.5～3.5）*d*，并应圆滑不得有皱折和明显变扁等现象。

3）总压孔应位于测头横截面的中心，总压孔的直径为（0.1～0.4）*d*，并不得小于 1 mm，其边缘不应有倒角、毛刺等。

4）静压孔的位置与总压孔的距离应不小于 4 *d*，与支杆相距应不小于 8 *d*；静压孔的数目不少于 4 个，并均匀地分布在横截面的圆周上。静压孔的直径为 0.5～1.0 mm，孔的边缘要求与总压孔相同。

5）总压孔与总压管，静压孔与静压管，均应通畅不堵塞。

6）总压管与总压接头，静压管与静压接头之间，各焊缝处应不漏气。

7）皮托管测头的直径应为 4～15 mm，长度为 12～25 *d*，而且外表面应光洁，接缝处应平整，不得有裂痕、划伤、凹凸不平等缺陷，不得有锈蚀，镀层起泡或脱落等现象。

8）校准系数应在 0.99～1.01。

9）在空气流速不超过 40 m/s，水流速度不超过 2.5 m/s 的情况下，由皮托管给出的校准系数其准确度 1%。

14.5.2　安装及使用

1. 使用范围

1）流体性质：用皮托管进行流量测量的流体，应是连续的单相流体或是具有与单相流体相类似的流体。如果是液体，则应该是牛顿流体，流动时应没有横向速度梯度。

2）皮托管一般常用的流速为 5～30 m/s，不能使用于马赫数大于 0.8 的流体，而且为了得到最佳的准确度，应在皮托管使用条件下进行校准。当马赫数在 0.9～1.0，大多数皮托管出现不规性，不能用以进行测量。

3）皮托管的 d/D 不允许大到 0.04，当 d/D 在 0.02～0.04 时，需对阻塞影响和速度梯度进行修正，在高流速场合应避免皮托管的振动。

4）皮托管测定动压及静压的装置见图 14.5.4。

5）应用皮托管测流量时，圆形断面测定点见图 14.5.5。

2. 注意事项

1）皮托管测量头的轴线与管壁的距离不得小于测头直径。

2）皮托管的位置应测准到下列两个允差中的较小者：±0.005 x，其中 x 是平行于皮托管定位方向的管道尺寸；±0.005 y，其中 y 是皮托管到最近管壁的距离。

3）使用皮托管定期检验、标定。

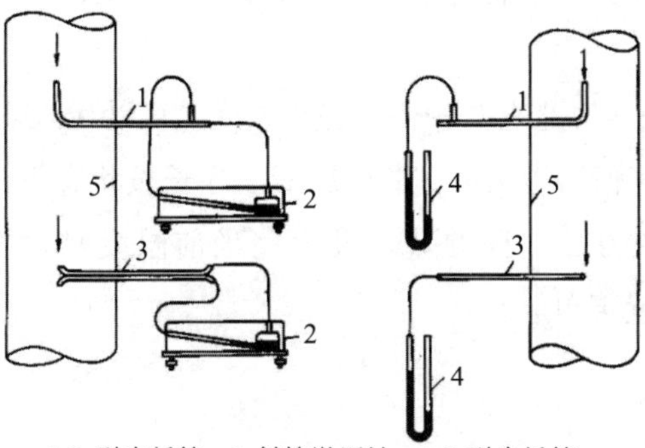

1-L 型皮托管；2-斜管微压计；3-S 型皮托管；
4-U 型压力计；5-烟道

图 14.5.4 动压及静压的测定装置

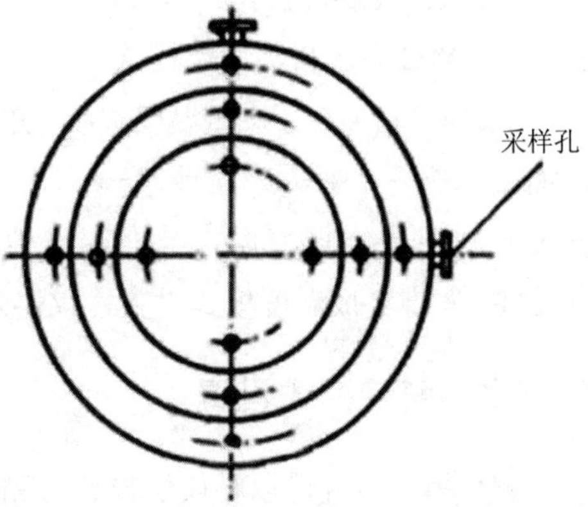

图 14.5.5 圆形断面测定点

3. 使用前检查

皮托管使用前应检查总压孔和静压孔以及它们的连接是否有堵塞，皮托管内部总压和静压腔室之间是否有泄漏。另外还要检查是否有变形和鼻部损伤等。测量头应垂直于支杆，与压力计连接的导压管应尽量短，并要求绝对密封。压力的阻尼要对称和线性，皮托管应清洁。

14.6 在线 pH 仪表操作

14.6.1 仪器上电初始化

1）正确连接仪器与 PH8012 电极，打开仪器电源开关，仪器开始初始化，并伴随“嘀”的声音，屏幕显示如图 14.6.1。

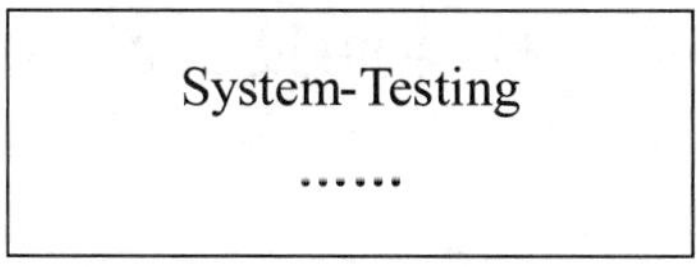

图 14.6.1 初始化菜单

2）约 6 s 后，初始化完成，系统进入测量界面，屏幕显示如图 14.6.2。

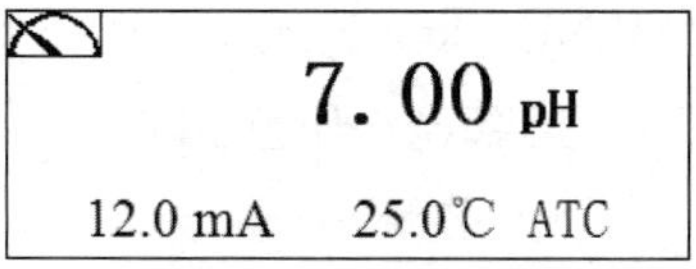

图 14.6.2 测量界面菜单

上图表示测量值为 7.00，pH 表示 pH 测量模式，输出电流为 14.0 mA，当前温度为 25.0℃，ATC 表示自动测温模式。

此时若为 MTC 手动测温模式，可短按“←/–”键或“→/+”键，温度值将以 0.1℃进行加减。长按“←/–”键或“→/+”键，温度值将以 1.0℃进行加减。当长按状态下，温度加减超过 10.0℃时，此时温度值将以 10.0℃进行加减。设置完当前温度时，按“ENTER”键完成温度模式设置，仪器返回设置菜单。

14.6.2 测量模式设置

测量模式设置可以将仪器设置为测量溶液 pH 或 ORP（仪器使用的传感器不同），具体设置如下：

1）在主测量界面下，按“MENU”键，进入功能选择菜单，屏幕显示如图 14.6.3。

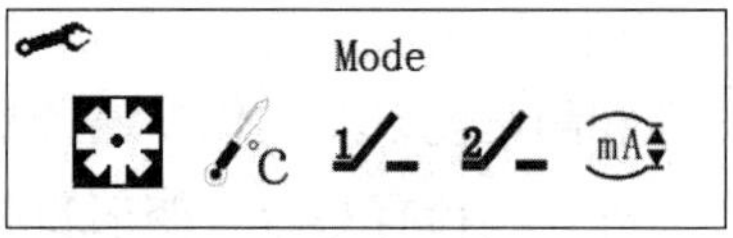

图 14.6.3 功能选择菜单

2）在功能选择菜单界面下，按“←/–”键或“→/+”键选择“MODE”菜单图标，然后按“ENTER”键进入测量模式设置。屏幕显示如图 14.6.4。

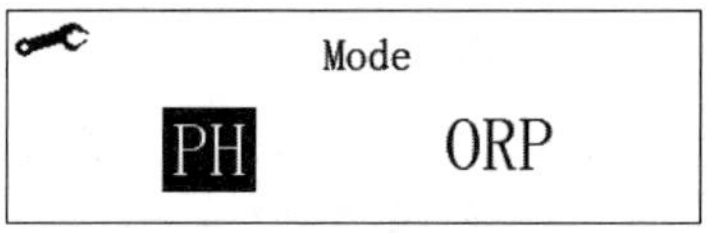

图 14.6.4 测量模式设置菜单

3）按“←/–”键或“→/+”键选择 PH 或 ORP，然后按“ENTER”键完成测量模式设置。

14.6.3 温度测量模式设置

温度测量模式设置，可以将仪器设为自动模式（ATC）或手动模式（MTC），具体设置如下：

1）在主测量界面下，按“MENU”键，进入功能选择菜单，按“←/–”键或“→/+”键选择“Temperature”菜单图标，屏幕显示如图 14.6.5。

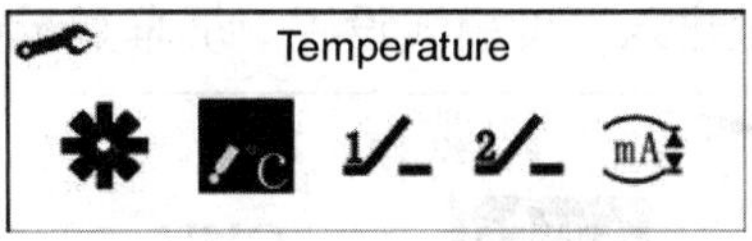

图 14.6.5　Temperature 菜单

2）然后按“ENTER”键进入温度模式设置。屏幕显示如图 14.6.6。

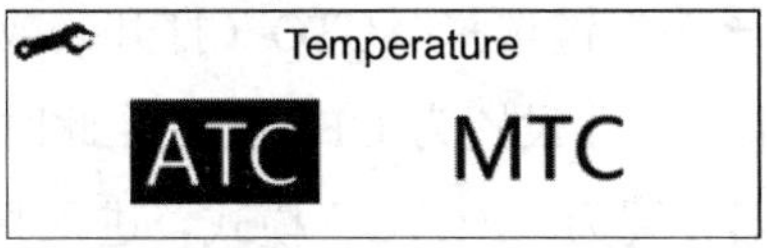

图 14.6.6　温度模式设置菜单

3）按“←/–”键或“→/+”键选择 ATC（自动测温）或 MTC（手动测温）模式，然后按“ENTER”键进行确定。如果设置为 ATC 模式，此时完成温度模式设置，仪器返回设置菜单。如果设置为 MTC 模式，仪器将进入当前温度设置，屏幕显示如图 14.6.7。

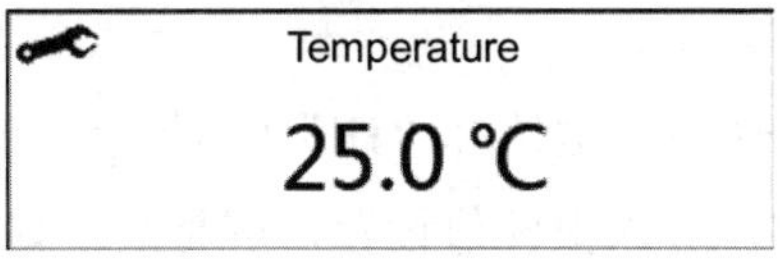

图 14.6.7　当前温度菜单

4）短按“←/–”键或“→/+”键，温度值将以 0.1℃进行加减，长按“←/–”键或“→/+”键，温度值将以 1.0℃进行加减。当长按状态下，温度加减超过 10.0℃时，此时温度值将以 10.0℃进行加减。设置完当前温度时，按“ENTER”键完成温度模式设置，仪器返回设置菜单。

14.6.4　继电器高低报警设置

继电器高低报警设置，可以设置继电器 1 和继电器 2 的闭合方式（Hi，Lo，OFF）及高低报警值与迟滞值的设置。具体设置如下：

1）在主测量界面下，按“MENU”键，进入功能选择菜单，按“←/–”键或“→/+”键选择“Relay_1”或“Relay_2”菜单图标，屏幕显示如图 14.6.8。

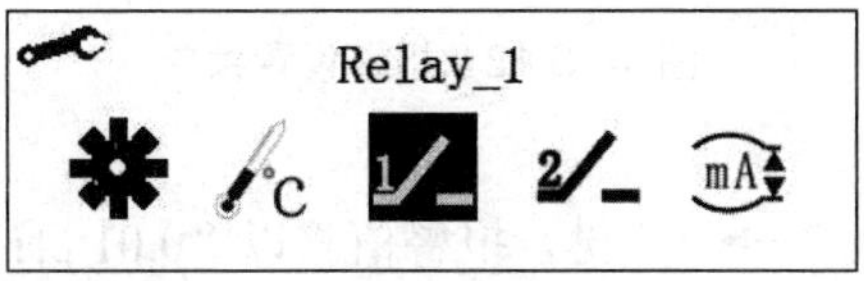

图 14.6.8　Relay_1 菜单

2）然后按“ENTER”键进入温度模式设置。屏幕显示如图 14.6.9。

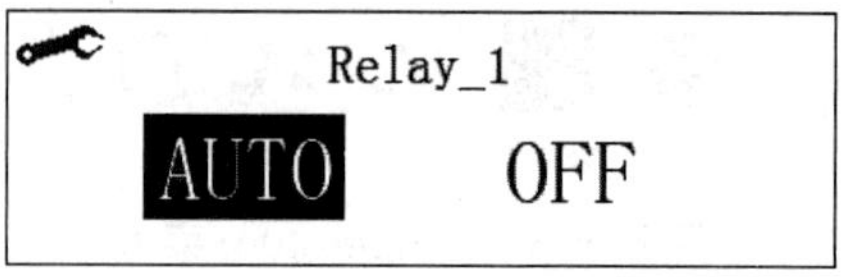

图 14.6.9 温度模式设置菜单

3）按“←/–”键或“→/+”键选择 AUTO（打开）或 OFF（关闭）功能，然后按“ENTER”键进行确定。如果继电器设置为 OFF 模式，此时关闭继电器 1 报警功能，仪器返回设置菜单。如果继电器设置为“AUTO”模式，进入高低报警功能选项，屏幕显示如图 14.6.10。

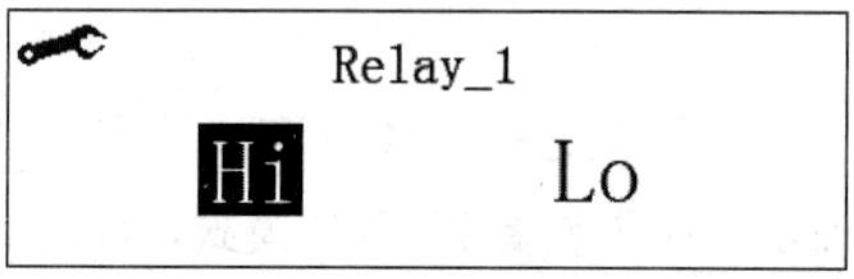

图 14.6.10 高低报警功能菜单

4）按“←/–”键或“→/+”键选择“Hi”（高报警）或“Lo”（低报警）模式，然后按“ENTER”键进行确定，进入报警值设置，屏幕显示如图 14.6.11。

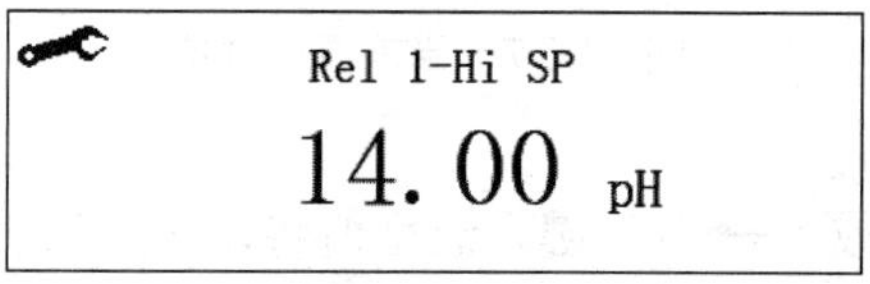

图 14.6.11 报警值设置菜单

5）短按“←/–”键或“→/+”键，报警值将以“0.01 pH”进行加减。长按“←/–”键或“→/+”键，报警值将以“0.1 pH”进行加减。当长按状态下，报警值加减超过“1.00 pH”时，此时报警值将以“1.00 pH”进行加减。设置完报警值，按“ENTER”键保存报警值，进入报警迟滞值设置，屏幕显示如图 14.6.12。

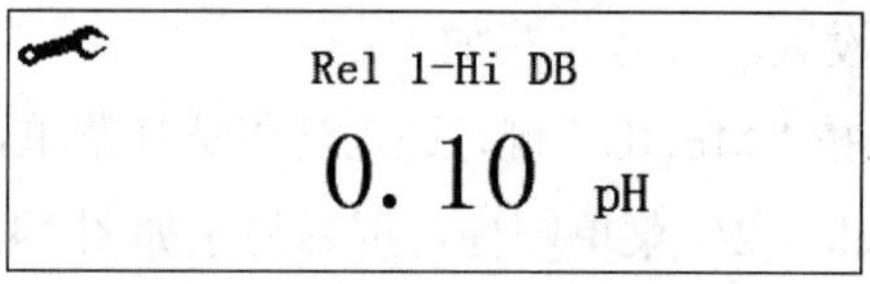

图 14.6.12 报警设置菜单

6）短按“←/–”键或“→/+”键，报警值将以“0.01 pH”进行加减。长按“←/–”键或“→/+”键，报警值将以“0.1 pH”进行加减。当长按状态下，报警值加减超过“1.00 pH”

时，此时报警值将以“1.00 pH”进行加减。设置完报警值，按“ENTER”键保存报警值，仪器返回设置菜单。

14.6.5 电流输出设置

电流输出范围为 4～20 mA；

输出负载小于 350 Ω；

电流误差：±0.04 mA；

电流输出设置，可以打开或关闭电流输出功能，设置电流对应的 pH 或 ORP。具体设置如下：

1）在主测量界面下，按“MENU”键，进入功能选择菜单，按“←/–”键或“→/+”键选择“Current”菜单图标，屏幕显示如图 14.6.13。

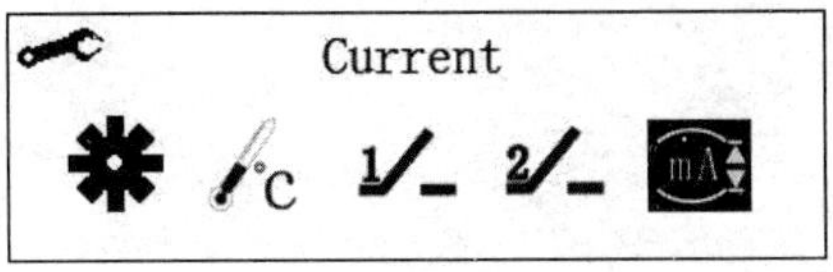

图 14.6.13 功能选择菜单

2）按“ENTER”键进入电流输出设置。屏幕显示如图 14.6.14。

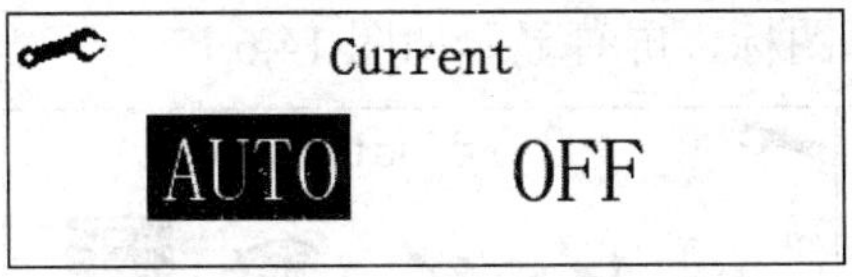

图 14.6.14 电流输出设置菜单

3）按“←/–”键或“→/+”键选择 AUTO（打开）或 OFF（关闭）功能，然后按“ENTER”键进行确定。如果电流输出功能关闭，仪器返回设置菜单。如果打开电流输出功能，进入 4 mA 对应 PH 或 ORP 设置，屏幕显示如图 14.6.15。

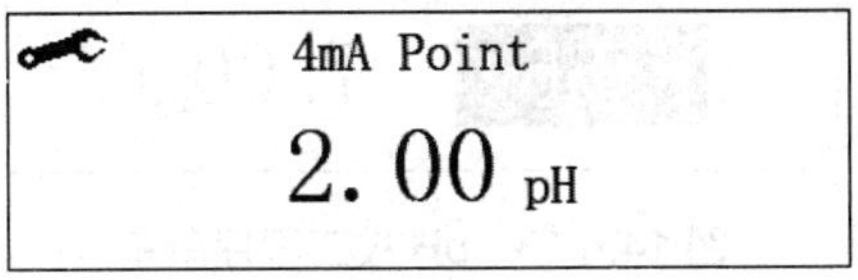

图 14.6.15 4 mA 对应设置菜单

4）短按“←/–”键或“→/+”键，4 mA 对应值将以“0.01 pH”（或 1 mV）进行加减。长按“←/–”键或“→/+”键，4 mA 对应值将以“0.1 pH”（或 10 mV）进行加减。当长按状态下，4 mA 对应值加减超过“1.00 pH”（或 100 mV）时，此时 4 mA 对应

值将以“1.00 pH”（或 100 mV）进行加减。设置完 4 mA 对应值，按“ENTER”键保存数据，进入 20 mA 对应值设置，屏幕显示如图 14.6.16。

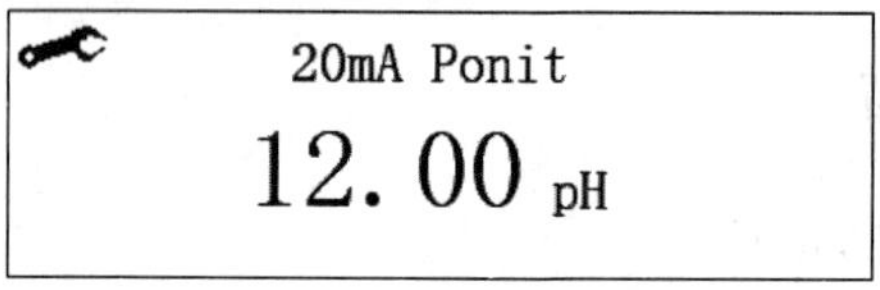

图 14.6.16 20 mA 对应设置菜单

5）短按“←/–”键或“→/+”键，20 mA 对应值将以“0.01 pH”（或 1 mV）进行加减。长按“←/–”键或“→/+”键，20 mA 对应值将以“0.1 pH”（或 10 mV）进行加减。当长按状态下，20 mA 对应值加减超过“1.00 pH”（或 100 mV）时，此时 4 mA 对应值将以“1.00 pH”（或 100 mV）进行加减。设置完 20 mA 对应值，按“ENTER”键保存数据，仪器返回设置菜单。

14.6.6 pH 校正

本仪器采用两点式 pH 校正，可采用 pH 为 6.86、4.01（或 9.18），或 7.00、4.00（或 10.01）进行 pH 校正。具体设置如下：

1）在 pH 主测量界面下，按“MENU”键，进入功能选择菜单，按“←/–”键或“→/+”键选择“Adjust”菜单图标，屏幕显示如图 14.6.17。

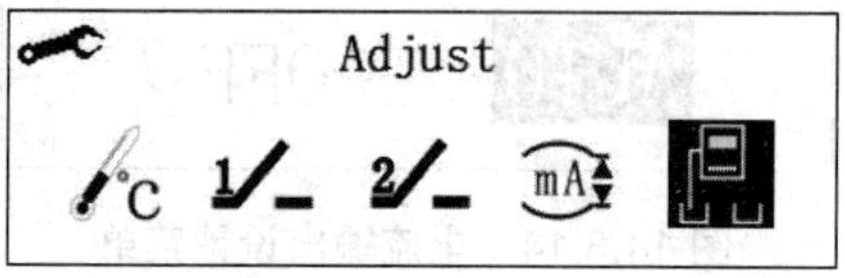

图 14.6.17 Adjust 设置菜单

2）按“ENTER”键进入 pH 校正程序。屏幕显示如图 14.6.18。

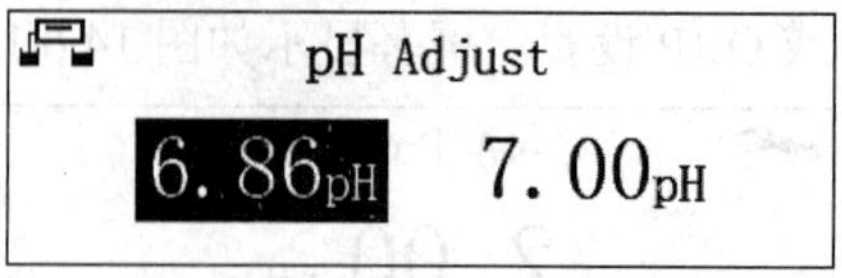

图 14.6.18 pH 校正程序菜单

3）按“←/–”键或“→/+”键选择“6.86 pH”或“7.00 pH”两组缓冲液校正，然后按“ENTER”键进行确定。如果此时测温模式为自动测温模式，直接跳至“步骤 5)”，如果此时测温模式为手动测温模式，系统将进入第一个校正点手动温度设置。屏幕显示如图 14.6.19。

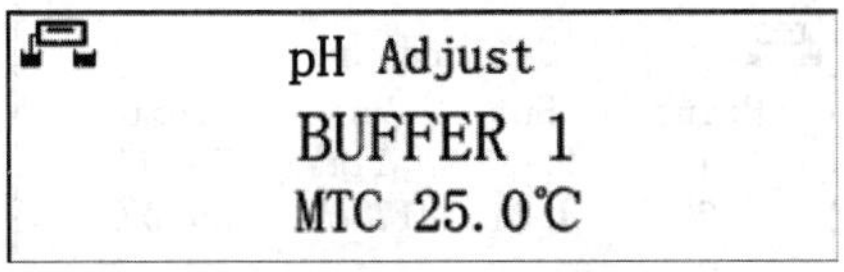

图 14.6.19　第一个校正点手动温度设置菜单

4）短按“←/–”键或“→/+”键，温度值将以 0.1℃进行加减。长按“←/–”键或“→/+”键，温度值将以 1.0℃进行加减。当长按状态下，温度加减超过 10.0℃时，此时温度值将以 10.0℃进行加减。设置完当前温度时，按“ENTER”键保存数据，进入第一个校正点校正。屏幕显示如图 14.6.20。

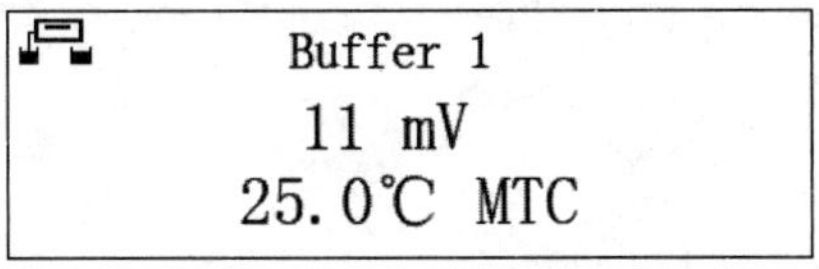

图 14.6.20　第一个校正点校正菜单

5）待第一个校正点电压稳定无变化时，按“ENTER”键，保存第一个校正点，如果此时为自动测温模式，直接跳至“步骤 7)”。如果为手动测温模式，进入第二个校正点手动温度设置。屏幕显示如图 14.6.21。

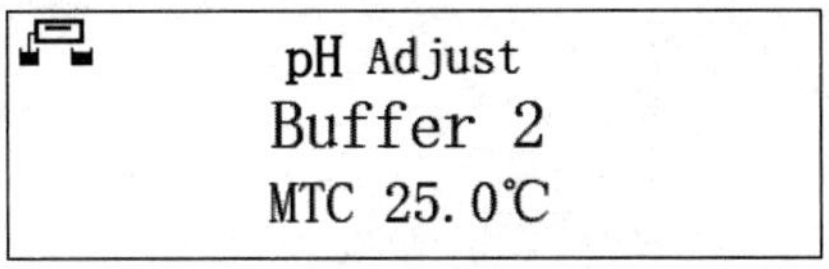

图 14.6.21　第二个校正点手动温度设置菜单

6）短按“←/–”键或“→/+”键，温度值将以 0.1℃进行加减。长按“←/–”键或“→/+”键，温度值将以 1.0℃进行加减。当长按状态下，温度加减超过 10.0℃时，此时温度值将以 10.0℃进行加减。设置完当前温度时，按“ENTER”键保存数据，进入第二个校正点校正。屏幕显示如图 14.6.22。

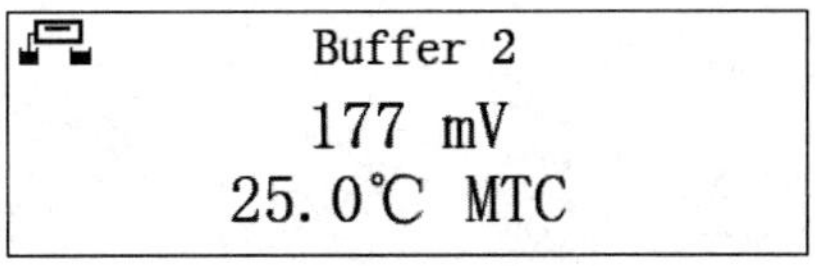

图 14.6.22　第二个校正点校正菜单

7）待第二个校正点电压稳定无变化时，按“ENTER”键保存校正数据，完成 pH 校正，显示校正信息。屏幕显示如图 14.6.23。

Calibrature

Point	Buf	Volt	Temp
1	6.86	11mV	25.0℃
2	4.01	177mV	25.0℃

图 14.6.23 校正信息菜单

8）按“ENTER”键，仪器返回设置菜单。

15 综合训练

15.1 综合训练任务书

任务	一	二	三	四	五	六	七	总分
得分								
裁判								
复核								
监督								
裁判长								

选手须知：

一、任务完成总分为 100 分，任务完成总时间为 4 小时。其中，技能设计部分操作时间为 1 小时，30 分钟后可提前交卷，1 小时必须交卷。

二、参赛队应在 4 小时内完成任务书规定内容。比赛时间到，比赛结束，选手应立即停止操作，根据裁判要求离开比赛场地，不得延误。

三、竞赛试题包含文字及附图、附表。如出现缺页、字迹不清等，立即向裁判提出更换。

四、在计算机上完成的各种图形文件、系统生成的运行记录或程序文件必须存储到指定的磁盘目录及文件夹下。

五、中途关闭 MCGS 工程，将导致所设数据无法保存，需再次设定。同时，比赛结束，亦不可关闭 MCGS 工程，若导致无数据记录，责任自负。

六、选手提交的试卷用工位号标识，不得出现身份信息。

七、工作任务由选手自由分配，按时完成。但安装或调试未完成的，不得进行通电运行。

八、比赛中如出现下列情况时另行扣分：

（一）在完成工作任务过程中更换的器件，经裁判检测确认不是人为损坏，由裁判长确定更换；如果确认器件正常，每更换 1 次器件扣 3 分。

（二）比赛现场由于选手误操作，导致设备中的水、有害气体溢出，则每次扣 10 分。

（三）因违规操作而损坏赛场设备及部件扣分标准：PLC 主机、变频器扣 10 分/台，仪表及工量具、传感器等扣 5 分/件，其他设施及系统零部件（除螺丝、螺母、平垫、弹垫外）扣 2 分/个。后果严重的取消竞赛资格。

（四）扰乱赛场秩序，干扰裁判的正常工作扣 10 分，情节严重者，经执委会批准，由裁判长宣布，取消参赛资格。

（五）带电操作，提醒一次不扣分，第二次扣 5 分，最多扣 5 分。

（六）在完成工作任务过程中，因操作不当导致触电扣 10 分。

九、任务书中需裁判确认的部分，参赛选手须先举手示意，由裁判签字确认后有效。

十、记录附表中数据用黑色水笔填写，表中数据文字涂改后无效。

十一、以上所有扣分项均必须经过裁判长确认方可扣分。

1. 任务一：烟气处理系统工艺设计

根据任务书要求和提供的资料，完成对竞赛平台和相关专业知识的了解和掌握，包括烟气处理系统工艺设计、系统控制程序设计的编写等。

（1）CAD 辅助设计

1）在考试 U 盘中打开名为“ST01.DWG”的文件，将图幅内边长为 300 mm×400 mm 的方框（代表测定位置的管道截面，不计管道壁厚），根据《锅炉烟尘测试方法》（GB/T 5468—1991）的要求进行分块处理，并标出每个测点到管道壁的距离（要求测点数为 3 个）。

功能要求：

① 建新图层，命名为“分块线”，设置图层内线型样式，颜色：白色；线型：Continuous；线宽：0.3 mm。所有绘制的分块线均置于该图层。

② 建新图层，命名为“检测点”。将工具栏“格式”中的“点样式”进行编辑，点样式：⊗；点大小：5 单位，并将检测点用⊗表示在该图层。

③ 建新图层，命名为“标注”，设置图层内线型样式，颜色：绿色；线型：Continuous；线宽：0.13 mm。选择标注样式：ISO-25，标出每个测点到管道壁的距离。

④ 在给定的 U 盘内，自主建立一个文件夹，并以“场次+工位号”命名。同时，将完成的图纸保存在该文件夹内，命名为“检测点绘制”。

2）在考试 U 盘中打开名为“ST02.DWG”的文件，结合 THEMDQ-1 型大气环境监测与治理技术综合实训平台，按照污染源→机械除尘→过滤除尘的工艺流程，连接器件和设备，完成系统流程图。

功能要求：

① 用线段连接需要用到的器件和设备，完善系统流程图，并把所有连线归到粗实线图层。

② 建新图层，命名为“虚线”，设置图层内线型样式，颜色：黄色；线型：HIDDEN2；

线宽：0.13 mm。连接流程中用不到的超越管线，将其归到虚线图层，并将其线型比例设为 1.5。

③ 按照编号，填写图框右下角的统计表格（只填“名称”与“数量”），并设置多行文字格式，样式：标题栏；字体：宋体；文字高度：4 mm。将所填文字皆归于文字图层。

④ 用细实线连接图上的差压传感器，分别检测旋风除尘器和布袋除尘器的压降，并把连线归到细实线图层。

⑤ 将完成的图纸保存在“场次+工位号”的文件夹内，命名为“系统流程图”。

（2）控制程序设计

1）根据控制程序表 15.1.1，用 STEP 7-Micro/WIN SMART 软件按要求完成程序编写，并将程序保存在“场次+工位号”的文件夹内，程序命名为“喷淋急停控制系统”。

表 15.1.1 控制程序表

输入信号		输出信号		中间变量	
地址	定义	地址	定义	地址	定义
I0.0	启动按钮（SB1）	Q0.0	搅拌器		
I0.1	停止按钮（SB2）	Q0.1	电磁阀 YV1		
I0.2	急停按钮（SB3）	Q0.2	喷淋泵 1		

控制要求：

① 按下启动按钮（SB1），搅拌器启动。延时 5 s，电磁阀 YVI 和喷淋泵 1 启动。

② 按下停止按钮（SB2），电磁阀 YV1 和喷淋泵 1 停止。延时 5 s，搅拌器停止。

③ 按下急停按钮（SB3），电磁阀 YV1、喷淋泵 1 和搅拌器同时停止。

备注：急停按钮（SB3）外部接线为常闭触点。

2）根据控制程序表 15.1.2，用 STEP 7-Micro/WIN SMART 软件按要求完成程序编写，并将程序保存在“场次+工位号”的文件夹内，程序命名为“电动调节阀控制”。

表 15.1.2 控制程序表

输入信号		输出信号		数据寄存器	
I0.0	开度 1	AQW96	电动调节阀		
I0.1	开度 2				
I0.2	开度 3				
I0.3	关闭				

控制要求：

① 按下开度 1 按钮，电动调节阀开度为 100%。

② 按下开度 2 按钮，电动调节阀开度为 80%。

③ 按下开度 3 按钮，电动调节阀开度为 50%。

④ 按下关闭按钮，电动调节阀关闭。

备注：电动调节阀开度 0～100%对应的控制电流为 4～20 mA，PLC 的输出电流 4～20 mA 对应数字量为 5 530～27 648。

2. 任务二：烟气处理系统部件、管道、传感器安装连接

在“THEMDQ-1 型大气环境监测与治理技术综合实训平台”上，参赛选手根据系统监测点分布图（图 15.1.1）、螺旋输送器装配图（图 15.1.2）、水泵出口管道安装示意图（图 15.1.3）、补气泵管道安装示意图（图 15.1.4）、皮托管安装示意图（图 15.1.5）、采样枪安装示意图（图 15.1.6）和赛场提供的零部件，完成相应系统的连接与安装。

（1）发尘系统安装连接

参赛选手根据图 15.1.2 以及提供的驱动装置、旋转螺旋轴、轴承、壳体、硅胶垫等相关配件及工具，完成发尘系统的安装与连接。

① 根据已有密封圈样式，自行剪齐剩余密封圈，厚度统一为 5 mm，要求无明显缺陷。

② 螺旋机构与壳体内表面之间要保证一定的间隙，即正常运行时无摩擦，无死角、无异响。

③ 联轴器固定牢靠，运行时不能有打滑现象。

④ 疏松电机的接线盒应在设备前面，而加料口则位于疏松电机的后方。

⑤ 安装牢固，工艺美观，密封性好，正确使用螺丝、垫片（弹垫、平垫）、硅胶垫（密封用）、工具等。

⑥ 螺旋输送器主体上所安装的短柄球阀的红色阀柄应朝向设备正后方。

（2）布袋除尘器系统安装连接

利用提供的布袋、底座、抱箍等相关配件及工具，完成布袋除尘器的安装。

功能要求：

① 根据已有密封圈样式，自行剪齐密封圈，厚度为 5 mm，要求无明显缺陷。

② 布袋安装数量为 1 个，布袋安装要笔直牢固，安装后布袋的高度为 750 mm±10 mm。

③ 封盖安装数量为 1 个，装在后排中间位置。

④ 安装牢固，工艺美观，密封性好，正确使用螺丝、垫片（弹垫、平垫）、硅胶垫（密封用）、工具等，把检修门、顶封盖安装完整。

⑤ 运行后，布袋除尘器的压降不得小于 20 Pa。

（3）水泵出口管道与补气泵管道的安装连接

参赛选手根据图 15.1.3 和图 15.1.4，完成水泵出口管道与补气泵管道的安装连接。

功能要求：

① 流量计要求贴面安装，并与平台上流量计支架立档平行。

② 硬路管道横平竖直，简洁美观。

③ 生料带缠绕要整齐干净，且接头无渗漏现象。

④ 电磁阀的指示方向与流体运动方向一致。

⑤ 运行时，管路不能与钢架发生碰撞，产生过大杂音。

⑥ 用 Φ16 的 PU 管完成二氧化硫稀释风管路和碱液池氧化风管路的连接。要求正确连接构件的进出口，气路顺畅，工艺美观。

（4）传感器和测压管路的安装连接

参赛选手根据图 15.1.1、图 15.1.5、图 15.1.6 所提供的监测点分布图和安装图，完成传感器和相应管路的安装连接。

① 根据图 15.1.1，将皮托管装于点 0905 处；采样枪装于点 0906 处；温湿度 1 装于点 0702 处；温湿度 2 装于点 0701 处；风速传感器 1 装于点 0404 处；风速传感器 2 装于点 0405 处；二氧化硫传感器 1 装于点 1003 处。同时，用正确封盖堵好剩余采样口。

功能要求：要求风速传感器的测量点的开口要正对着气流方向，其偏差不得大于 5°，各传感器要求安装位置正确、牢固，无漏气现象，工艺美观，接线正确。

② 根据图 15.1.5，安装好皮托管。要求皮托管安装正确、牢固、密封性好，皮托管测量头的轴线与管道中心线重合，且对着流体流动的方向，其偏差不得大于 5°。

③ 根据图 15.1.1，差压传感器 1 检测布袋除尘器压降；差压传感器 2 检测点 0606 相对静压；差压传感器 3 接皮托管，检测点 0905 动压。要求选用的硅胶管要合适，正确连接差压传感器的高压与低压接口，气路顺畅，工艺美观。

④ 根据图 15.1.6，安装好采样枪，要求安装正确、牢固、密封性好，采样枪取样头的轴线与管道中心线重合，且对着流体流动的方向（可通过导向杆判断枪口的朝向，其中导向杆要求与枪口朝向一致），其偏差不得大于 5°。滤筒取放要用镊子并且不能破裂。

⑤ 根据图 15.1.6，安装压力传感器，并用 Φ9 硅胶管完成采样系统连接，要求安装位置正确、牢固，无漏气现象，工艺美观，接线正确。

3. 任务三：烟气处理系统电源线路设计与连接

根据任务书要求，对各烟气处理设备、相关器件配置的电路系统进行线路连接，确认无误后进行电控柜电源通电检测（注意：以下（1）~（5）项必须在电控柜断电的情况下完成，如通电连接，造成触电和器件损坏，由参赛者承担）。

（1）根据 PLC 程序（考试 U 盘：\考试程序\ PLC 控制程序），完善 PLC 端口定义表 15.1.3。

表 15.1.3 PLC 端口定义表

数字量输入定义		数字量输出定义	
I0.0	无定义	Q0.0	
I0.1	无定义	Q0.1	
I0.2	无定义	Q0.2	
I0.3	无定义	Q0.3	
I0.4	无定义	Q0.4	
I0.5	无定义	Q0.5	
I0.6	无定义	Q0.6	
I0.7	无定义	Q0.7	
模拟量输入定义		模拟量输出定义	
AI1+		AO1+	
AI1–		AO1–	
AI2+		AO2+	
AI2–		AO2–	
AI3+			
AI3–			
AI4+			
AI4–			
AI5+			
AI5–			
AI6+			
AI6–			
AI7+			
AI7–			
AI8+	无定义		
AI8–	无定义		

（2）电气控制柜的线路连接

根据 PLC 端口定义表完成电气控制柜的线路连接。

要求：导线颜色与插座颜色一致，选取导线长度适中。

（3）熔断芯安装

选择型号正确的熔断芯（RT14-20/10 A）装于熔断器中。

要求：型号正确，设备可正常工作。

（4）仪表线路连接

参照图 15.1.7 来完成 pH 在线监测仪、疏松电机和发尘电机的接线（注意颜色和编号）。

要求：编号一致，连接牢固，且电极线应过孔连接。

（5）通信连接

完成电气控制柜与监控中心的通信连接，并按照 MCGS 工程（考试 U 盘：\考试程序\MCGS 工程）的设备属性设置上显示的本地 IP 地址来设置监控中心的 IP 地址。

要求：通信正常且网线应过孔连接。

（6）电压检测

打开控制柜电源，进行漏保性能测试和输出电压检测。

功能要求：

① 操作前举手示意裁判，由裁判检查可否通电，并监督其完成操作，签字确认。

② 漏保合闸，并进行一次漏电测试，保证漏保能正常工作。

③ 正确使用万用表，进行输出电压检测。

④ 将技能操作过程记入表 15.1.4 中。（在方框内打“ √ ”）

表 15.1.4 技能操作过程记录表

项目	漏电测试	熔断芯检测	AC 220 V 检测	DC 24 V 检测
实测数据	正常□；不正常□	通□；不通□		
签字	选手签字：	裁判签字：		

4. 任务四：烟气处理系统调试

参赛选手根据现场竞赛设备和任务书要求，利用提供的器件与工具，完成烟气处理系统程序设计及部件调试。

具体要求如下：

（1）系统程序完善

完善赛场提供的 PLC 程序，完善后的程序保存在 U 盘“场次+工位号”的文件夹内，并将保存后的程序下载到 PLC 中。

在 MAIN 程序中网络 8 补充程序，程序要求：启动喷淋泵 2，延时 5 s 后启动调节阀自动控制，再延时 10 s。

注意：根据程序前后内容，正确选中定时器号 T 和中间变量 M。

备注：如参赛选手无法完成，举手示意裁判放弃该任务并在放弃操作记录表 15.1.5 中签字，裁判确认后，由裁判长提供完整程序。

表 15.1.5 放弃操作记录表

序号	项目	参赛选手签字确认	裁判确认签字
1	无法完成，放弃		

（2）手动调试

① 按照污染源→机械除尘→过滤除尘→洗涤脱硫→吸附脱硫→烟囱的流程，正确地开关阀门。

② 打开 MCGS 工程（考试 U 盘：\考试程序\MCGS 工程），下载并进入运行环境。

③ 填料吸收塔的最佳空塔速度为 0.3～1 m/s，为使其在自动条件下能高效工作，将其空速定为 0.56 m/s 时的流量，填入弹出的烟气流量控制界面（填料吸收塔的内径尺寸：Φ247 mm）。

④ 按照监测点分布，在传感器位置选择界面选择正确的安装位置（注意：测压降的差压传感器不用选位置）。截屏并保存在 U 盘“场次+工位号”的文件夹内，命名为“传感器位置选择”。

⑤ 按照正确流程，在系统总图界面点击相应阀门图标，完成阀门切换。截屏并保存在 U 盘“场次+工位号”的文件夹内，命名为“阀门切换”。

⑥ 在系统调试界面完成设备的单机调试：设置电动调节阀的开度为 75%，并检查器件的运行状况（注意风机转向和水泵气蚀）。截屏并保存在 U 盘“场次+工位号”的文件夹内，命名为“调节阀开度”。

⑦ 调节稀释风量为 3.0 m^3/h；调节氧化风量为 0 m^3/h；调节喷淋泵 1 和喷淋泵 2 的喷淋量为 4.0 L/min；吸收塔的反冲流量为 3.0 L/min。调节前请裁判评判，并在表 15.1.6 中进行记录。

表 15.1.6 操作记录表

序号	任务内容	数据计算与记录
1	设置烟气流量/（m^3/h）	
2	手动调试	进行□，未进行□
3	调节稀释风量/（m^3/h）	
4	调节氧化风量/（m^3/h）	
5	调节喷淋泵 1 的喷淋量/（L/min）	
6	调节喷淋泵 2 的喷淋量/（L/min）	
7	调节吸收塔的反冲流量/（L/min）	
8	吸收塔整体液气比/（L/m^3）	
选手签字：	裁判签字：	

（3）设备日常维护

找出 4 处隐藏故障点，排除故障，完成调试，并填写设备日常维护记录单表 15.1.7（如若放弃某项故障排查，应在放弃确认列的相应格子内填“放弃”二字并签字）。

表 15.1.7 设备日常维护记录单

序号	故障点位置	故障现象	解决方案	放弃确认
1				
2				
3				
4				
选手签字：		裁判签字：		

5. 任务五：烟气处理系统整体运行

参赛选手根据现场竞赛设备和任务书要求，利用提供的器件与工具，完成部分传感器的标定和参数设置、碱液和气源的配制、整机自动运行等。

（1）根据要求完成在线 pH 仪的参数设置和标定

1）将在线 pH 仪通电预热 30 min，预热前和结束后举手示意裁判，记录开始和结束时间并签字。

2）配制 pH 分别为 6.86 和 4.01 的标准缓冲液：将相应 pH 缓冲剂粉末倒入 250 mL 容量瓶中，配制成标准溶液，待用。

3）将在线 pH 仪的运行参数按表 15.1.8 设置。

表 15.1.8 在线 pH 仪的运行参数设置表

编号	项目		需设的参数
1	测量模式（Mode）		酸碱度（pH）
2	测温方式（Temperature）		自动测温（ATC）
3	报警设置	Relay-1	打开功能（AUTO），低位报警（Lo），限值为 7.5，迟滞值为 0.2
4		Relay-2	关闭功能（OFF）
5	电流输出（Current）		打开功能（AUTO），4 mA 对应 pH 为 0，20 mA 对应 pH 为 14

4）在线 pH 仪标定

① 将电极用蒸馏水清洗干净并用滤纸吸干，然后将电极插入标准缓冲液 pH 6.86 中进行零点标定。待 BUFFER1 界面的电压数稳定，举手示意裁判，进行记录签字后，存入仪表。

② 将电极从标准缓冲液 pH 6.86 中取出，清洗干净并用滤纸吸干，然后将电极插入标准缓冲液 pH 4.01 中进行斜率标定。待 BUFFER2 界面的电压数稳定，举手示意裁判，进行记录签字后，存入仪表。

③ 将电极用蒸馏水清洗干净并用滤纸吸干，然后将电极插入标准缓冲液 pH 6.86 中

进行回测，确认性能正常。

④ 将电极悬挂于水箱角落，使得电极测量头浸入液体中（尾部出线处不可浸入液体中）。

⑤ 在线 pH 仪标定技能操作过程记入表 15.1.9 中。

表 15.1.9　在线 pH 仪标定操作过程记录表

项目	预热起止时间		零点标定电压值	斜率标定电压值	回测 pH
pH 仪标定	起：	止：			
签字	选手签字：		裁判签字：		

（2）模拟污染源的配制

① 往粉尘罐中加入两漏斗的滑石粉，并依照监控中心上系统总图界面里显示的电机转速，调节各个调速器，使两者达到一致，并填写模拟污染源配制记录表（表 15.1.10）。

② 打开 SO_2 气钢瓶，调节安全阀出口压力为（0.05±0.01）MPa，并填写模拟污染源配制记录表（表 15.1.10）。

注意：裁判确认压力后，立即关闭钢瓶瓶阀。

表 15.1.10　模拟污染源配制记录表

序号	任务内容	实调数据记录
1	粉尘罐加料次数/次	
2	设置疏松器运行数值/（r/min）	
3	设置发尘器运行数值/（r/min）	
4	设置输送器运行数值/（r/min）	
5	设置搅拌器运行数值/（r/min）	
6	调节安全阀出口压力/MPa	
选手签字：	过程裁判签字：	

（3）脱硫碱液的配制

① 观察在线物位计的数值并记录在表 15.1.11 中（在线物位计的数值精确到小数点后两位）。

② 通过给定的药品试剂和水样数据，在碱液箱内配制 0.05%的 NaOH 溶液。

③ 用在线 pH 测定仪测定水质中 pH，并记录在相应的表 15.1.11 中（pH 精确到小数点后一位）。

（4）仪器仪表参数设置

① 完善变频器参数表（表 15.1.12），并完成变频器的参数设置。

表 15.1.11 水样原始数据记录表

序号	项目			数值	
1	碱液箱内部底面尺寸/mm			长：540	宽：400
2	水样深度/m				
3	水样体积/L				
4	药剂量/g				
5	水样 pH		理论值		
			实际值		
6	确认签字	参赛选手：		裁判员：	

表 15.1.12 变频器参数表

序号	参数	参数名称	设置值	备注
1	P1	上限频率/Hz		
2	P8	减速时间	40	
3	P9	电机的额定电流		
4	P124	有无 CR/LF 选择	0	
5	P549	协议选择	1	

② 系统运行前，对照系统调试界面上的监控数据，将下列传感器中检测数据不在 –0.5～0.8 之间的进行清零处理（在通电状态并处于零压力受压状态，同时按住 S 键和 Z 键 5 s 以上，然后同时释放）。在系统调试界面截屏并保存在 U 盘“场次+工位号”的文件夹内，命名为“原始数据”。举手示意裁判在表 15.1.13 内确认签字。

表 15.1.13 传感器调零确认表

序号	传感器名称	零点值
1	1#差压传感器	
2	2#差压传感器	
3	3#差压传感器	
选手确认：	裁判确认：	

（5）整机运行

裁判确认时间后，通过监控中心的系统调试界面开启自动运行模式，完成整套系统的自动控制运行。同时，自动运行结束，也需由裁判在表 15.1.14 中确认任务完成。

表 15.1.14 自动运行起止时间确认表

开始时间		选手签字		裁判签字	
结束时间		选手签字		裁判签字	

6. 任务六：烟气处理系统污染因子监测

根据任务书要求，对各烟气处理设备系统运行过程中污染因子进行监测并记录。

注意：必须等自动运行时间超过 5 min，系统趋于稳定后，才能对风管内状况进行检测。

（1）压力数据监测

在系统调试界面读取点 0606 的相对静压数值和布袋除尘器的压降数值，截屏并保存在 U 盘“场次+工位号”的文件夹内，命名为“压力监测”并记录在表 15.1.15 中。

表 15.1.15　压力监测数据记录表

序号	项目名称	记录时间	数值	
			读取值	实际值
1	测点静压			
2	设备压降			

（2）管道中粉尘浓度监测及数据计算

1）粉尘采样器的操作使用

① 用镊子选取滤筒，用记号笔写上工位号并将其置于恒温箱中烘 10 min，取出称量后待用。

② 将滤筒无损地置于采样枪中，连接系统，并保证采样枪的密封性。

③ 开启粉尘采样器，按照计算结果调节采样流量，并设置采样时间为 20 min。

④ 无损地取出滤筒后，再次进行烘干称量，烘干时间为 10 min。

以上数据确定后示裁判并填入表 15.1.16 中。

表 15.1.16　粉尘采样器操作过程记录表

项目	采样前滤筒重量/g	镊子取放滤筒	采样前滤筒烘干起止时间	采样流量/（L/min）	采样时间设置/（20 min）	采样后滤筒烘干起止时间	采样后滤筒重量/g	烟尘浓度/（mg/m^3）	滤筒是否破坏
数据记录		放□	起：		是□	起：			是□
		取□	止：		否□	止：			否□

选手签字：　　　　　　　　　　　　裁判签字：

2）记录并计算相关参数，确定采样流量。

① 在指定地点，从空盒气压表上读取大气压 B_a。

② 利用温湿度 1 测定采样点温度 t_s。系统调试界面截屏并保存在 U 盘“场次+工位号”的文件夹内，命名为“采样点温度”。

③ 利用差压传感器 3，检测皮托管静压侧与大气的压差，得到采样点的相对静压 P_s。系统调试界面截屏并保存在 U 盘“场次+工位号”的文件夹内，命名为“相对静压”。

④ 利用差压传感器 3，检测皮托管静压侧与全压侧的压差，得到采样点的动压 P_{di}，并根据公式计算采样点风速 V_{si}（备注：毕托管修正系数 K_p 取 1）。系统调试界面截屏并保存在 U 盘“场次+工位号”的文件夹内，命名为“采样点动压”。

⑤ 利用压力传感器测得的流量计前压力 P_r 和双金属温度计测得的流量计前温度 t_r，利用公式计算采样流量 Q_r'。系统调试界面截屏并保存在 U 盘“场次+工位号”的文件夹内，命名为“表前压力”。

以上数据填入表 15.1.17 中。

表 15.1.17 粉尘采样数据记录表

项目名称	当地气压/Pa	气体含湿量/%	采样点温度/℃	采样点相对静压/Pa	采样点动压/Pa	采样点风速/（m/s）	流量计前温度/℃	流量计前压力/Pa	采样流量/（L/min）
时间记录	\	\				\	\		\
数据记录		4.6							

（3）排放监测与数据计算

系统自动运行 30 min 后，打开系统总图界面，截屏保留数据。同时根据截屏数据进行记录、转化及计算，填写排放监测数据表 15.1.18 与烟气排放监测日报表 15.1.19（注：燃烧设备为燃油锅炉）。系统总图界面截屏并保存在 U 盘“场次+工位号”的文件夹内，命名为“排放监测数据”。

表 15.1.18 排放监测数据表

项目	数据记录时间	SO_2 浓度	NO_x 浓度	O_2 浓度	CO_2 浓度	CO 浓度	颗粒物浓度	湿排气流量	湿排气温度	湿排气压力	湿排气含湿量
原始数据（带单位填写）											

表 15.1.19 烟气排放监测日报表

<table>
<tr><td rowspan="2">项目</td><td rowspan="2">日期</td><td rowspan="2">基准氧含量/%</td><td colspan="3">颗粒物</td><td colspan="3">SO_2</td><td colspan="3">NO_x</td><td rowspan="2">标干流量/（Nm^3 干/d）</td></tr>
<tr><td>排放浓度/（mg/m^3）</td><td>折算浓度/（mg/m^3）</td><td>日排放量/（g/d）</td><td>排放浓度/（mg/m^3）</td><td>折算浓度/（mg/m^3）</td><td>日排放量/（g/d）</td><td>排放浓度/（mg/m^3）</td><td>折算浓度/（mg/m^3）</td><td>日排放量/（g/d）</td></tr>
<tr><td>数据</td><td></td><td></td><td></td><td></td><td></td><td></td><td></td><td></td><td></td><td></td><td></td><td></td></tr>
</table>

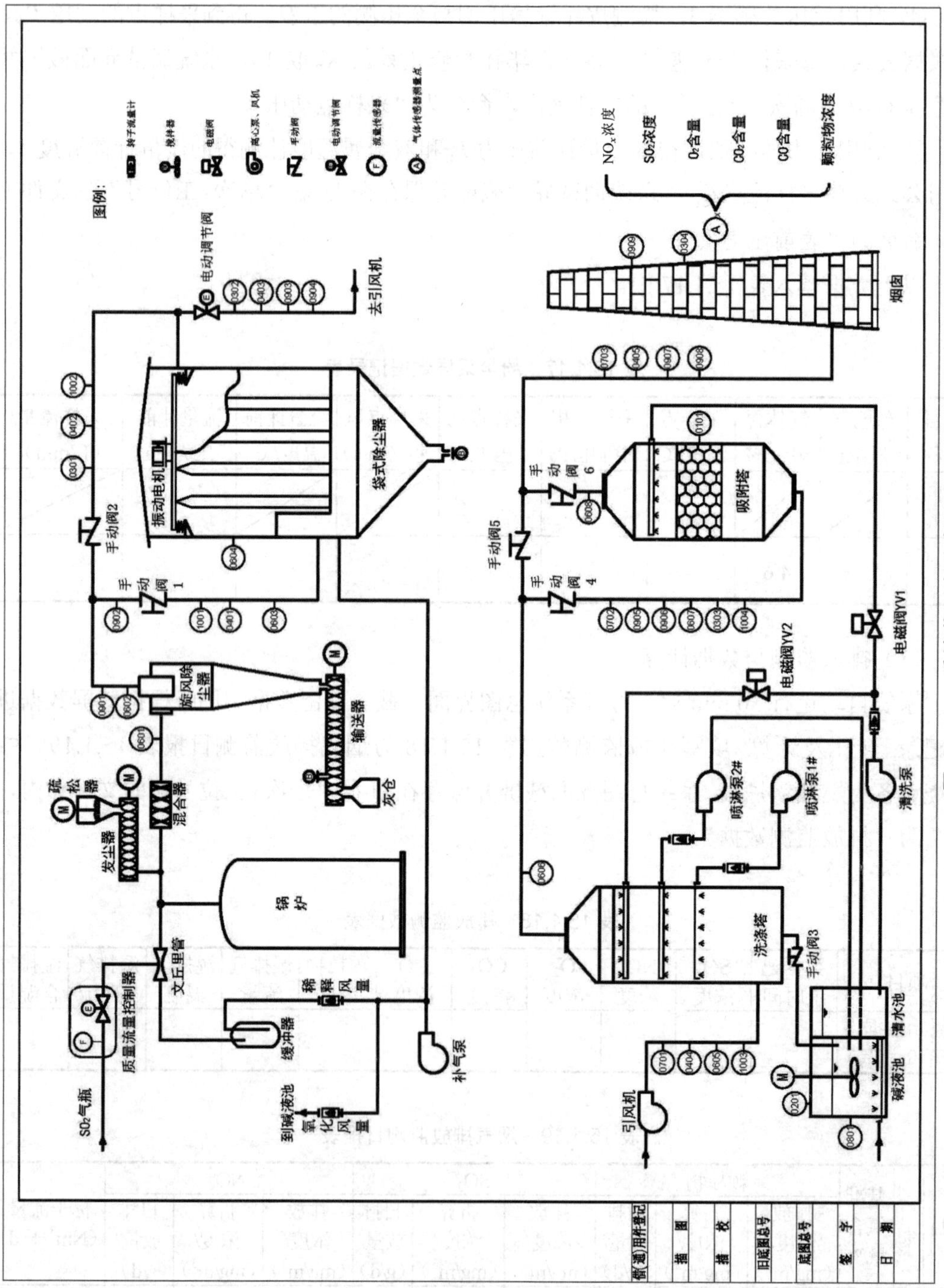

图 15.1.1 系统监测点分布图

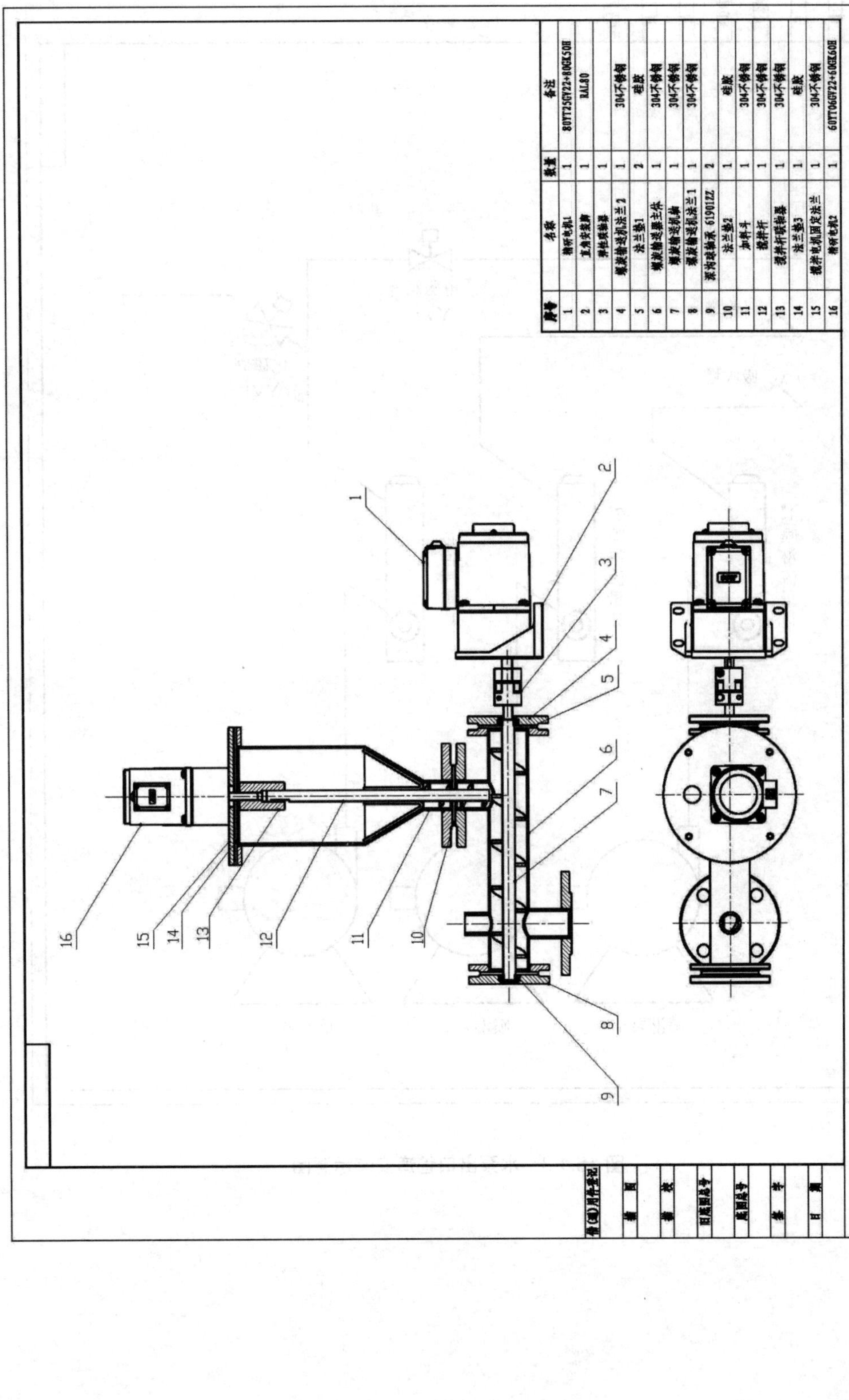

序号	名称	数量	备注
1	精研电机1	1	80YT25GY22+80GK50H
2	直角安装座	1	RAL80
3	弹性联轴器	1	
4	螺旋输送机法兰2	1	304不锈钢
5	法兰垫1	2	硅胶
6	螺旋输送器主体	1	304不锈钢
7	螺旋输送机轴	1	304不锈钢
8	螺旋输送机法兰1	1	304不锈钢
9	深沟球轴承 61901ZZ	2	
10	法兰垫2	1	硅胶
11	加料斗	1	304不锈钢
12	搅拌杆	1	304不锈钢
13	搅拌杆联轴器	1	304不锈钢
14	法兰垫3	1	硅胶
15	搅拌电机固定法兰	1	304不锈钢
16	精研电机2	1	60YT06GY22+60GK60H

图 15.1.2 螺旋输送器装配图

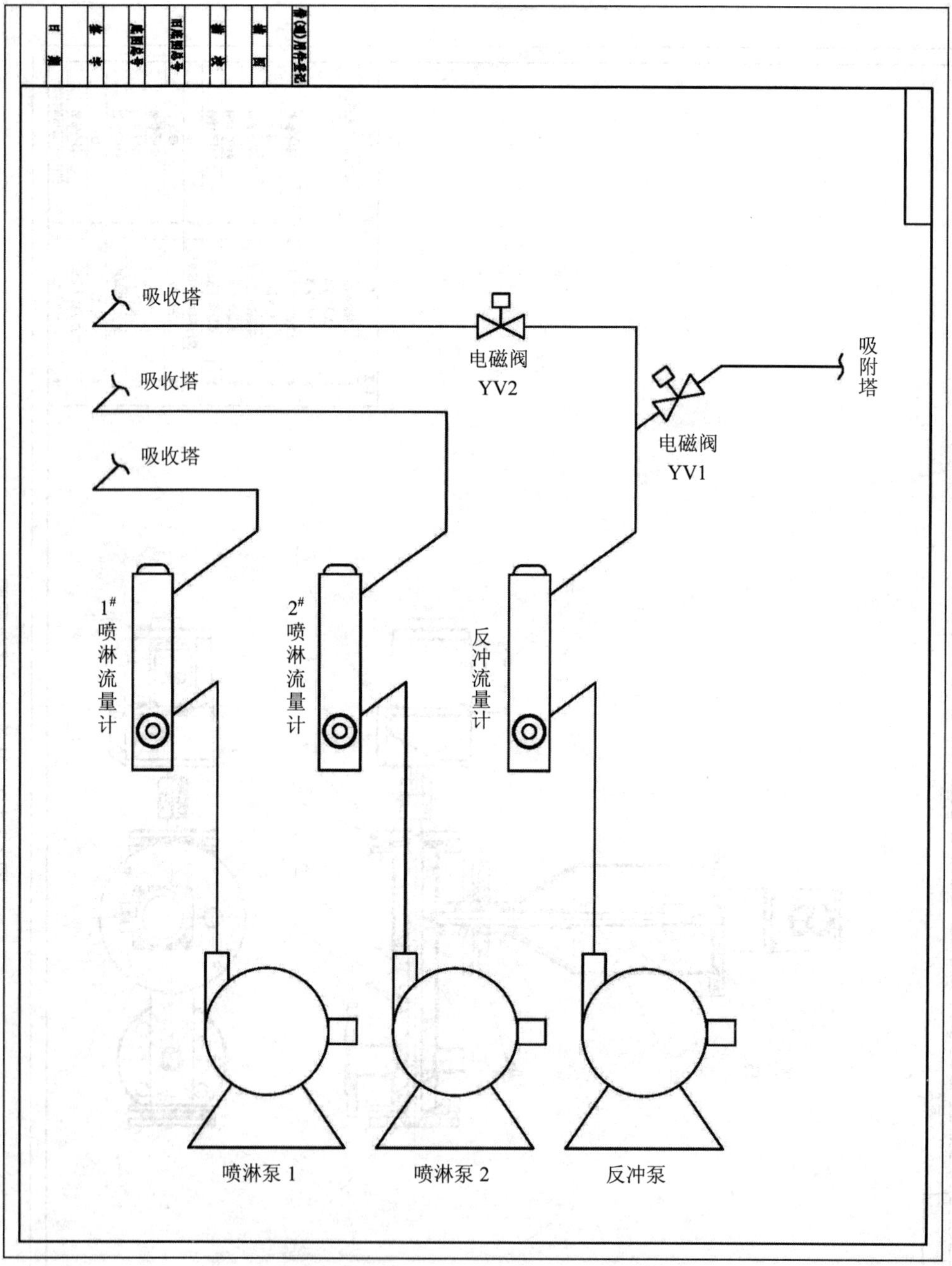

图 15.1.3　水泵出口管道安装示意图

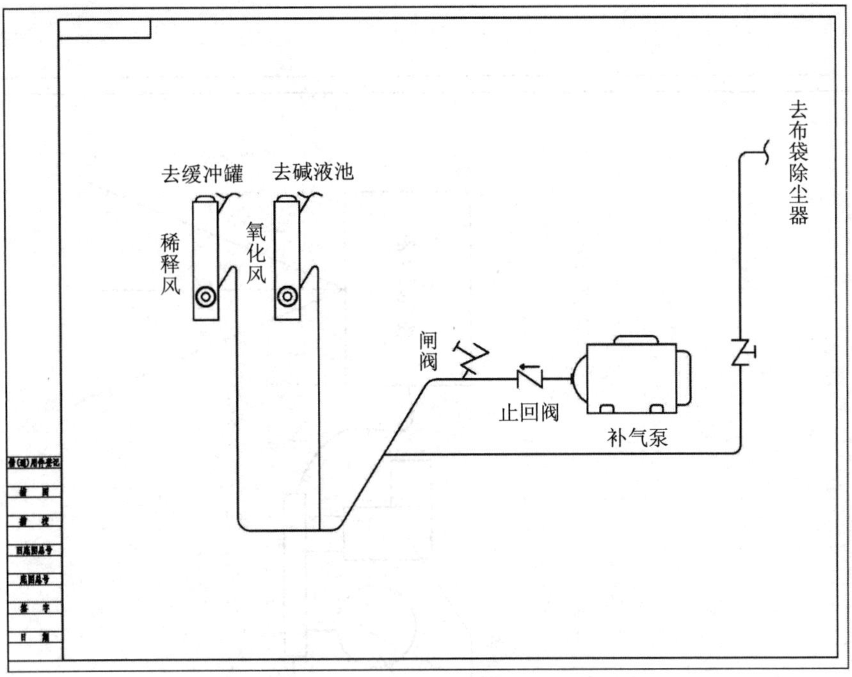

图 15.1.4 补气泵管道安装示意图

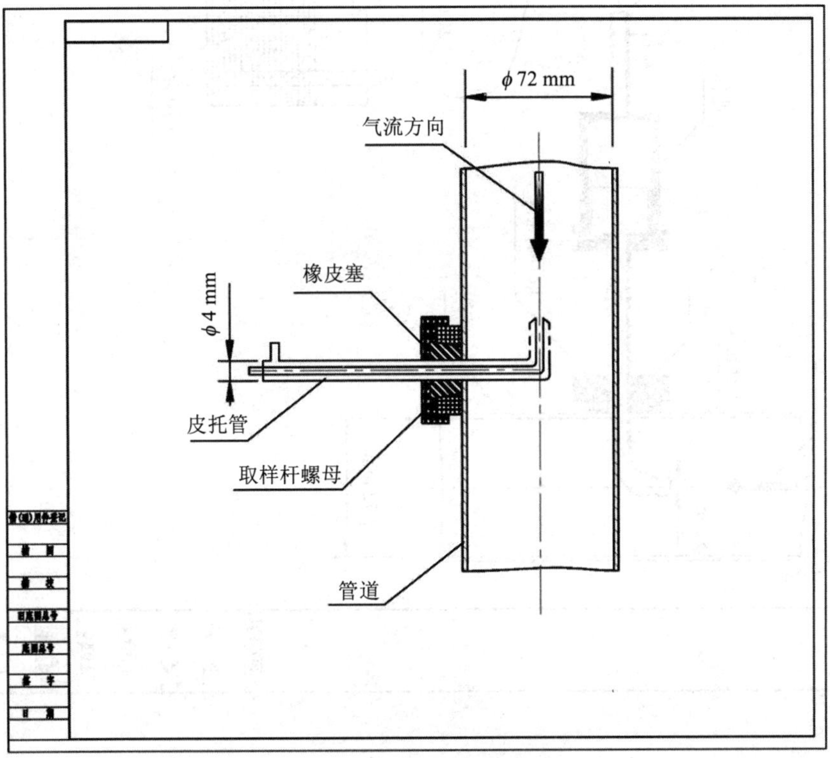

图 15.1.5 皮托管安装示意图

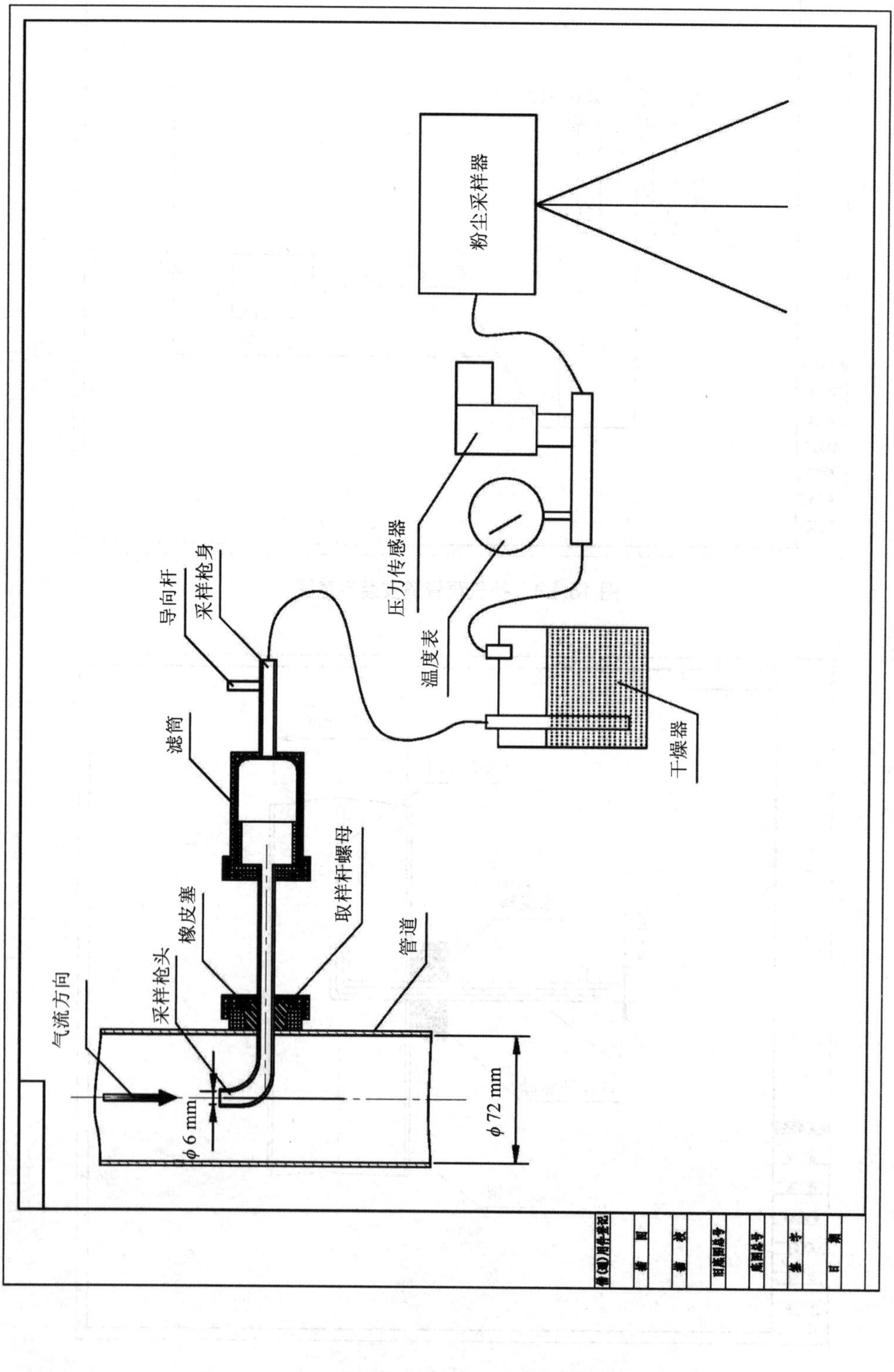

图 15.1.6 采样枪安装示意图

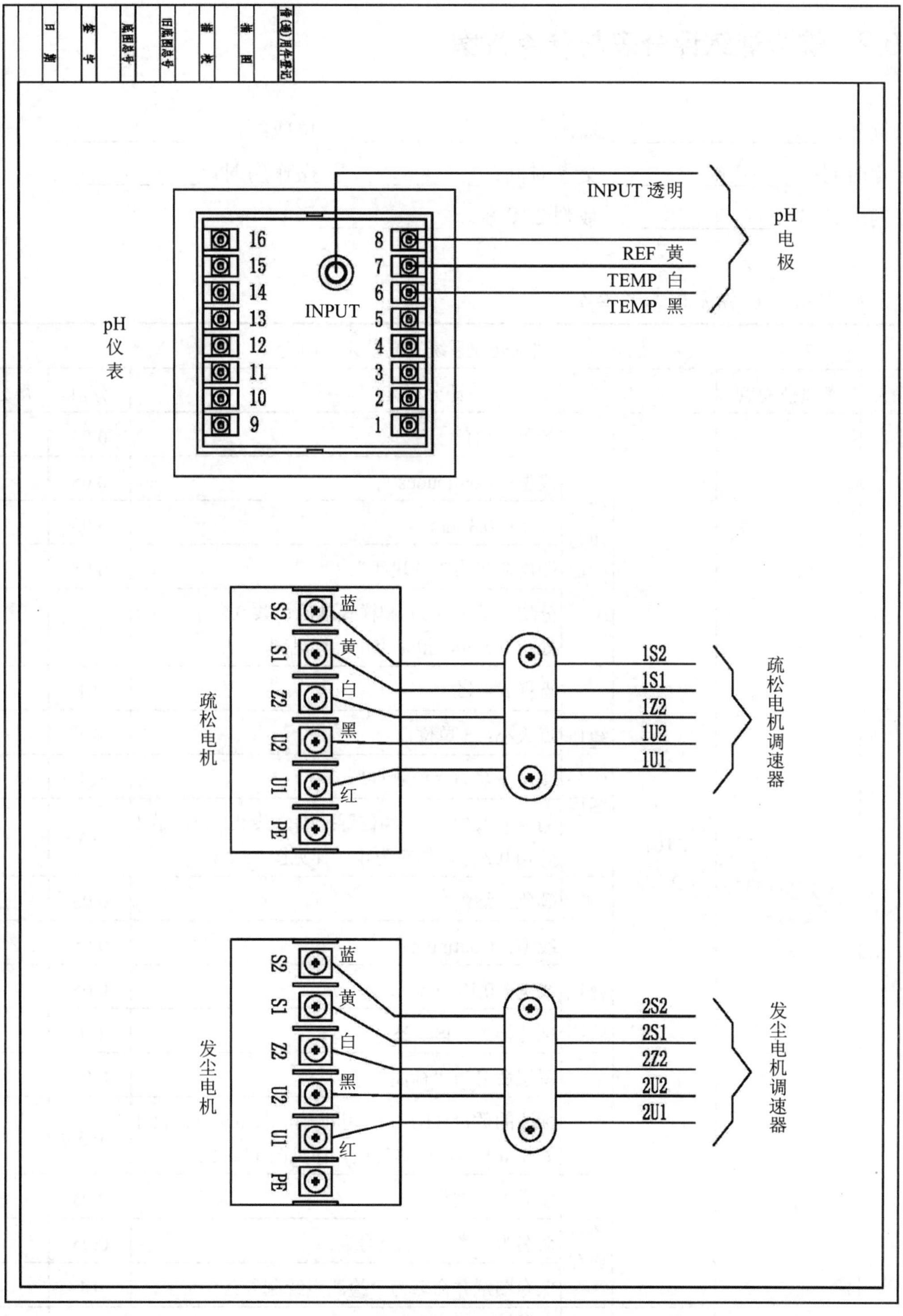

借(通)用件登记
描图
描校
旧底图总号
底图总号
签字
日期
INPUT 透明
pH
电
极
16
15
14
13
12
11
10
9
8
7
6
5
4
3
2
1
INPUT
REF 黄
TEMP 白
TEMP 黑
pH
仪
表
S2
S1
Z2
U2
U1
PE
蓝
黄
白
黑
红
疏
松
电
机
1S2
1S1
1Z2
1U2
1U1
疏
松
电
机
调
速
器
S2
S1
Z2
U2
U1
PE
蓝
黄
白
黑
红
发
尘
电
机
2S2
2S1
2Z2
2U2
2U1
发
尘
电
机
调
速
器

图 15.1.7 仪器接线图

15.2 综合训练评分表与参考答案

工位号：________________ 场次：______________ 总成绩：____________

开始时间：______________ 交卷时间：__________ 操作用时：__________

裁判 1 签名：___________ 裁判 2 签名：___________

1. 任务一评分表与参考答案

任务一　烟气处理系统工艺设计（10 分）

序号	考核技能点	评分标准			分值	得分
1	CAD 辅助设计（5 分）	ST01（2.5 分）	建分块线图层	颜色：白色	0.05	
				线型：Continuous	0.05	
				线宽：0.3 mm	0.05	
				图层命名为“分块线”	0.05	
				分块的数量（3）和样式准确，共 0.5 分，错 1 处扣 0.2 分，扣完为止。详见图 15.2.1	0.5	
			建检测点图层	点样式：⊗	0.1	
				点大小：5 单位	0.1	
				图层命名为“检测点”	0.1	
				测点的数量（3）和位置准确，共 0.5 分，错 1 处扣 0.2 分，扣完为止。详见图 15.2.1	0.5	
			建标注图层	颜色：绿色	0.05	
				线型：Continuous	0.05	
				线宽：0.13 mm	0.05	
				标注样式：ISO-25	0.1	
				图层命名为“标注”	0.05	
				标注的数量（6）和尺寸准确，共 0.5 分，错 1 处扣 0.1 分，扣完为止。详见图 15.2.1	0.5	
			文件保存	建立一个文件夹	0.05	
				命名为“场次+工位号”	0.05	
				保存图纸并命名为“检测点绘制”	0.1	
		ST02（2.5 分）	完善流程	共 5 处连线，1 处 0.05 分	0.25	
				连线归到粗实线图层	0.05	

任务一 烟气处理系统工艺设计（10 分）

序号	考核技能点	评分标准			分值	得分
1	CAD 辅助设计（5 分）	ST02（2.5 分）	建虚线图层	颜色：黄色	0.05	
				线型：HIDDEN2	0.05	
				线宽：0.13 mm	0.05	
				线型比例设为 1.5	0.05	
				归到统一图层，并命名为“虚线”	0.1	
				虚线数量（2）和位置准确，详见图 15.2.2，每处 0.1 分	0.2	
			统计表格	1. 名称：锅炉；数量：1。各 0.05 分	0.1	
				2. 名称：缓冲器；数量：1。各 0.05 分	0.1	
				3. 名称：质量流量计；数量：1。各 0.05 分	0.1	
				4. 名称：文丘里管；数量：1。各 0.05 分	0.1	
				5. 名称：疏松器；数量：1。各 0.05 分	0.1	
				6. 名称：发尘器；数量：1。各 0.05 分	0.1	
				7. 名称：混合器；数量：1。各 0.05 分	0.1	
				8. 名称：旋风除尘器；数量：1。各 0.05 分	0.1	
				9. 名称：输送器；数量：1。各 0.05 分	0.1	
				10. 名称：袋式除尘器；数量：1。各 0.05 分	0.1	
				字体设置：宋体；高度：4 mm。错 1 处扣 0.02 分，扣完为止	0.2	
				所填文字皆归于文字图层	0.1	
			传感器连接	检测旋风除尘器压降，共 2 根线，每根 0.05 分	0.1	
				检测布袋除尘器压降，共 2 根线，每根 0.05 分	0.1	
				连线归到细实线图层	0.1	
			另存	命名为“系统流程图”	0.05	
				另存图纸在“场次+工位号”文件夹下	0.05	
2	控制程序设计（5 分）	喷淋急停控制系统（2.5 分）	按下启动按钮（SB1），搅拌器启动		0.3	
			延时 5 s，电磁阀 YVI 和喷淋泵 1 启动		0.6	
			按下停止按钮（SB2），电磁阀 YV1 和喷淋泵 1 停止		0.6	
			延时 5 s，搅拌器停止		0.3	
			按下急停按钮（SB3），电磁阀 YV1、喷淋泵 1 和搅拌器同时停止		0.6	
			命名为“喷淋急停控制系统”，并保存在“场次+工位号”的文件夹内（答案详见图 15.2.3）		0.1	
		电动调节阀控制（2.5 分）	按下开度 1 按钮，电动调节阀开度为 100%		0.6	
			按下开度 2 按钮，电动调节阀开度为 80%		0.6	
			按下开度 3 按钮，电动调节阀开度为 50%		0.6	
			按下关闭按钮，电动调节阀关闭		0.6	
			命名为“电动调节阀控制”，并保存在“场次+工位号”的文件夹内（答案详见图 15.2.4）		0.1	
	合计				10	

任务一（1）答案：

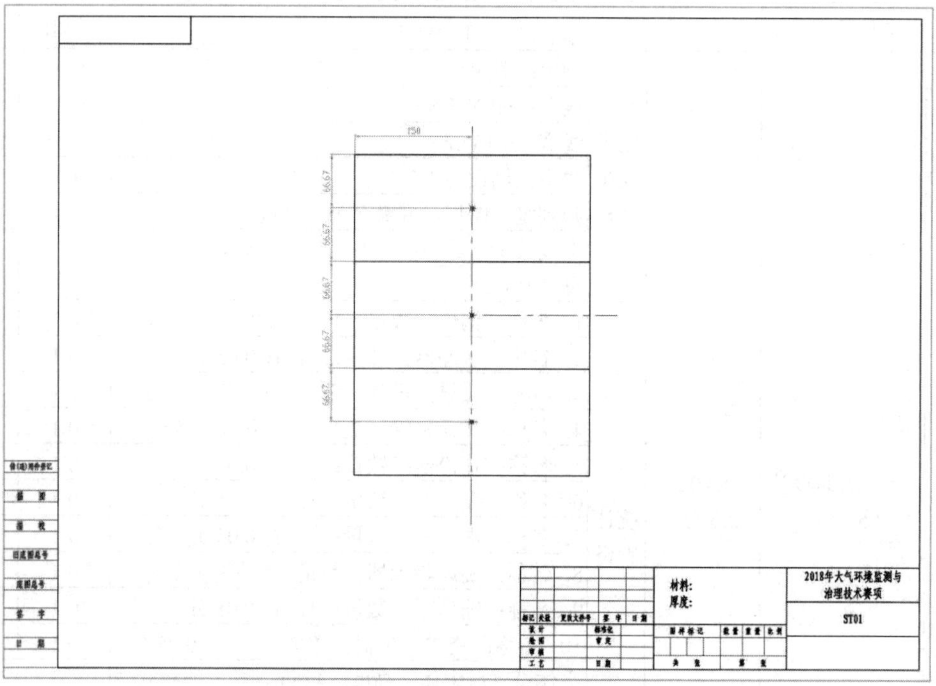

图 15.2.1　检测点绘制图

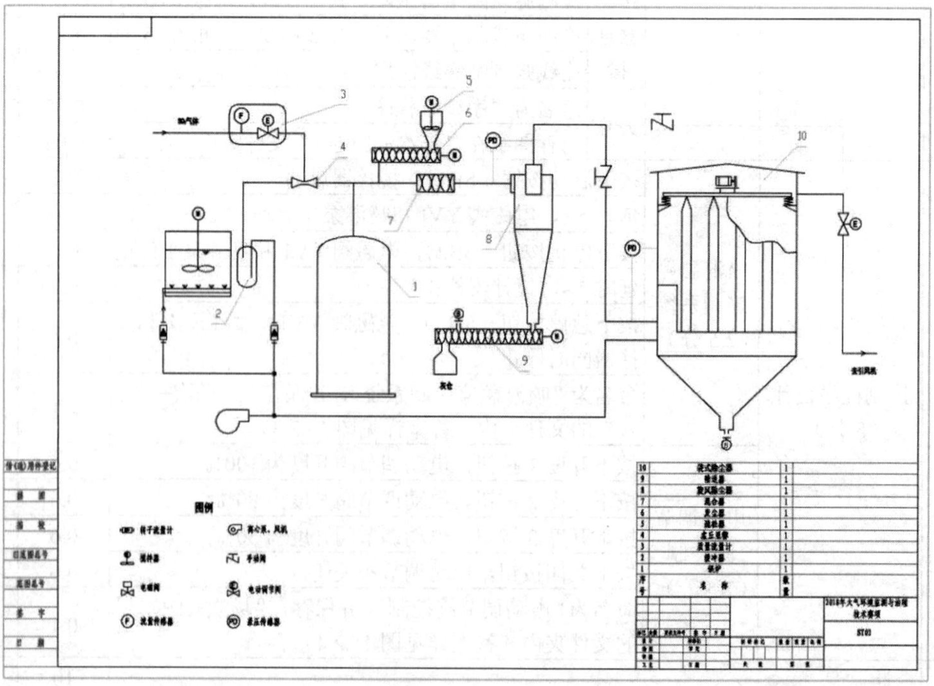

图 15.2.2　除尘系统流程图

任务一（2）答案：

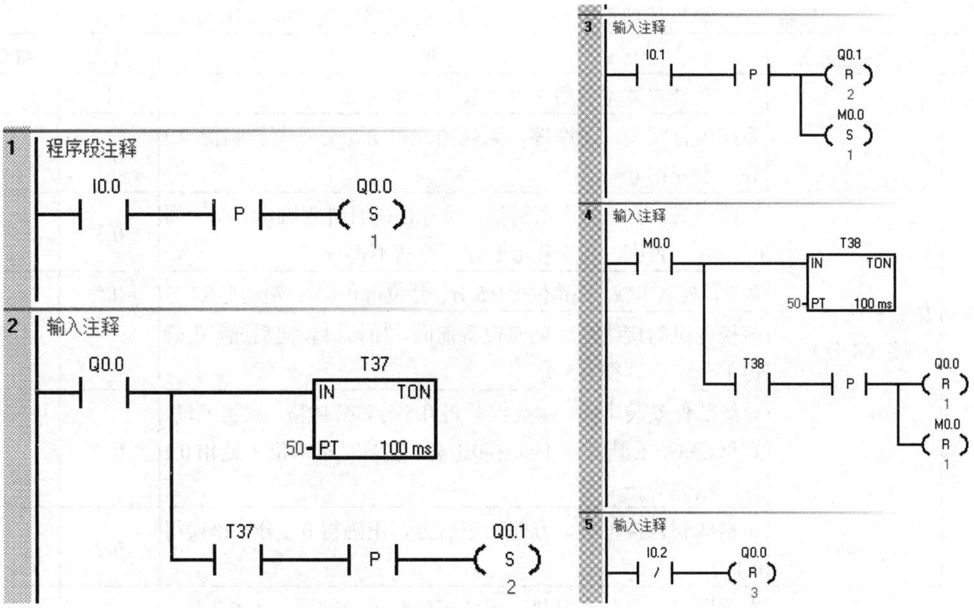

图 15.2.3　喷淋急停控制系统程序

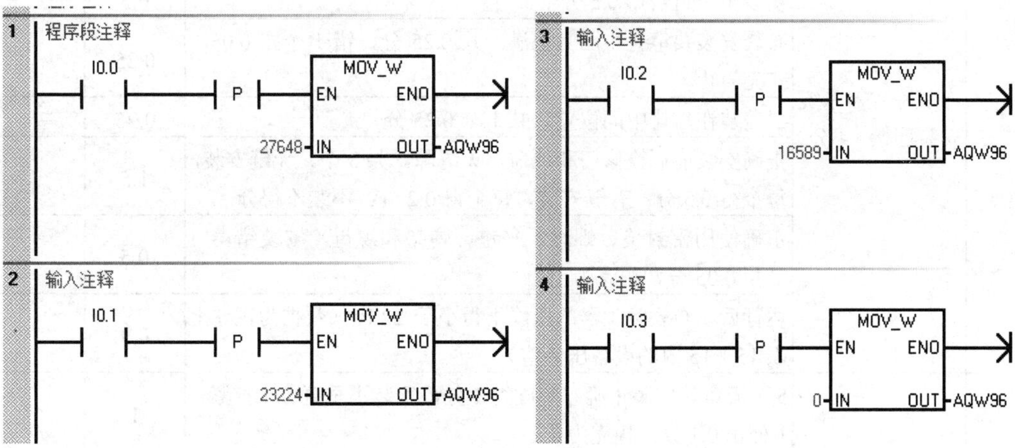

图 15.2.4　电动调节阀控制系统程序

2. 任务二评分表与参考答案

任务二　烟气处理系统部件、管道、传感器安装连接（20分）				
序号	考核技能点	评分标准	分值	得分
1	发尘系统安装连接（4分）	发尘系统安装完成得1分，安装一半得0.5分	1	
		系统运行完美，无摩擦，无死角，得0.5分；有异响得0.3分；卡死得0.1分	0.5	
		参照样式，剪取两个密封垫。尺寸正确且外观圆滑，每个得0.15分；否则，每个得0.1分。不剪不得分	0.3	
		联轴器安装牢靠，不错位得0.5分；错位得0.3分；滑动得0.1分	0.5	
		疏松电机的接线盒应朝向设备前面，加料口朝向后面，正确得1分，否则得0.5分	1	
		系统部件安装牢固、螺丝拧紧得0.5分，密封垫、螺丝平垫、螺母、弹垫安装错误1处扣0.1分，法兰对接错位1处扣0.1分，扣完为止	0.5	
		短柄球阀连接正确，方向朝正后方，正确得0.2分，错误得0.1分	0.2	
2	布袋除尘器系统安装连接（4分）	参照样式，剪取密封垫。尺寸正确且外观圆滑，得0.2分；否则，得0.1分。不剪不得分	0.2	
		安装1个布袋得0.5分	0.5	
		安装1个封盖得0.5分	0.5	
		布袋安装要笔直牢固且饱满。共0.25分，错1个扣0.05，扣完为止	0.25	
		封盖装在后排中间位置。共1个0.25分	0.25	
		正确安装前后检修门和顶盖，无缝隙。共3个，无缝安装，每个得0.5分；有缝安装，每个得0.2分；不装不得分	1.5	
		正确使用密封垫、螺丝、平垫、弹垫和螺母，安装错误1处扣0.05分，扣完为止	0.5	
		运行后，布袋除尘器的压降不得小于22 Pa（数据为试卷上表15.1.15内的设备压降值）	0.3	
3	水泵出口管道与补气泵管道的安装连接（4分）	5个流量计安装正确、牢固得1分，安装不垂直、未拧紧，1处扣0.1分，扣完为止	1	
		硬路管道规范安装得2分；安装未横平竖直，管接件未拧紧，生料带使用不正确，接头处漏水，1处扣0.1分，扣完为止	2	
		2个电磁阀规范安装得0.4分；方向错误，一个扣0.1分，接线头未插好，1个扣0.1分，扣完为止	0.4	
		运行时，管路不能与钢架发生碰撞，产生过大杂音	0.1	
		软管管路连接正确得0.5分，错误1处扣0.2分；管道过长扣0.1分，扣完为止	0.5	

任务二 烟气处理系统部件、管道、传感器安装连接（20 分）				
序号	考核技能点	评分标准	分值	得分
4	传感器和测压管路的安装连接（8 分）	皮托管装于点 0905 处，正确得 0.5 分，错误得 0 分。皮托管测量头的轴线与管道中心线未重合，且偏差大于 5°扣 0.2 分。全压测量口未对着流体流动的方向，且偏差大于 5°扣 0.2 分	0.5	
		采样枪装于点 0906 处，正确得 0.6 分，错误得 0 分。采样枪取样头的轴线与管道中心线不重合，且偏差大于 5°扣 0.2 分。取样头未对着流体流动的方向，且偏差大于 5°扣 0.2 分。滤筒取放用镊子且不能破裂，否则扣 0.2 分	0.5	
		温湿度 1 装于点 0702 处，正确得 0.5 分，错误得 0 分	0.5	
		温湿度 2 装于点 0701 处，正确得 0.5 分，错误得 0 分	0.5	
		风速传感器 1 装于点 0404 处，正确得 0.5 分，错误得 0 分。测量点的开口要正未对着气流方向，同时偏差大于 5°扣 0.1 分	0.5	
		风速传感器 2 装于点 0405 处，正确得 0.5 分，错误得 0 分，测量点的开口要正未对着气流方向，同时偏差大于 5°扣 0.1 分	0.5	
		二氧化硫传感器 1 装于点 1003 处得 0.5 分	0.5	
		封闭剩余采样口得 1 分，未封 1 处扣 0.3 分，扣完为止	1	
		差压传感器 1 检测布袋除尘器压降，正确得 1 分，错误得 0 分。高低压口连接错误扣 0.5 分	1	
		差压传感器 2 检测点 0606 相对静压，正确得 1 分，错误得 0 分。高低压口连接错误扣 0.5 分	1	
		差压传感器 3 接皮托管，检测点 0905 动压，正确得 0.5 分，错误得 0 分。高低压口连接错误扣 0.3 分	0.5	
		打开测压环上与差压传感器相连的小球阀，未开 1 处扣 0.2 分，扣完为止	0.5	
		橡皮塞开孔尺寸合适，无破裂。2 处，每处 0.05 分，共 0.1 分	0.1	
		用Φ9 硅胶管完成采样系统连接，连接正确牢固，无漏气现象，得 0.4 分，错误扣 0.2 分	0.4	
	合计		20	

3. 任务三评分表与参考答案

任务三　烟气处理系统电源线路设计与连接（10 分）

序号	考核技能点	评分标准	分值	得分
1	完善 PLC 端口定义表（2.6 分）	PLC 端口定义表填写正确，共 26 个点，错 1 处扣 0.1，共 2.6 分，扣完为止。答案详见表 15.2.1	2.6	
2	电气控制柜的线路连接（2.8 分）	导线连接完成，导线连接要正确，错 1 处扣 0.1 分，扣完为止	2.5	
		导线颜色与插座颜色连接要求一致，错 1 处扣 0.05 分，扣完为止	0.3	
3	熔断芯安装（0.2 分）	熔断芯（RT14-20/10 A）选型安装正确，得 0.2 分，错 1 处扣 0.05 分，不装，不得分	0.2	
4	仪表线路连接（1.5 分）	PH 在线监测仪连线正确得 0.5 分，错误得 0 分，未过穿线孔扣 0.1 分	0.5	
		疏松电机的接线正确得 0.5 分，错误得 0 分。接线盒未扣好，扣 0.1 分	0.5	
		发尘电机的接线正确得 0.5 分，错误得 0 分。接线盒未扣好，扣 0.1 分	0.5	
5	通信连接（0.4 分）	连接正确，牢固得 0.2 分，错误得 0 分。未过穿线孔扣 0.1 分	0.2	
		监控中心的 IP 地址设为 192.168.2.10，共 0.2 分，错误得 0 分	0.2	
6	电源检测（2.5 分）	漏电测试，操作规范得 1 分。详见表 15.2.2 第 1 项（未签字，不得分）	1	
		熔断芯检测，操作规范得 0.5 分。详见表 15.2.2 第 2 项（未签字，不得分）	0.5	
		AC220 V 检测，操作规范得 0.5 分。详见表 15.2.2 第 3 项（未签字，不得分）	0.5	
		DC24 V 检测，操作规范得 0.5 分。详见表 15.2.2 第 4 项（未签字，不得分）	0.5	
	合计		10	

任务三（1）答案：

表 15.2.1 PLC 端口定义评分表（2.6 分）

PLC 端口定义表			
数字量输入定义		数字量输出定义	
I0.0	无定义	Q0.0	补气泵
I0.1	无定义	Q0.1	振动电机
I0.2	无定义	Q0.2	炉灯
I0.3	无定义	Q0.3	喷淋泵 1
I0.4	无定义	Q0.4	喷淋泵 2
I0.5	无定义	Q0.5	清洗泵
I0.6	无定义	Q0.6	电磁阀 YV1
I0.7	无定义	Q0.7	电磁阀 YV2
模拟量输入定义		模拟量输出定义	
AI1+	二氧化硫传感器 1+	AO1+	调节信号+
AI1–	二氧化硫传感器 1–	AO1–	调节信号–
AI2+	二氧化硫传感器 2+	AO2+	阀控信号+
AI2–	二氧化硫传感器 2–	AO2–	阀控信号–
AI3+	二氧化碳传感器+		
AI3–	二氧化碳传感器–		
AI4+	一氧化碳传感器+		
AI4–	一氧化碳传感器–		
AI5+	氮氧化物传感器+		
AI5–	氮氧化物传感器–		
AI6+	氧传感器+		
AI6–	氧传感器–		
AI7+	颗粒物传感器+		
AI7–	颗粒物传感器–		
AI8+	无定义		
AI8–	无定义		

任务三（6）答案：

表 15.2.2 技能操作过程记录评分表（2.5 分）

项目	漏电测试	熔断芯检测	AC220 V 检测	DC24 V 检测
实测数据	正常☑；不正常□	通☑；不通□	210～230 V	22～26 V
分值	1	0.5	0.5	0.5
得分				
合计：（未签字，不得分）				

4. 任务四评分表与参考答案

<table>
<tr><th colspan="6">任务四　烟气处理系统调试（10 分）</th></tr>
<tr><th>序号</th><th>考核技能点</th><th colspan="2">评分标准</th><th>分值</th><th>得分</th></tr>
<tr><td rowspan="2">1</td><td rowspan="2">系统程序完善（3.2 分）</td><td colspan="2">安装要求完成系统程序的设计工作，全部完成正确得分 3.0 分，完成一半得分 1.0 分，放弃得 0 分。参考程序详见图 15.2.5</td><td>3.0</td><td></td></tr>
<tr><td colspan="2">另存在 U 盘“场次+工位号”的文件夹内</td><td>0.2</td><td></td></tr>
<tr><td rowspan="15">2</td><td rowspan="15">手动调试（4.4 分）</td><td rowspan="3">按流程调试，开关阀门</td><td>完全打开锅炉进风盖板，得 0.1 分</td><td>0.1</td><td></td></tr>
<tr><td>完全打开碱液回流阀，得 0.1 分</td><td>0.1</td><td></td></tr>
<tr><td>打开管道蝶阀，共 5 处，每处 0.1 分</td><td>0.5</td><td></td></tr>
<tr><td colspan="2">打开 MCGS 工程，进入运行环境，得 0.1 分</td><td>0.1</td><td></td></tr>
<tr><td rowspan="2">控制流量确定</td><td>计算烟气控制流量，正常得 0.5 分。详见表 15.2.3 第 1 项</td><td>0.5</td><td></td></tr>
<tr><td>数据填入对话框，得 0.1 分</td><td>0.1</td><td></td></tr>
<tr><td colspan="2">传感器安装位置选择，共 5 处，每处 0.1 分</td><td>0.5</td><td></td></tr>
<tr><td colspan="2">截屏并保存在 U 盘“场次+工位号”的文件夹内，命名为“传感器位置选择”</td><td>0.05</td><td></td></tr>
<tr><td colspan="2">在系统总图界面，完成阀门切换，共 3 处，每处 0.05 分</td><td>0.15</td><td></td></tr>
<tr><td colspan="2">截屏并保存在 U 盘“场次+工位号”的文件夹内，命名为“阀门切换”</td><td>0.05</td><td></td></tr>
<tr><td colspan="2">在系统调试界面完成设备的单机调试。操作规范得 1 分，详见表 15.2.4 第 2 项（未签字，不得分）</td><td>1</td><td></td></tr>
<tr><td colspan="2">截屏并保存在 U 盘“场次+工位号”的文件夹内，命名为“调节阀开度”。共 0.05 分。开度不为 75%，不得分</td><td>0.05</td><td></td></tr>
<tr><td colspan="2">流体流量调节，共 5 处，每处 0.2 分，详见表 15.2.3 第 3～7 项（未签字，不得分）</td><td>1</td><td></td></tr>
<tr><td colspan="2">吸收塔整体液气比计算正确，得 0.2 分，详见表 15.2.3 第 8 项</td><td>0.2</td><td></td></tr>
<tr><td>3</td><td>设备日常维护（2.4 分）</td><td colspan="2">排除故障，维护设备。4 处故障，共 12 个空格。单个空格，每处 0.2 分。若有放弃项，则直接扣完该处故障的全部 0.6 分。答案详见表 15.2.4（4 处故障排序不分先后）</td><td>2.4</td><td></td></tr>
<tr><td></td><td colspan="3">合计</td><td>10</td><td></td></tr>
</table>

任务四（1）答案：

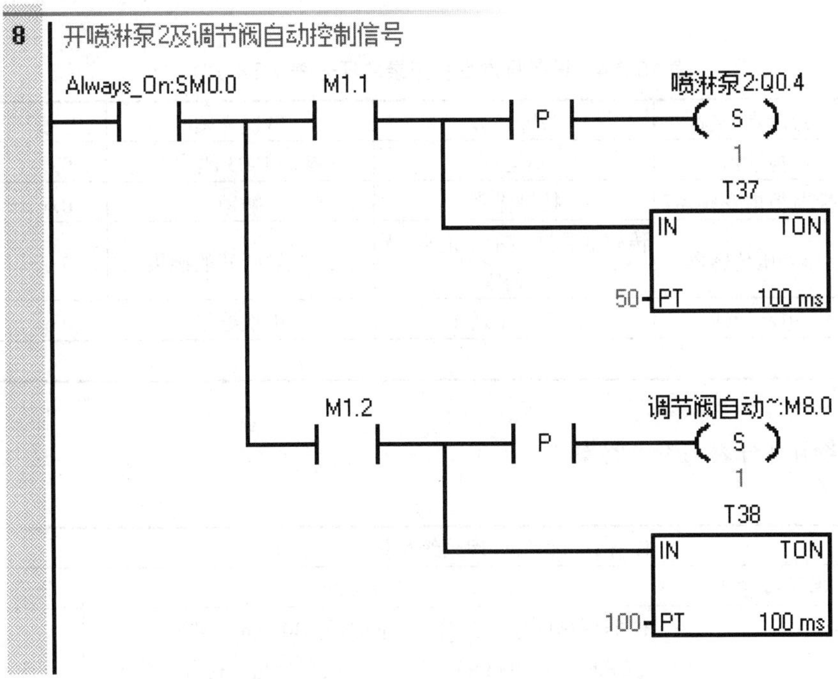

图 15.2.5 开喷淋泵 2 及调节阀自动控制信号

任务四（2）答案：

表 15.2.3 技能操作过程记录评分表（2.7 分）

序号	任务内容	参考答案	分值	得分
1	设置烟气流量/（m^3/h）	96～97	0.5	
2	手动调试	进行☑，未进行□	1	
3	调节稀释风量/（m^3/h）	3.0±0.2	0.2	
4	调节氧化风量/（m^3/h）	0	0.2	
5	调节喷淋泵 1 的喷淋量/（L/min）	4±0.2	0.2	
6	调节喷淋泵 2 的喷淋量/（L/min）	4±0.2	0.2	
7	调节吸收塔的反冲流量/（L/min）	3.0±0.2	0.2	
8	吸收塔整体液气比/（L/m^3）	4.9～5.0：1	0.2	
合计：（未签字，不得分）				

任务四（2）和（3）答案：

表 15.2.4 设备日常维护记录单评分表（2.4 分）

序号	故障点位置	故障现象	解决方案	分值	得分
1	搅拌器	不运行	参数 F-03 改为 3	0.6	
2	控制柜内变频器	按键无效	解锁	0.6	
3	1#差压传感器	传感器数据显示不正常，无法调零	连接被断开的接头	0.6	
4	电源导线	短路，不通电	更换导线	0.6	
合计：					

5. 任务五评分表与参考答案

任务五　烟气处理系统整体运行（20 分）				
序号	考核技能点	评分标准	分值	得分
1	在线 pH 仪的参数设置和标定（6 分）	仪器预热总分 1.5 分，时间不足 30 min（即终止时间–起始时间＜30 min）扣 1 分，没有预热不得分。详见表 15.2.5（未签字，不得分）	1.5	
		容量瓶上未贴标签，1 处扣 0.2 分	0.4	
		在线 pH 仪的运行参数设置，共 1.4 分。详见表 15.2.6	1.4	
		传感器与仪表之间标定零点和斜率，未标定扣 1.5 分；标定操作不正确（斜率电压值–零点电压值＜50），扣 1 分。详见表 15.2.5（未签字，不得分）	1.5	
		回测值测试共，1 分，其值不在 6.86±0.2 之内，扣 0.5 分。详见表 15.2.5（未签字，不得分）	1	
		电极悬挂于水箱角落，电极测量头浸入液体中，得分 0.2，尾部出线处浸入液体中得 0 分	0.2	
2	模拟污染源的配制（4 分）	往粉尘罐中加入两漏斗的滑石粉，保证量足，完成得分 1 分，少一斗扣 0.5 分。详见表 15.2.7 第 1 项（未签字，不得分）	1	
		电机调速面板上的控制转速与系统总图界面里显示一致，共 4 处，得 2 分；错 1 处扣 0.5 分。详见表 15.2.7 第 2～5 项	2	
		调节 SO_2 气钢瓶安全阀出口压力为（0.05±0.01）MPa，完成得分 1 分，错误得 0 分。详见表 15.2.7 第 6 项（未签字，不得分）	1	
3	脱硫碱液的配制（2.5 分）	每个数值 0.5 分，共 2.5 分。具体见表 15.2.8（未签字，不得分）	2.5	

<table>
<tr><th colspan="6">任务五 烟气处理系统整体运行（20 分）</th></tr>
<tr><th>序号</th><th>考核技能点</th><th colspan="2">评分标准</th><th>分值</th><th>得分</th></tr>
<tr><td rowspan="3">4</td><td rowspan="3">仪器仪表参数设置
（4.5 分）</td><td colspan="2">变频器参数设置，参数值填写每个 0.25 分，参数设置每个共 0.5 分。具体见表 15.2.9</td><td>3</td><td></td></tr>
<tr><td rowspan="2">传感器调零</td><td>传感器调零设置，每个参数值 0.4 分，共 1.2 分。具体见表 15.2.10（未签字，不得分）</td><td>1.2</td><td></td></tr>
<tr><td>截图保存在 U 盘“场次+工位号”的文件夹内，命名为“原始数据”</td><td>0.3</td><td></td></tr>
<tr><td>5</td><td>整机运行
（4 分）</td><td colspan="2">通过监控中心的系统调试界面开启自动运行模式，能正常启动运行并完成（结束时间−开始时间≥30 min）得分 4 分；完成一半（10≤结束时间−开始时间<30 min）得 2 分；完成小部分（0<结束时间−开始时间<10 min）得 1 分。评分方法详见表 15.2.11（未签字，不得分）</td><td>4</td><td></td></tr>
<tr><td colspan="5">合计：</td><td></td></tr>
</table>

任务五（1）答案：

表 15.2.5 在线 pH 仪标定操作过程记录评分表（4 分）

<table>
<tr><th>项目</th><th colspan="2">预热起止时间</th><th>零点标定电压值</th><th>斜率标定电压值</th><th>回测 pH</th></tr>
<tr><td rowspan="2">参考答案</td><td>起：实测</td><td>止：实测</td><td>实测</td><td>实测</td><td rowspan="2">6.86±0.2</td></tr>
<tr><td colspan="2">止−起≥30 min</td><td colspan="2">斜率电压值−零点电压值≥50</td></tr>
<tr><td>分值</td><td colspan="2">1.5</td><td colspan="2">1.5</td><td>1</td></tr>
<tr><td>得分</td><td colspan="2"></td><td colspan="2"></td><td></td></tr>
<tr><td colspan="6">合计：（未签字，不得分）</td></tr>
</table>

任务五（1）答案：

表 15.2.6 在线 pH 仪的运行参数设置评分表（1.4 分）

<table>
<tr><th>编号</th><th colspan="2">项目</th><th>需设的参数</th><th>分值</th><th>得分</th></tr>
<tr><td>1</td><td colspan="2">测量模式（Mode）</td><td>酸碱度（pH）</td><td>0.2</td><td></td></tr>
<tr><td>2</td><td colspan="2">测温方式（Temperature）</td><td>自动测温（ATC）</td><td>0.2</td><td></td></tr>
<tr><td>3</td><td rowspan="2">报警设置</td><td>Relay-1</td><td>打开功能（AUTO），低位报警（LO），限值为 7.5，迟滞值为 0.2</td><td>0.4</td><td></td></tr>
<tr><td>4</td><td>Relay-2</td><td>关闭功能（OFF）</td><td>0.2</td><td></td></tr>
<tr><td>5</td><td colspan="2">电流输出（Current）</td><td>打开功能（AUTO），4 mA 对应 pH 为 0，20 mA 对应 pH 为 14</td><td>0.4</td><td></td></tr>
<tr><td colspan="5">合计：</td><td></td></tr>
</table>

任务五（2）答案：

表 15.2.7　模拟污染源配制记录评分表（4 分）

序号	任务内容	参考答案	分值	得分
1	粉尘罐加料次数/次	2	1	
2	设置疏松器运行数值/（r/min）	4±0.2	0.5	
3	设置发尘器运行数值/（r/min）	8±0.2	0.5	
4	设置输送器运行数值/（r/min）	35±0.2	0.5	
5	设置搅拌器运行数值/（r/min）	100±0.2	0.5	
6	调节安全阀出口压力/MPa	0.05±0.01	1	
合计（未签字，不得分）				

任务五（3）答案：

表 15.2.8　水样原始数据记录评分表（2.5 分）

序号	项目		数值		分值	得分
1	碱液箱内部底面尺寸/mm		长：540	宽：400		
2	水样深度/m		0.24～0.26		0.5	
3	水样体积/L		51.84～56.16		0.5	
4	药剂量/g		25.93～28.10		0.5	
5	水样 pH	理论值	12.1±0.05		0.5	
		实际值	实测 10.8～12.2		0.5	
合计（未签字，不得分）						

任务五（4）答案：

表 15.2.9　变频器参数评分表（3 分）

序号	参数	参数名称	设置值	分值	得分	备注
1	P1	上限频率/Hz	50	0.75		填写 0.25 分 设置 0.5 分
2	P8	减速时间	40	0.5		
3	P9	电机的额定电流	3.4	0.75		填写 0.25 分 设置 0.5 分
4	P124	有无 CR/LF 选择	0	0.5		
5	P549	协议选择	1	0.5		
合计						

表 15.2.10 传感器调零确认评分表（1.2 分）

传感器名称	零点值（范围）	分值	得分
1#差压传感器	−0.2～0.8	0.4	
2#差压传感器	−0.2～0.8	0.4	
3#差压传感器	−0.2～0.8	0.4	
合计（未签字，不得分）			

任务五（5）答案：

表 15.2.11 自动运行起止时间确认评分表（4 分）

开始时间	实测	得分要求	分值	得分（未签字，不得分）
结束时间	实测	结束时间–开始时间≥30 min	4	

6. 任务六评分表与参考答案

<table>
<tr><th colspan="6">任务六 烟气处理系统污染因子监测（25 分）</th></tr>
<tr><th>序号</th><th>考核技能点</th><th colspan="2">评分标准</th><th>分值</th><th>得分</th></tr>
<tr><td rowspan="2">1</td><td rowspan="2">压力数据监测（3.1 分）</td><td colspan="2">压力监测数据记录每个数据 0.6 分，共 3 分。评分细则见表 15.2.12</td><td>3</td><td></td></tr>
<tr><td colspan="2">截图保存在 U 盘“场次+工位号”的文件夹内，命名为“压力监测”</td><td>0.1</td><td></td></tr>
<tr><td rowspan="9">2</td><td rowspan="9">管道中粉尘浓度监测及数据计算（10.3 分）</td><td rowspan="4">粉尘采样器的操作使用（3.9 分）</td><td>滤筒上用记号笔写上工位号</td><td>0.1</td><td></td></tr>
<tr><td>紧固螺母，保证气密性，共 2 处，每处 0.05 分</td><td>0.1</td><td></td></tr>
<tr><td>粉尘采样器安装需调水平（气泡居中）</td><td>0.1</td><td></td></tr>
<tr><td>填写粉尘采样器操作过程记录表，其评分细则见表 15.2.13</td><td>3.6</td><td></td></tr>
<tr><td rowspan="5">记录并计算相关参数，确定采样流量（6.4 分）</td><td>截屏并存在 U 盘“场次+工位号”的文件夹内，命名为“采样点温度”</td><td>0.1</td><td></td></tr>
<tr><td>截屏并存在 U 盘“场次+工位号”的文件夹内，命名为“相对静压”</td><td>0.1</td><td></td></tr>
<tr><td>截屏并存在 U 盘“场次+工位号”的文件夹内，命名为“采样点动压”</td><td>0.1</td><td></td></tr>
<tr><td>截屏并存在 U 盘“场次+工位号”的文件夹内，命名为“表前压力”</td><td>0.1</td><td></td></tr>
<tr><td>填写粉尘采样数据记录表，每格 0.5 分，共 6 分。其评分细则见表 15.2.14</td><td>6</td><td></td></tr>
<tr><td rowspan="3">3</td><td rowspan="3">排放监测与数据计算（11.6 分）</td><td colspan="2">系统总图界面截屏并存在 U 盘“场次+工位号”的文件夹内，命名为“排放监测数据”</td><td>0.1</td><td></td></tr>
<tr><td colspan="2">填写排放监测数据表，其评分细则见表 15.2.15。无单位或单位错误，则不得分</td><td>5.5</td><td></td></tr>
<tr><td colspan="2">填写烟气排放监测日报表，其评分细则见表 15.2.16</td><td>6</td><td></td></tr>
<tr><td colspan="5">合计</td><td></td></tr>
</table>

任务六（1）答案：

表 15.2.12 压力监测数据记录评分表（3 分）

序号	项目名称	记录时间	数值	
			读取值	实际值
1	测点静压	实测（记录时间−自动开始时间≥5 min）	280～800	280～800
2	设备压降		20～200	20～200
3	分值	0.6	1.2	1.2
4	得分			
合计				

任务六（2）答案：

表 15.2.13 粉尘采样器操作过程记录表（3.6 分）

项目	采样前滤筒重量/g	镊子取放滤筒	采样前滤筒烘干起止时间	采样流量/（L/min）	采样时间设置/（20 min）	采样后滤筒烘干起止时间	采样后滤筒重量/g	烟尘浓度/（mg/m³）	滤筒是否破坏
数据记录	1.0～1.6	放☑ 取☑	起：实测 止：实测 要求见备注1	10～12.4	是☑ 否□	起：实测 止：实测 要求见备注2	1.0～1.7	0～5	是□ 否☑
分值	0.4	0.4	0.4	0.4	0.4	0.4	0.4	0.4	0.4
得分									
合计									
备注	1. 采样前烘干结束时间−采样前烘干起始时间≥10 min 2. 采样后烘干起始时间−采样前烘干结束时间≥20 min；采样后烘干结束时间−采样后烘干起始时间≥10 min								

表 15.2.14 粉尘采样器数据记录评分表（6 分）

项目名称	当地气压/Pa	气体含湿量/%	采样点温度/℃	采样点相对静压/Pa	采样点动压/Pa	采样点风速/（m/s）	流量计前温度/℃	流量计前压力/Pa	采样流量/（L/min）
时间记录			实测	实测	实测			实测	
数据记录	100 325～101 600	4.6	室温	150～600	21.6～30.3	6.0～7.1	室温	−6 000～−2 000	10～12.4
分值	0.5		1	1	1	0.5	0.5	1	0.5
得分									
合计									
备注	记录的时间要和截屏上的一致，同时必须比自动开始时间大 5 min								

任务六（3）答案：

表 15.2.15 排放监测数据评分表（5.5 分）

项目	数据记录时间	SO_2浓度	NO_x浓度	O_2浓度	CO_2浓度	CO浓度	颗粒物浓度	湿排气流量	湿排气温度	湿排气压力	湿排气含湿量
原始数据	实测 要求见备注	0.5 ppm	0.2 ppm	7%	200～800 ppm	0.1 ppm	5～90 μg/m^3	90～102 m^3/h	室温	0.2 kPa	4.6%
分值	0.5	0.5	0.5	0.5	0.5	0.5	0.5	0.5	0.5	0.5	0.5
得分											
合计											
备注	记录的时间应与截屏的一致，同时必须比自动运行开始时间大 30 min										

表 15.2.16 烟气排放监测日报评分表（6 分）

项目	日期	基准氧含量/%	颗粒物			SO_2			NO_x			标干流量/（Nm^{3}干/d）
			排放浓度/（mg/m^3）	折算浓度/（mg/m^3）	日排放量/（g/d）	排放浓度/（mg/m^3）	折算浓度/（mg/m^3）	日排放量/（g/d）	排放浓度/（mg/m^3）	折算浓度/（mg/m^3）	日排放量/（g/d）	
数据	实测	3.5	0.005～0.09	0.006 2～0.113	0.011～0.240	1.19～1.39	1.48～1.74	2.75～3.70	0.13～0.33	0.16～0.42	0.29～0.90	1 860.75～2 110.86
分值	0.5	0.5	0.5	0.5	0.5	0.5	0.5	0.5	0.5	0.5	0.5	0.5
得分												
合计												

任务七 综合素质（5 分）

序号	考核项目	评分标准	分值	得分
1	设备操作规范性	设备是否按照要求操作，否则 1 处扣 0.2 分，扣完为止	1	
2	材料利用效率，接线及材料损耗	材料利用是否合理，材料浪费严重扣 1 分（指另外向赛场申请材料）	1	
3	工具、仪器、仪表使用情况	工具、仪器、仪表使用不当，1 处扣 0.2 分，扣完为止	1	
4	竞赛现场安全、文明情况	实验场地未清扫扣 0.3 分；试验台下面未清扫扣 0.25 分；试验台未清理扣 0.25 分；未佩戴相关劳保用品扣 0.2 分	1	
5	团队分工协作	组内出现争吵、配合不协调，扣 1 分	1	
	合计			

附录 1　大气环境监测与治理职业技能等级标准

前　言

本标准按照 GB/T 1.1—2009 给出的规则起草。

本标准起草单位：江苏建筑职业技术学院、中国节能环保集团有限公司、北京首创生态环保集团有限公司、江苏省环保集团有限公司、中电环保股份有限公司、浙江天煌科技实业有限公司、中核新能源投资有限公司、中持水务股份有限公司、北京城市排水集团有限责任公司、农业农村部环境保护科研监测所、天津市生态环境局环境工程评估中心、联合泰泽环境科技发展有限公司、天津市环境保护科学研究院、PONY 谱尼测试集团股份有限公司、哈希水质分析仪器有限公司技术培训部、广东省环境保护产业协会、江苏方正环保集团有限公司、江苏鹿禧鸣环境科技有限公司、上实环境水务股份有限公司、江苏华商企业管理咨询服务有限公司、广西森格自动化科技股份有限公司、重庆渝佳环境影响评价有限公司、常州赛蓝环保科技有限公司、广西绿城水务股份有限公司、济南市市政工程设计研究院（集团）有限责任公司、威立雅（中国）环境服务有限公司、河北安森环保科技有限公司、江苏省徐州市环境卫生管理中心、吉博力（上海）投资管理有限公司、北京电子科技职业学院、金华职业技术学院、深圳职业技术学院、昆明冶金高等专科学校、井冈山大学、深圳信息职业技术学院、天津现代职业技术学院、江苏城市职业学院、黑龙江建筑职业技术学院、长沙环保职业技术学院、广东环境保护工程职业学院、广东轻工职业技术学院、山东科技职业学院、上海城建职业学院、四川职业技术学院、南京高等职业技术学校、苏州农业职业技术学院、安徽水利水电职业技术学院、安徽职业技术学院、安庆职业技术学院、常州纺织服装职业技术学院、常州工程职业技术学院、成都纺织高等专科学校、承德石油高等专科学校、重庆工业职业技术学院、福建船政交通职业学院、重庆建筑工程职业学院、福建农业职业技术学院、杭州职业技术学院、甘肃林业职业技术学院、广东省环境保护职业技术学校、广西水利电力职业技术学院、河北工业职业技术大学、河北环境工程学院、湖北生态工程职业技术学院、黄河水利职业技术学院、江苏海事职业技术学院、江西环境工程职业学院、江西应用技术职业学院、兰州职业技术学院、辽宁石化职业技术学院、南通科技职业学院、山东水利职业学院、山西工程职业技术学院、顺德职业技术学院、河北科技工程职业技术大学、徐州工业职业技术学院、杨凌职业技术学院、浙江同济科技职业学院。

本标准主要起草人：张宝军、黄华圣、朱幸福、边喜龙、陈志刚、翟建、秦品珠、袁欣欣、王兵、于会国、陈义群、蒯圣龙、相会强、陈红兰、王立晖、王宏明、安红莹、白晓龙、陈玉玲、董金华、廖俊彦、陈健、彭莺、朱丽君、崇雅丽、董文龙、彭燕莉、屈兴红、张辉、王超、赵传义、周安翔、荀方飞、翟家骥、袁志华、魏子章、董艳萍、康磊、陆勇、刁慧芳、神芳丽、李晓斌、孟庆才、吴同华、钟真宜、张晓辉、李绍峰、谢炜平、于景洋、齐骏、柳正葳、颜丽、姚建平、马国胜、张扬清、赵亚平、王雪平、李艳波、周刘喜、苏少林、高红武、关荐伊、薛巧英、杨蕴敏、王碧、陈燕舞、王英健、汪葵、秦文淑、乔启成、李国会、谢兵、王芃、李静、吴佳芯、覃跃耀、唐菠、刘青龙、乔鹏、孙美侠、曲磊、孙自淑、赵秋利、张波、林帼秀、纪振、薛小娟、路风辉、李松、王瑞雪、邢竹、李锦卫、侯素霞、干薙平、曾小梅、雷旭阳、刘丹丹、陈志冉、孙悦、张刚、王晓燕、郭扬、赵佳佳、杨晓辉、肖宁、贝德光、胡文伟、彭长刚、李如祥、申露威、厉捷、陈鑫、胡子安、万俊杰、李俊杰。

声明：本标准的知识产权归属于江苏建筑职业技术学院，未经江苏建筑职业技术学院同意，不得印刷、销售。

1　适用范围

本标准规定了大气环境监测与治理职业技能等级对应的工作领域、工作任务及职业技能要求。

本标准适用于大气环境监测与治理职业技能培训、考核与评价、职业技能大赛，相关用人单位的人员聘用、培训与考核可参照使用。

2　规范性引用文件

下列文件对于本标准的应用是必不可少的。凡是注日期的引用文件，仅注日期的版本适用于本标准。

GB 13271—2014　锅炉大气污染物排放标准

GB 16297—1996　大气污染物综合排放标准

GB 3095—2012　环境空气质量标准

GB/T 18883—2002　室内空气质量标准

GBZ159—2004　工作场所空气中有害物质监测的采样规范

GB/T 5465.2—2008 电气设备用图形符号 第 2 部分：图形符号

GB/T 15969.1—2007 可编程序控制器 第 1 部分：通用信息

GB/T 15969.2—2008 可编程序控制器 第 2 部分：设备要求和测试

GB/T 15969.3—2017 可编程序控制器 第 3 部分：编程语言

GB 50169—2016 电气装置安装工程 接地装置施工及验收规范

HJ 75—2017 固定污染源烟气（SO_2、NO_x、颗粒物）排放连续监测技术规范

HJ 618—2011 环境空气 PM_{10} 和 $PM_{2.5}$ 的测定重量法

HJ 194—2017 环境空气质量手工监测技术规范

HJ 818—2018 环境空气气态污染物（SO_2、NO_2、O_3、CO）连续自动监测系统运行和质控技术规范

HJ 817—2018 环境空气颗粒物（PM_{10} 和 $PM_{2.5}$）连续自动监测系统运行和质控技术规范

HJ 2000—2010 大气污染治理工程技术导则

HJ 179－2018 石灰石/石灰－石膏湿法烟气脱硫工程通用技术规范

HJ 2026—2013 吸附法工业有机废气治理工程技术规范

HJ 2020—2012 袋式除尘工程通用技术规范

HJ/T 397—2007 固定源废气监测技术规范

3 术语和定义

HJ 75—2017、HJ 2016—2012、HJ 179—2018、HJ 562—2010、HJ/T 386—2007、GB 3095—2012、GB/T 2900.18—2008、GB/T 2900.63—2003、GB/T 15969.1—2007、GB/T 7665—2005、GB/T 17212—1998 界定的以及下列术语和定义适用于本标准。

3.1 烟气排放连续监测 continuous emissions monitoring（CEM）

对固定污染云排放的颗粒物和（或）气态污染物的排放浓度和排放量进行连续、实时的自动监测，简称 CEM。

[HJ 75—2017，术语和定义 3.1]

3.2 除尘 de-dusting；dust removal；dust separation；dust-colleting

从气体中将颗粒物分离出来并加以捕集、回收的过程。

[HJ 2016—2012，术语和定义 4.1.2]

3.3 除尘器 dust collector；dust separator

从含尘气体中分离、捕集粉尘的装置或设备。

［HJ 2016—2012，术语和定义 4.2.7］

3.4　袋式除尘器 bag filter；baghouse；bag collector

利用纤维织物滤袋来捕集含尘气体中粉尘的除尘器。

［HJ 2016—2012，术语和定义 4.2.14］

3.5　石灰石/石灰－石膏湿法烟气脱硫工艺 flue gas limestone/lime-gypsum wet desulphurization process

指利用钙基物质作为吸收剂，脱出烟气中二氧化硫（SO_2）并回收副产物的烟气脱硫工艺。

［HJ 179—2018，术语和定义 3.1］

3.6　脱硫工程 desulphurization project

指通过吸收剂脱出烟气中 SO_2 及其他酸性气体做续的设施、设备、组件及系统集成。

［HJ 179—2018，术语和定义 3.2］

3.7　脱硝系统 denitrification system

采用物理或化学的方法脱除烟气中氮氧化物（NO_x）的系统。

［HJ 562—2010，术语和定义 3.2］

3.8　吸收塔 absorber

指脱硫工程中实现吸收剂与 SO_2 及其他酸性气体反应的设施。

［HJ 179—2018，术语和定义 3.4］

3.9　吸附装置 adsorber

指利用固体吸附剂（如活性炭、硅藻土、硅胶、沸石和分子筛等）去除工业废气中污染物的设备及附属设备，包括固定窗、移动床和流化床吸附器等。吸附装置一般由吸附单元、解吸单元、过滤单元、电控设备和安全装置组成。

[HJ/T 386—2007，术语和定义 3.1]

3.10　总悬浮颗粒物 total suspended particle（TSP）

指环境空气中空气动力学当量直径小于等于 100 μm 的颗粒物。

［GB 3095—2012，术语和定义 3.2］

3.11 颗粒物（粒径小于等于 10 μm）particulate matter（PM_{10}）

指环境空气中空气动力学当量直径小于等于 10 μm 的颗粒物，也称可吸入颗粒物。

［GB 3095—2012，术语和定义 3.3］

3.12 颗粒物（粒径小于等于 2.5 μm）particulate matter（$PM_{2.5}$）

指环境空气中空气动力学当量直径小于等于 2.5 μm 的颗粒物，也称细颗粒物。

［GB 3095—2012，术语和定义 3.4］

3.13 低压电器 low-voltage apparatus

用于交流 50 Hz（或 60 Hz）、额定电压为 1 000 V 及以下，直流额定电压为 1 500 V 及以下的电路中起通断、保护、控制或调节作用的电器。

［GB/T 2900.18—2008，术语和定义 3.1.1］

3.14 电气继电器 electrical relay

当控制该元器件的输入电路中达到规定条件时，在其一个或多个输出电路中会产生预定跃变的元器件。

［GB/T 2900.63—2003，术语和定义 3.1 444-01-01］

3.15 可编程序（逻辑）控制器 programmable（Logic）Controller；PLC

一种用于工业环境的数字式操作的电子系统。这种系统用可编程的存储器作面向用户指令的内部寄存器，完成规定的功能，如逻辑、顺序、定时、计数、运算等，通过数字或模拟的输入/输出，控制各种类型的机械或过程。可编程序控制器及其相关外围设备的设计，使它能够非常方便地集成到工业控制系统中，并能很容易地达到所期望的所有功能。

［GB/T 15969.1—2007，术语和定义 3.5］

3.16 传感器 transducer，sensor

能感受被测量并按照一定的规律转换成可用输出信号的器件或装置，通常由敏感元件和转换元件组成。

［GB/T 7665—2005，术语和定义 3.1.1］

3.17　组态 configuration

在预先装入逻辑组件的系统或装置中，主要通过键盘操作选择需要的组件，指定其适当的逻辑位置（即控制回路、显示点等），并将它们连接起来。它与编制程序不同。

[GB/T 17212—1998，术语和定义 P1.0.0.16]

4　对应院校专业

4.1　中等职业学校

环境监测技术、环境治理技术、生态环境保护。

4.2　高等职业学校

环境工程技术、环境监测与控制技术、生态环境保护、污染修复与生态工程技术、清洁生产与减排技术、室内环境检测与控制技术、安全健康与环保。

4.3　应用型本科学校

环境工程、环境科学与工程、环境生态工程、环保设备工程。

5　面向工作岗位（群）

面向大气环境治理相关企业中环境空气质量监测、大气污染物排放监测、大气污染治理工程安装调试和运行维护等岗位（群），能根据需要实施大气污染物样品采集、监测和分析，从事大气污染治理及空气净化设备设施安装调试、运行维护，具有良好职业素质的大气环境监测与治理复合型技术人员。

6　职业技能等级

6.1　职业技能等级划分

大气环境监测与治理职业技能等级分为三个等级：初级、中级、高级。三个级别依次递进，高级别涵盖低级别职业技能要求。

6.1.1　大气环境监测与治理初级职业技能：能够独立完成颗粒物和气态污染物的采样及其样品保存与预处理操作，能够进行质量、温度、湿度、压力、流速、流量等指标参数的测定，能够识读大气污染治理工程相关工艺图纸，独立从事大气污染净化设施的运行、维护，能够完成在线监测仪表、净化工艺控制仪表的读取记录和分析工作。

6.1.2 大气环境监测与治理中级职业技能：能够进行常规大气污染物的监测分析，懂得大气污染治理设备的选型，能够根据工艺图纸完成大气污染净化设备、管道、附件、仪表、阀件的安装调试、运行和维护，能够独立进行在线监测仪表的校验操作，能够根据净化工艺要求进行可编程序（逻辑）控制器的运行程序数据调整。

6.1.3 大气环境监测与治理高级职业技能：能够进行大气污染治理方案设计，能够熟练操控除尘、脱硫、脱硝、VOCs 等净化工艺，能够完成大气污染净化系统安装调试、运行和维护中较为复杂的工作，能够独立处理大气环境监测与治理工作中出现的问题。

6.2 职业技能等级要求描述

大气环境监测与治理职业技能等级要求描述见表 1～表 3。

表 1 大气环境监测与治理职业技能等级要求（初级）

工作领域	工作任务	职业技能要求
1. 大气环境监测	1.1 样品采集、保存与预处理	1.1.1 能根据测定项目选择采样设备、工具，洗涤采样器材 1.1.2 能使用采样设备、工具、器材在指定的采样点处正确采集样品 1.1.3 能熟练安装采样器并进行气密性检查 1.1.4 能规范填写大气采样记录表和样品登记表 1.1.5 能根据采样记录表和样品登记表清点样品 1.1.6 能根据样品运输要求将不同的贮样容器塞紧或密封，并按照防振动、防碰撞要求装箱 1.1.7 能根据样品保存的温度要求对样品进行冷藏、冷冻保存 1.1.8 能根据需要对样品进行预处理 1.1.9 能根据可追溯性要求记录标签信息 1.1.10 能记录样品外观、特性、环境条件及可能的影响因素 注：环境空气质量手工监测技术的其他要求按 HJ 194—2017 规定的方法执行
	1.2 监测分析	1.2.1 能采用重量法正确测定出样品的 TSP、PM_{10}、$PM_{2.5}$ 1.2.2 能采用温度计法、气压表法正确测定环境空气的温度和环境大气压力 1.2.3 能采用热电偶或电阻温度计法测定烟气温度 1.2.4 能采用干湿球法测定烟气含湿量 1.2.5 能采用皮托管法测定烟气压力并计算出流速、流量 1.2.6 能使用林格曼黑度望远镜监测烟气 1.2.7 能使用便携式传感器类检测仪
	1.3 数据处理	1.3.1 能规范填写大气检测原始记录 1.3.2 能对数据进行有效数字的取舍和修约 1.3.3 能计算样品的浓度、算术平均值和相对标准偏差 1.3.4 能对监测分析结果进行单位的换算 1.3.5 能把监测结果换算到标准状态

工作领域	工作任务	职业技能要求
2. 大气污染治理工程设计与安装	2.1 工艺图识读与设计	2.1.1 能识读大气治理工程设计施工说明、图例、主要材料设备的规格型号、数量 2.1.2 能识读大气治理工程工艺流程图、原理图 2.1.3 能识读大气治理工程工艺管道平面布置图 2.1.4 能识读大气污染净化设备及其管道高程图
2. 大气污染治理工程设计与安装	2.2 工艺设备与管线安装	2.2.1 能识别金属、非金属、复合管道材料以及管件的名称、规格和型号 2.2.2 能识别金属、非金属、复合管道材料相应的切割、连接、钻孔工具的名称、规格和型号 2.2.3 能识别大气污染净化设备、管道、阀门、仪表的名称、规格和型号 2.2.4 能识别大气污染净化系统附属装置、配套附件、填料的名称、规格和型号 2.2.5 能使用金属、非金属、复合管道材料的切割、连接、钻孔工具
3. 大气污染净化系统自动化控制	3.1 电机与电气控制	3.1.1 能正确使用常用电工工具及仪器仪表 3.1.2 能识别常用低压电器的图形符号、文字符号、型号规格 3.1.3 能识读电气原理图 3.1.4 能识别配电箱（柜）动力及控制电路线号和标注线号 3.1.5 能识读电动机结构、工作原理、铭牌 3.1.6 能识别防爆电气设备的防爆型式、防爆标志 3.1.7 能根据电气原理图及电动机型号正确选用低压电器 3.1.8 能选用电线、电缆、低压电缆接头、接线端子、电线管、桥架、线槽等电工材料 3.1.9 能安装、拆卸、更换常用低压电器 3.1.10 能使用电线保护管、槽板、桥架等敷设电线电缆
3. 大气污染净化系统自动化控制	3.2 PLC 控制	3.2.1 能根据 PLC 控制电路接线图连接 PLC 及其外围线路 3.2.2 能使用 PLC 编程软件从 PLC 中读写程序 3.2.3 能识读设备提供的 PLC 控制程序 3.2.4 能使用 PLC 基本指令调整、修改大气污染净化设备和传感器、仪表等基本控制系统的程序参数，并下载监控
3. 大气污染净化系统自动化控制	3.3 组态控制	3.3.1 能识读组态软件界面，建立和运行组态工程 3.3.2 能进行触摸屏画面的设计、变量定义和动画连接 3.3.3 能使用组态软件实现在线监测仪器数值的实时监测 3.3.4 能使用组态软件实现对大气污染净化系统风机的启动与停止控制

工作领域	工作任务	职业技能要求
4. 大气污染净化系统运维	4.1 设施运行	4.1.1 能识记大气污染治理工艺流程、设备和系统操作规程 4.1.3 能操作阀门通断和大气污染净化设备的启停 4.1.4 能识读和记录流量、流速、压力、温度、液位、阀门等各种仪表及控制附件的监测数据 4.1.5 能使用 pH 在线监测仪获取数据，进行酸碱调节 4.1.6 能使用 O_2 在线监测仪获取数据，并判断净化工艺含氧量 4.1.7 能使用温湿度计在线监测仪获取工况条件下管道温度、湿度数据 4.1.8 能使用风速仪在线监测获取工况条件下管道风速数据 4.1.9 能使用颗粒物、SO_2、NO_x、VOCs 等在线监测仪获取数据，进行颗粒物、SO_2、NO_x、VOCs 等去除率计算
	4.2 故障处理	4.2.1 能发现操作现场的跑、冒、滴、漏等现象 4.2.2 能通过观察仪表数据发现温度、压力、流速、流量等工艺参数异常 4.2.3 能发现大气污染净化设备运行异常迹象 4.2.4 能报告工艺和设备故障位置 4.2.5 能使用运营平台工艺报警信号分类清单
	4.3 维护保养	4.3.1 能识记设备备品、备件 4.3.2 能使用大气污染净化设施常用的维护保养工具 4.3.3 能保养各类阀门、风机、水泵等 4.3.4 能清理、更换易损件和易堵件 4.3.5 能记录设备运行数据
5. 安全生产与应急处置	5.1 安全生产	5.1.1 能识记安全防护器具使用要求 5.1.2 能按安全生产规程佩戴和正确使用劳动防护用品 5.1.3 能识记安全警示标志、安全距离、安全色和安全标志等国家标准规定事项 5.1.4 能识记电工安全用具 5.1.5 能识别危险源
	5.2 应急处置	5.2.1 能识记化验室危险品泄漏应急预案，能及时报告、报警并实施个人防护 5.2.2 能识记火灾应急预案，案发时能及时报告火情，能根据现场情况正确使用灭火设施 5.2.3 能识记停电事故应急预案，案发时能及时报告，关闭相关阀门和开关 5.2.4 能识记有毒气体中毒事故应急预案，能正确佩戴防护器具，拨打 120 急救电话

表 2　大气环境监测与治理职业技能等级要求（中级）

工作领域	工作任务	职业技能要求
1. 大气环境监测	1.1 样品采集、保存与预处理	1.1.1 能根据不同监测要求进行采样点的布设 1.1.2 能根据不同的项目要求确定采样的时间、频率和采样量 1.1.3 能正确选择样品保护方案 1.1.4 能正确选择和配制样品采集吸收液 1.1.5 能进行固定源采样平台和采样口的设计 1.1.6 能校核环境空气或污染源废气采样记录表 1.1.7 能校准流量计 1.1.8 能根据监测项目确定样品保存方法 注：样品采集、保存与预处理的其他要求按 HJ/T 91—2002 规定的方法执行
	1.2 监测分析	1.2.1 能采用乙酰丙酮分光光度法分析样品中的甲醛 1.2.2 能采用盐酸萘乙二胺分光光度法分析样品的氮氧化物 1.2.3 能采用甲醛吸收—副玫瑰苯胺分光光度法分析样品的二氧化硫 1.2.4 能采用离子选择性电极法分析环境空气中的氟化物 1.2.5 能采用自动烟尘（气）测试仪测定烟尘浓度 1.2.6 能排除仪器设备的简单故障 1.2.7 能对测定所用的仪器设备进行校正
	1.3 数据处理	1.3.1 能对浓度和测得的吸光度进行直线回归计算 1.3.2 能运用 Q 值检验法和 T 值检验法确定可疑值 1.3.3 能计算加标回收率 1.3.4 能运用加标回收率评价准确度 1.3.5 能审核检测原始报告 1.3.6 能判断平行样测定数据之间的符合程度 1.3.7 能掌握方法检出限的测定与计算 1.3.8 能进行异常数据分析处理 1.3.9 能编制大气检测报告
2. 大气污染治理工程设计与安装	2.1 工艺图识读与设计	2.1.1 能识读大气治理系统平面图、剖面图 2.1.2 能识读大气污染净化设备原理图、平面图、剖面图、大样图等施工安装图 2.1.3 能使用 CAD 软件绘制大气污染净化系统工艺流程图、原理图 2.1.4 能使用 CAD 软件绘制大气污染净化系统平面布置图 2.1.5 能参与净化设备选型
	2.2 工艺设备与管线安装	2.2.1 能识读大气污染净化设备、风机、阀门、仪表安装手册 2.2.2 能进行大气污染净化设备、风机、管道、排气筒、阀门以及仪表的安装 2.2.3 能进行大气污染净化设备的单机试验 2.2.4 能参与大气污染净化系统的调试和验收

工作领域	工作任务	职业技能要求
3. 大气污染净化系统自动化控制	3.1 电机与电气控制	3.1.1 能设计和绘制电气原理图 3.1.2 能安装、维护用电总配电箱（柜）、分配电箱、开关箱及线路 3.1.3 能安装、维护电气设备的接地装置、独立避雷针 3.1.4 能安装、维护、拆除大气污染净化设备的电气元件
	3.2 PLC 控制	3.2.1 能根据现场设备条件选择传感器类型 3.2.2 能安装、调试传感器、专用继电器 3.2.3 能使用 PLC 基本指令编写大气污染净化设备和传感器、仪表等基本控制系统程序，并下载监控 3.2.4 能进行触摸屏与 PLC 的连接和通信 3.2.5 能模拟调试和现场调试 PLC 程序
	3.3 组态控制	3.3.1 能使用组态软件查阅、修改程序 3.3.2 能使用组态软件进行趋势曲线、数据报表、报警的制作 3.3.3 能完成组态软件与数据库的连接，组态软件数据库控件查询 3.3.4 能进行工程 Web 发布、网络连接
4. 大气污染净化系统运维	4.1 设施运行	4.1.1 能读懂环境空气质量分析报告，分析大气污染源排污量变化情况 4.1.2 能通过现场状态及仪表数据判断净化系统运行情况 4.1.3 能控制和调节大气污染净化系统运行状态 4.4.4 能根据尾气监控参数调整大气污染净化系统
	4.2 故障处理	4.2.1 能判断大气污染净化设备运行异常原因并进行处置 4.2.2 能通过自动控制系统及设备操作处理温度、压力、流量、pH、含氧量等工艺参数的异常 4.2.3 能进行在线监测仪表的校验操作 4.2.4 能进行低压电器电路的故障排除 4.2.5 能借助编程（仿真）软件、仪器仪表等分析 PLC 系统的故障范围 4.2.6 能排除 PLC 系统中开关、传感器、执行机构等外围设备电气故障
	4.3 维护保养	4.3.1 能清点、管理设备备品和备件 4.3.2 能检修大气污染净化工艺系统相关传感器 4.3.3 能进行低压电器电路的检查及调试 4.3.4 能进行低压动力控制电路维修 4.3.5 能对常用仪表、机械设备维护、保养 4.3.6 能按维修计划进行辅助设施的维修，填写维修记录 4.3.7 能按设备维护保养要求更换设备备品、备件
5. 安全生产与应急处置	5.1 安全生产	5.1.1 能识记相关设备安全操作规程 5.1.2 能识记电气安全装置及电气安全操作规程 5.1.3 能按职业卫生知识实施职业卫生防护 5.1.4 能识记相关危险化学品管理规定 5.1.5 能按安全生产操作规程实施安全生产、防火、防毒、防爆
	5.2 应急处置	5.2.1 能熟知大气环境监测与治理运维应急预案，会采取各项措施，进行自救、互救 5.2.2 能按防汛防台应急预案进行紧急情况下大气污染净化工艺控制 5.2.3 能按停电事故应急预案进行大气污染净化工艺调整，通电后能立即将工艺切换至正常状态 5.2.4 能按有毒气体中毒事故应急预案实施现场急救 5.2.5 能应急处理化学灼伤、物击伤害 5.2.6 能按照应急预案要求处理突发废气超标排放事件

表 3 大气环境监测与治理职业技能等级要求（高级）

工作领域	工作任务	职业技能要求
1. 大气环境监测	1.1 样品采集、保存与预处理	1.1.1 能根据监测项目进行现场勘察及汇总调研资料 1.1.2 能根据监测项目编制和组织落实相应的采样方案 1.1.3 能进行采样装置的校准、维护、保养 注：样品采集、保存与预处理的其他要求按 HJ/T 91—2002 规定的方法执行
	1.2 监测分析	1.2.1 能采用荧光分光光度法、液相色谱法正确分析苯并[α]芘 1.2.2 能采用原子吸收分光光度法测定样品中的铅等重金属元素 1.2.3 能采用液相色谱法正确分析苯并[α]芘、酚类化合物 1.2.4 能采用气相色谱法正确分析甲醛、TVOCs、苯系物等样品 1.2.5 能采用示踪气体法正确测定出室内环境空气的新风量 1.2.6 能按实验室质量控制要求进行仪器标准化管理
	1.3 数据处理	1.3.1 能运用数理统计方法判断标准曲线的线性关系 1.3.2 能对标准曲线进行截距检验 1.3.3 能设计各类原始记录表 1.3.4 能根据测定数据编写大气污染源或环境空气质量分析报告 1.3.5 能审核大气检测报告
2. 大气污染治理工程设计与安装	2.1 工艺图识读与设计	2.1.1 能进行大气污染净化设备工艺设计计算 2.1.2 能进行大气污染净化设备选型计算 2.1.3 能进行大气污染净化系统工艺平面布置设计 2.1.4 能进行烟囱高度计算 2.1.5 能使用 CAD 软件绘制大气污染净化设备平面图、剖面图 2.1.6 能使用 CAD 软件绘制大气污染净化系统平面布置图 2.1.7 能使用 CAD 软件绘制大气污染净化系统工艺高程图 2.1.8 能使用 CAD 软件进行大气污染净化工艺初步施工图绘制
	2.2 工艺设备与管线安装	2.2.1 能进行管材、管件、阀门、仪表、设备清单计算 2.2.2 能进行大气污染净化系统工程量清单计算 2.2.3 能编制大气治理工程安装施工方案 2.2.4 能编制大气治理工程项目安装施工预算
3. 大气污染净化系统自动化控制	3.1 电机与电气控制	3.1.1 能对动力配电线路进行接线、调试 3.1.2 能进行电动机控制电路的安装、调试 3.1.3 能编制、确认并组织实施用电方案 3.1.4 能组织安装用电配电室、变压器、配电线路
	3.2 PLC 控制	3.2.1 能根据工艺要求绘制选择序列功能图并进行程序的录入 3.2.2 能按电气控制要求使用基本指令编写除尘、吸收净化、吸附净化、燃烧净化等大气污染净化系统 PLC 控制程序 3.2.3 能用 PLC 改造除尘、吸收净化、吸附净化、燃烧净化等大气污染净化继电控制电路 3.2.4 能对大气污染净化工艺的 PLC 控制系统进行电路设计、安装及系统的软硬件联合调试
	3.3 组态控制	3.3.1 能进行大气污染净化系统监控中心控制系统设计 3.3.2 能用组态软件实现开关量设备、模拟量设备联机调试 3.3.3 能用组态软件进行大气污染净化系统监控中心动画和程序的编制 3.2.4 能设置触摸屏与 PLC 之间的通信参数，实现触摸屏与 PLC 的连接与通信 3.3.5 能使用组态软件大气污染净化系统完成人机交互设计 3.3.6 能够完成简单组态工程的设计

工作领域	工作任务	职业技能要求
4. 大气污染净化系统运维	4.1 设施运行	4.1.1 能使用触摸屏、PLC 对大气污染净化系统进行联合调试 4.1.2 能对 PLC 控制的除尘、吸收、吸附、燃烧等大气污染净化系统进行调试与维护 4.1.3 能根据工艺流程完成对大气污染净化系统整机联动调试并实现数据监测 4.1.4 能使用组态软件完成上位机监控界面对除尘、吸收、吸附、燃烧等大气污染净化系统设备的运行调试 4.1.5 能使用组态软件设计对大气污染净化系统传感器回路及总线的检测 4.1.6 能使用组态软件设计对大气污染净化系统联动系统、主机控制系统的检测 4.1.7 能对各类数据进行统计分析，并利用分析结果指导系统运行 4.1.8 能通过运行系统优化组织持续改进的管理活动 4.1.9 能按工艺指标要求进行提标改造、优化调控操作 4.1.10 能对大气污染净化系统能耗指标进行分析并优化方案 4.1.11 能对大气污染净化系统设备运行情况进行分析并提出节能措施
	4.2 故障处理	4.2.1 正确识读除尘、吸收、吸附、燃烧等大气污染净化工艺电气控制原理图，分析和排除电气故障 4.2.2 能分析其他设备运行异常原因并提出排查方案 4.2.3 能通过系统运行情况观察，分析判断故障现象，调整运行参数和制定控制措施 4.2.4 能进行电动机控制电路常见故障诊断与维修 4.2.5 能对大气污染净化工艺电气控制电路系统进行调试，对电路故障进行诊断与维修
	4.3 维护保养	4.3.1 能按质量管理要求调取技术资料和技术档案，做好运行数据等统计、汇总及上报工作 4.3.2 能编制大气污染净化设备、装置和仪表等维修计划 4.3.3 能编制设备备品、备件计划 4.3.4 能对大气污染净化系统生产综合成本进行分析 4.3.5 能针对大气污染净化系统的副产品提出资源化回收利用解决方案
5. 安全生产与应急处置	5.1 安全生产	5.1.1 能按消防安全管理制度实施消防安全检查 5.1.2 能按安全生产检查制度实施安全生产检查 5.1.3 能组织安全生产培训 5.1.4 能按安全防护知识实施现场急救与防护
	5.2 应急处置	5.2.1 能编制大气污染事故应急监测方案，组织实验室进行应急监测 5.2.2 能处理突发危险化学品泄漏、危险废物或污泥、废气超标排放事件现场 5.2.3 能处理突发台风、暴雨等自然灾害和火灾爆炸引发的次生环境污染事件现场 5.2.4 能根据实施情况优化预案和应急措施，降低经济、人员损失

附录 2　2018 年全国职业院校技能大赛大气环境监测与治理技术赛项参赛院校
（以大赛指南排序）

序号	院校	序号	院校	序号	院校
1	北京电子科技职业学院	20	浙江同济科技职业学院	39	长沙环境保护职业技术学院
2	首钢工学院	21	安徽水利水电职业技术学院	40	湖南环境生物职业技术学院
3	天津现代职业技术学院	22	安庆职业技术学院	41	广东环境保护工程职业学院
4	天津渤海职业技术学院	23	安徽职业技术学院	42	广东建设职业技术学院
5	河北工业职业技术学院	24	滁州职业技术学院	43	广东轻工职业技术学院
6	晋中职业技术学院	25	日照职业技术学院	44	深圳信息职业技术学院
7	山西林业职业技术学院	26	山东工业职业技术学院	45	广西交通职业技术学院
8	内蒙古化工职业学院	27	青岛职业技术学院	46	桂林理工大学南宁分校
9	黑龙江建筑职业技术学院	28	山东科技职业学院	47	广西生态工程职业技术学院
10	辽阳职业技术学院	29	福建船政交通职业学院	48	柳州职业技术学院
11	辽宁经济职业技术学院	30	闽西职业技术学院	49	重庆水利电力职业技术学院
12	上海城建职业学院	31	漳州职业技术学院	50	重庆工业职业技术学院
13	江苏建筑职业技术学院	32	福建农业职业技术学院	51	重庆工程职业技术学院
14	南京科技职业学院	33	江西环境工程职业学院	52	重庆化工职业学院
15	南通科技职业学院	34	江西应用技术职业学院	53	铜仁职业技术学院
16	扬州市职业大学	35	河南工学院	54	四川水利职业技术学院
17	宁波职业技术学院（高）	36	湖北生态工程职业技术学院	55	榆林职业技术学院
18	杭州职业技术学院	37	武汉职业技术学院	56	杨凌职业技术学院
19	金华职业技术学院	38	湖北工业职业技术学院	57	甘肃林业职业技术学院

参考文献

[1] 中华人民共和国教育部. 高等职业学校环境监测与控制技术专业教学标准[S]. 2019.

[2] 中华人民共和国教育部. 高等职业学校环境工程技术专业教学标准[S]. 2019.

[3] GB 13271—2014 锅炉大气污染物排放标准.

[4] GB 16297—1996 大气污染物综合排放标准.

[5] GB 3095—2012 环境空气质量标准.

[6] GB/T 18883—2002 室内空气质量标准.

[7] GBZ159—2004 工作场所空气中有害物质监测的采样规范.

[8] GB/T 5465.2—2008 电气设备用图形符号 第 2 部分：图形符号.

[9] GB/T 15969.1—2007 可编程序控制器 第 1 部分：通用信息.

[10] GB/T 15969.2—2008 可编程序控制器 第 2 部分：设备要求和测试.

[11] GB/T 15969.3—2017 可编程序控制器 第 3 部分：编程语言.

[12] GB 50169—2016 电气装置安装工程 接地装置施工及验收规范.

[13] HJ 75—2017 固定污染源烟气（SO_2、NO_x、颗粒物）排放连续监测技术规范.

[14] HJ 618—2011 环境空气 PM_{10}和$PM_{2.5}$的测定重量法.

[15] HJ 194—2017 环境空气质量手工监测技术规范.

[16] HJ 818 —2018 环境空气气态污染物（SO_2、NO_2、O_3、CO）连续自动监测系统运行和质控技术规范.

[17] HJ 817—2018 环境空气颗粒物（PM_{10}和$PM_{2.5}$）连续自动监测系统运行和质控技术规范.

[18] HJ 2000—2010 大气污染治理工程技术导则.

[19] HJ 179—2018 石灰石/石灰—石膏湿法烟气脱硫工程通用技术规范.

[20] HJ 2026—2013 吸附法工业有机废气治理工程技术规范.

[21] HJ 2020—2012 袋式除尘工程通用技术规范.

[22] HJ/T 397—2007 固定源废气监测技术规范.